智能制造系列教材

U0225573

机械工程导论
——基于智能制造
（第2版）

李勇峰　吴婷婷　主　编

杨　辉　徐晓厂　副主编

电子工業出版社·

Publishing House of Electronics Industry

北京·BEIJING

内 容 简 介

本书以满足高等学校机械工程类专业学生的专业素质教育需要为目的，以智能制造和新工科建设为背景，主要面向大学一、二年级学生，系统而深入浅出地阐述机械工程的相关基础知识、机械设计与现代设计方法、机械制造工艺技术、机电一体化与机械制造自动化技术、智能制造与智能装备技术，使读者了解当前工业化与信息化高度融合产物的智能制造的发展态势。本书提供配套的电子课件 PPT、习题参考答案、教学指南等。

本书可作为高等学校机械类专业一、二年级学生或非机械类专业开展机械工程通识教育的教学用书，也可以作为近机械类专业教师的教学参考书及从事机械类相关工作的工程技术人员的参考书。

图书在版编目 (CIP) 数据

机械工程导论：基于智能制造 / 李勇峰，吴婷婷主编. — 2 版. — 北京：电子工业出版社，2023.6
ISBN 978-7-121-45713-5

Ⅰ．①机… Ⅱ．①李… ②吴… Ⅲ．①机械工程－高等学校－教材 Ⅳ．①TH

中国国家版本馆 CIP 数据核字（2023）第 098689 号

责任编辑：王晓庆
印　　刷：三河市鑫金马印装有限公司
装　　订：三河市鑫金马印装有限公司
出版发行：电子工业出版社
　　　　　北京市海淀区万寿路 173 信箱　　　邮编：100036
开　　本：787×1 092　1/16　印张：13　　字数：333 千字
版　　次：2018 年 8 月第 1 版
　　　　　2023 年 6 月第 2 版
印　　次：2024 年 6 月第 4 次印刷
定　　价：42.00 元

凡所购买电子工业出版社图书有缺损问题，请向购买书店调换。若书店售缺，请与本社发行部联系，联系及邮购电话：（010）88254888，88258888。

质量投诉请发邮件至 zlts@phei.com.cn，盗版侵权举报请发邮件至 dbqq@phei.com.cn。

本书咨询联系方式：（010）88254113，wangxq@phei.com.cn。

第 2 版前言

本书第 1 版自 2018 年 8 月出版以来，深受广大读者和高校师生的支持与肯定。为深入贯彻《中国制造 2025》行动纲领，更好地适应当前工业技术的飞速发展及高等教育教学改革的发展需求，编者在征求各方的意见和建议及参考借鉴国内外同行优秀成果的基础上，认真对本书第 1 版进行了修订。

在修订本书过程中，一方面继续保持了原有的特点，介绍深入浅出，内容实用易懂；另一方面更新了内容体系，第 2 章由介绍工程制图、工程材料、工程力学等相关机械工程基础知识改为介绍机械工程与其他学科的交叉，第 5 章对机电一体化与机械制造自动化技术的知识点重新进行了整合和更新，删除了第 6 章机械工程技术的新发展和第 7 章现代机械工程教育，新增了第 6 章智能制造与智能装备技术，进一步突出了学科基础，展示了学科发展，使本书内容更加完善，以便于教师的教学和学生的自学。

本书由李勇峰、吴婷婷任主编，由杨辉、徐晓厂任副主编。具体编写分工如下：第 1 章由李勇峰编写；第 2 章由吴婷婷编写；第 3 章由陈芳编写；第 4 章 4.1 节、4.2 节、4.3 节由王占奎编写；第 4 章 4.4 节、第 5 章由徐晓厂编写；第 6 章由杨辉编写。

本书提供配套的电子课件 PPT、习题参考答案、教学指南等，请登录华信教育资源网（http://www.hxedu.com.cn）注册下载，也可联系本书编辑（wangxq@phei.com.cn，010-88254113）索取。

本次修订主要由李勇峰总体规划和统稿，由郑州大学刘德平教授主审，同时感谢第 1 版作者对本书做出的重要贡献。本书在编写过程中得到了许多专家、同人的大力支持和帮助，书中参考并借鉴了许多专家、学者的优秀研究成果，在此谨向他们表示衷心的感谢。

限于编者水平，书中难免存在不足之处，恳请广大读者批评指正。

编 者
2023 年 5 月

目　　录

第1章 绪 论

1.1 机械与机械工程

制造工具和使用工具是人类进化为"现代人"的标志。石器时代的各种石斧、石锤及木质、皮质等粗糙工具的制造、使用是后来机械出现发展的先驱。从简单工具的制造发展到制造由多个复杂零部件组成的现代机械，经历了漫长的过程。

人类社会发展历史证明，社会生产创造了人类社会的物质文明，推动了人类社会的进步发展。据统计，制造业生产的产品占发达国家财富来源的 60%~70%，而制造业的主要支柱是机械。

1.1.1 与机械有关的基本概念

1. 机器与机构

1）机器

现代人的生活，时刻都在与机器打交道：纺织机器如织布机、食品机器如面粉机、建筑机器如混凝土搅拌机、运输机器如火车、包装机器如粉末包装机、农业机器如联合收割机、矿山机器如破碎机、战争机器如装甲车等。信息时代的电子设备、通信设备、计算机等，从广义上讲，也都属于机器，这里暂且不过多讨论信息类设备。那些带有动力、能够减轻或者替代人类劳动的机器，对人类的贡献有目共睹。因此，如何概括地给各种机器下一个共同的定义呢？

对此，马克思早在欧洲工业革命时期就已经进行了定义。马克思指出，所有机器都是由三部分组成的：一是原动机，如汽车的发动机、机床的电机；二是工作部分，如汽车的车轮、转向器，机床的主轴、刀具等；三是传动部分，如汽车的变速箱、传动轴，机床的床头变速箱、丝杠等。尽管机器种类成百上千，但其组成必然包括这三部分，这三部分才可以构成机器，三者缺一不可。然而，对于现代机器的组成还应加上一部分，就是控制部分。随着机器自动化程度的不断提高，控制部分的重要性也日益提高，因此，现代机器应该由原动机（动力部分）、工作部分、传动部分和控制部分四部分组成。显然传统机器中也有控制部分，只不过由机械式的控制机构组成，所以不能作为重要的组成部分。相比之下，现代机器中的控制部分（如飞机的自动驾驶仪、数控机床中的控制系统）则起着决定性的作用，因此成为机器中一个不可或缺的重要组成部分。

除此之外，机器的运动不是任意的，而是确定的，由控制部分完成实现，其组成部分应是人为制造的，以畜力、人力等为动力的机器，严格意义上讲不应算是完整的机器。完整的机器应伴随能量的转换，即由热能、电能、化学能、太阳能等"低级"能量转换为机械能，如果不存在能量的转换，即使运动是确定的，也不能算是机器，而只能算是机构，因为机构中没有原动机。

2）机构

机构是指各组成部分间具有一定的相对运动，能够传递动力或实现某种特定运动的装置。机构通常由刚体组成，也可以由气体、液体及特定条件下的可变形体和挠性体组成，直接参与运动的变换。根据其组成部分的不同，可将机构分为纯机械式机构、液动机构和气动机构等。

图 1-1 所示为液压千斤顶的工作原理图。工作时向上提起杠杆 1，小活塞 3 被带动上升，油腔 4 的密封容积增大，从而导致油箱 6 中的油液在大气压力的作用下，推开单向阀 5（钢球）并沿着吸油管道进入油腔 4。当给杠杆 1 一个向下的压力时，小活塞 3 下移，油腔 4 的油压迫使单向阀 5 关闭，并使单向阀 7 打开，油液进入油腔 10，推动活塞 11 连同重物 G 一起上升。反复提压杠杆 1，将会不断地将油液压入油腔 10，使活塞 11 与重物 G 不断上升，达到举起重物的目的。做完功，扭转放油阀 8，油液流回至油箱 6，活塞 11 回到原位置。由此可见，液压千斤顶以油为介质，依靠油液实现运动和动力的传递。

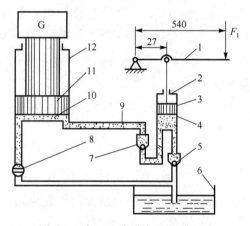

图 1-1　液压千斤顶的工作原理图

1—杠杆；2—泵体；3—小活塞；4、10—油腔；5—单向阀；6—油箱；7—单向阀；8—放油阀；9—油管；11—活塞；12—缸体

3）机器与机构的关系

图 1-2 所示为活塞式发动机简图，这个可作为机器的发动机，是由活塞（滑块）2、连杆 3

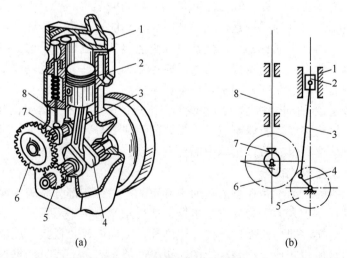

(a)　　　　　　　　　(b)

图 1-2　活塞式发动机简图

1—缸体；2—活塞；3—连杆；4—曲轴；5—主动轮；6—从动轮；7—凸轮轴；8—顶杆

和曲轴（曲柄）4 组成的曲柄滑块机构，由主动轮 5、从动轮 6 组成的齿轮机构，以及由凸轮轴 7 和顶杆 8 组成的凸轮机构三个机构组成的。而机构中的运动单元（构件），如曲柄滑块机构中的连杆 3，虽然作为一个运动单元，但由多个制造单元——零件组成，因此可以这样理解：机器是由机构组成的，机构是由构件组成的，而构件是由零件组成的。

2. 机械

1）机械的定义

机械是机器和机构的统称，是将已有的机械能或非机械能转换成便于利用的机械能，将机械能转换为某种非机械能或通过机械能来完成特定工作的装备和器具。第一类机械包括风力机、水轮机、汽轮机、内燃机、电动机、气动马达、液压马达等，统称为动力机械；第二类机械包括发电机、热泵、液压泵、压缩机等，统称为能量转换机械；第三类机械是利用动力机械所提供的机械能来改变工作对象（原料、工件或工作介质）的物理状态、性质、结构、形状、位置等，如制冷装置、造纸装置、粉碎机械、物料搬运机械等，这些统称为工作机械。

2）机械的特征

各种机械的共同特征是：①均为人类制造的实体组合；②其组成件之间有确定的运动和力的传递，如图 1-2 所示，单缸内燃机中活塞 2 相对缸体 1 做往复运动，曲轴 4 相对缸体 1 做相对旋转运动；③进行机械能的转换或机械能的利用，如内燃机把热能转换为机械能、起重机提升重物将能量转换为势能等。

还有一些装置或器械，如蒸汽发生器、凝汽器、换热器、反应塔、精馏塔、压力容器等，其组成件之间不存在相对运动，或者不存在机械能的转换与利用，但由于它们是通过机械加工而制成的产品，因此也属于机械范畴。

机械是现代社会进行生产和服务的五大要素（人、资金、能量、材料和机械）之一，并且能量和材料的生产离不开机械的参与。

3. 机械工程

机械工程是以相关的自然科学和技术科学为理论基础，结合生产实践中积累的技术经验，研究和解决开发、设计、制造、安装、运用、修理各种机械过程中遇到的理论与实际问题的一门应用学科。

1.1.2 机械工程的服务领域及工作内容

1. 机械工程的服务领域

机械工程的服务领域广阔而多面，凡是使用机械、工具及能源和材料生产的部门，都离不开机械工程的服务。概括地说，现代机械工程包含五大服务领域。

（1）研制和提供能量转换机械，包括将热能、化学能、原子能、电能、流体压力能和天然机械能转换为适合应用的机械能的各种动力机械，以及将机械能转换为所需要的其他能量（电能、热能、流体压力能、势能等）的能量转换机械。

（2）研制和提供用于生产各种产品的机械，包括应用于第一产业的农、林、牧、渔业机械和矿山机械，以及应用于第二产业的各种重工业机械和轻工业机械。

（3）研制和提供从事各种服务的机械，包括交通运输机械，物料搬运机械，办公机械，医疗器械，通风、采暖和空调设备，除尘、净化、消声等环境保护设备等。

（4）研制和提供家庭与个人生活中应用的机械，如洗衣机、冰箱、钟表、照相机、运动器械等。

（5）研制和提供各种机械武器。

2．机械工程的工作内容

1）建立和发展机械工程设计的新理论和新方法

制造任何机器首先都要进行设计和计算，机械设计理论和机械设计方法是极其重要的，如同理论来源于实践同时又指导实践一样，机械工程中的新理论和新方法是大力发展机械工程的坚实基础。随着机械产品能够代替人工作、能生产及能上天、能入地要求的日益增长，新理论和新方法的研究显得更加迫切，因此，开展机械动力学、流体动力学、热力学与传热学、空气动力学、摩擦学、纳米技术、微制造理论与技术等专业理论和机械创新设计、并行设计、虚拟设计、反求设计、模糊设计、稳健设计、可靠性设计等现代设计方法研究是非常重要的。

2）研究、设计新产品

不断改进现有产品和大力研制开发新产品，才能确保机械工程永远向前发展。例如，要想实现登月计划，就必须包含发射装置、太空飞行装置、着陆装置、月球行走装置及信号采集和处理装置等；远距离作战则要求有强大的武器发射、瞄准或跟踪装置，同时具备反侦察能力和杀伤力。社会各行各业的需求，如农业、工业、日常生活及国防领域等，促使机械工程领域不断涌现大量的新产品，特别是高智能化程度的机电一体化新产品。

3）研究新材料

组成机械的各种零件都是用各种工程材料制造而成的，机械科学与材料科学密切相关，材料科学的发展促进了机械工程的进步。轻质高强度的耐高温材料加速了航空航天机械的发展；复合材料代替了很多传统的金属材料，不但节约了地球上有限的矿物资源，而且提高了机械可靠性和延长了使用寿命。大力研究和发展新型金属材料、非金属材料、复合材料及纳米材料，对发展国民经济和加强国防建设具有特殊意义。

4）升级传统制造技术，发展新型制造技术，提高制造水平

性能优良的机械产品必须经过制造、组装后才能进入使用阶段。科学技术的发展对机械产品的质量、精度、性能、工作效率等提出了更高更严格的要求，这就促使制造技术也必须不断地改进和优化。因此，铸造、锻压、焊接、切削加工等传统制造技术的升级改造优化及特种加工、3D打印等新型制造技术的创新发明也成为机械工程领域重要的工作内容。

5）研究机械产品的制造过程，提高制造精度和生产效率

机械产品生产的全过程，从产品设计、工艺规划、组织加工、装配、检验到销售，需要科学严谨的操作过程，而这一过程一般是在工厂中开展的。工厂中有技术科、生产科、工艺科、质量检查科等众多部门科室，负责工厂的管理和运行，体现机械科学与管理科学的结合。现代企业管理是产品质量和经济效益的保障，在如今高速发展的机械工程领域中发挥了重要的作用。

6）加强机械产品的使用、维护与管理

机械产品的合理使用、及时维护和严格管理，不仅可以延长机械产品的使用寿命，而且可以显著减小诸多机械运行事故发生的概率。如汽车交通事故中，除人为因素外，大都与操作使用、维护保养及管理不当有关。因此，不同的机械产品对使用方法、维护时间、产品寿命都有严格而明确的要求。

7）研究机械产品的人机工程学

机械产品的使用、保养和维修离不开人，机械产品满足人机工程学的要求是社会进步发展的一个显著的标志。改善和提高人类操作机械产品的舒适度不仅可以提高生产效率，而且还能减小事故发生的概率。

8）研究机械产品与能源及环境保护的关系

机械产品在运行工作的过程中需要消耗能源，并且有可能对环境造成一定的污染，这些因素已成为阻碍工业化社会发展的桎梏。以内燃机为动力的各种运载装置在工作的过程中需要消耗大量的油气资源，排出的废气对大气环境又造成严重的污染，矿山、冶金、纺织、造纸印刷、食品加工等行业产生的废液废水对水资源也造成了污染，各类加工机械的废渣污染了周边环境，因此，研究开发节能型、少污染、无公害的新型绿色机械是摆在我们面前的重要课题。太阳能汽车的问世就是绿色机械产品发展的一个典型实例。

1.2 机械工程发展与社会发展

当人们回顾几千年来社会与经济的发展历程时，会明显地发现机械工业始终马不停蹄地发展着，一刻也未曾停止。从远古到现代社会，从猿到人，人类生存和生活的需求、社会发展的需要，以及探索科学技术的要求，甚至是战争的需要，都促进了机械产品由粗糙到精密、由简单到复杂、由低级幼稚到高级智能的不断进步与发展。从人类最早使用的石斧、石矛，到现在的汽车、火箭、航天飞机，经历了悠久而漫长的发展过程。

在近代历史发展的各个阶段，机械工程的不断发展带动了其他行业（如电子、电气、化工、交通、航空、农业、医药、纺织、食品、军事等领域）的进步。可以说没有机械工程的发展，就不可能有其他工业和科技的存在与发展，进而也就不会有人类社会的进步和现代文明的建立。

1.2.1 世界机械发展简史

机械发展史是人类社会发展史的重要组成部分，本节分几个历史阶段回顾人类社会发展历程中有关机械发展的有趣而又具有重大意义的史实。

1. 最初的石器与简单机械的出现（60 万年前—1300 年）

这一历史时期约从 60 万年前至公元 1300 年。早在 60 万年前的石器时代，我们的祖先就已经懂得打造石矛、石斧等工具，用于砍削和狩猎。大约又过了 50 多万年，原始人发明了钻木取火的器械，如图 1-3 所示。火的使用和保存使原始人不但可以保证自己在寒冷的环境中得以生存，而且能够借助火把免受野兽的侵袭，结束了茹毛饮血的历史，使人类的大脑和身体得到了迅猛的进化与发展。

图1-3　弓形取火钻及其应用示例

一万年前土耳其人对纯度较高的铜矿石进行打磨制成了刀剑，开创了人类金属加工的先河；而公元前七千年前出现的纺纱杆（锤），被公认为是纺织机械的鼻祖。从古巴比伦的《汉谟拉比法典》上的记载可知，早在公元前1800年，人类就已经能够使用医疗器械了，尽管只不过是一种粗糙的铜刀片。到了公元前100年，医疗器械的发展已经达到了很高的水平，在埃及克姆•奥姆博神庙中的浮雕图像和印度古代医学著作《妙闻集》中，都有对近20种医疗器械的记载和描述。而公元前1190年希腊人制造的著名的能行走的特洛伊木马，实际上就是一种复杂的机械。

公元前236年前后，希腊著名科学家阿基米德在他所著的书中提到一种螺旋式升水泵，用于抽水灌田，如图1-4所示。这种水泵主要由一根螺旋管组成，其底部浸在低处的河水中，转动此螺旋管就可以将低处的水抽到高处，这就是最初的水利机械，其工作原理一直沿用至今。

在悠久的历史长河中，希腊人发明的水轮磨坊是最早的取代人力的机械装置，他们利用水的动能推动机械的运动，虽然构造比较简单而且只能在水流湍急的地方使用，但它成为第一台把人类从繁重的体力劳动中解放出来的机械装置。以风力作为动力来代替人力的机械装置——风车，最早可追溯到公元前650年古波斯奴隶发明制造的风车，如图1-5所示。古希腊人也曾经使用风车来碾磨粮食及抽水。通过绑在一起的芦苇捆做成相互垂直的桨，然后使其能够围绕一个中心轴进行旋转。小心地放置外墙，从而确保风力能驱动潜在双向系统向预期的方向移动。此外，在风车发明之前，在航海中就已经使用风力发电，这些风车都是已知最早使用风力替代人力进行日常劳动的装置。

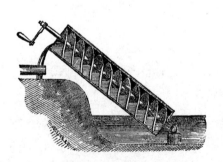

图1-4　阿基米德螺旋式升水泵　　　　　　　图1-5　古波斯风车

2. 印刷术与思想的传播时期（1301—1780年）

追溯到公元13世纪之前，对于当时的人类，文化的交流比较困难，因为没有印刷机，书是手写的，图是手绘的，不可能大量复制。因此，在此以前，思想和文化的传播非常不便。后来通过印刷机的发明与创造，人类文化思想的交流得到了极大的促进作用，它将人类的文明更快、更广地传播开来，因此，这一发明是对人类社会发展的巨大贡献。

　　在隋代时期，约公元 700 年，世界上最早的印刷术在我国诞生，即在木板上雕字的雕版印刷。这一发明与前期手抄式书写相比大大提高了效率，但是在雕版印刷的过程中，所需的木板太多，而且雕版很容易被毁坏。因此为了对其改进，在宋代时期，一位雕版印刷工(名为毕昇)发明了活字印刷术。最初用木活字，相比于用整块雕版而言已经是一种进步和突破了，但是后来发现在油墨作用下，木活字会膨胀，造成了所印的字迹模糊，影响了印刷的整体质量。毕昇经过不断的研究和改善，运用烧制的胶泥活字，取得了非常大的成功。活字印刷既经济，又省力，而且在很大程度上提高了印刷速度，是人类社会发展史上的一次重大革命。到了公元 15 世纪中叶，在地处欧洲中心地带的德国，最初的印刷机(如图 1-6 所示)，即将我国早已发明的活字印刷术、纸张，加上油墨和压榨机的机构结合起来，被一位五金匠登堡成功地发明。早期印刷机所用的活字是由金属熔化后浇注出来的。印刷机的发明使文化思想的传播速度明显提高，将人类文明的步伐向前推进了一大步。

图 1-6　欧洲早期的活字印刷机

　　早在欧洲的时钟问世数百年之前，我国就已经发明并制造了机械时钟，最初制造时钟的目的仅是记载皇位继承人的出生时刻，后来的几个世纪中，经过中国人不断的发明与制造，较为精确的水钟问世。17 世纪以前的机械时钟虽然已经是一大突破，但精确程度很难令人满意，其误差可达每天 1h 多。到 1656 年，第一台有实用价值的摆钟被荷兰数学家和天文学家惠更斯设计并制造出来，极大地提高了机械计时器的精度，其误差仅为每天 5min，这在当时已经是相当精确的计时器了。

　　在武器方面，由于科技的进步，特别是机械设计与制造的发展，使更先进、杀伤力更大的武器相继出现，这无疑给人类增添了灾难和痛苦。1550 年德国人发明了转轮扳机枪支，如图 1-7 所示，其有三个转轮，可以连续发射三发子弹，为以后机关枪的发明设计打下了基础。在武器方面对于机械制造的工艺有更高的要求，特别是用于战争的武器并不是简单的纯机械，而是机械与化工等其他学科的综合，可见，各种学科综合应用的机械已经开始问世了。

图1-7　转轮扳机枪支

　　纺织机械是机械工业中非常重要的组成部分。人类经过漫长的"纺锤"捻纱的历史之后，发明并应用纺车织布。考古发现，在我国山东临沂金雀山西汉帛画和汉画石像上出现了最早的纺车图，这证明了我国是最早应用简单纺织机械的国家。黄道婆，我国宋末元初的伟大发明家，经她改革的棉纺车的纺纱锭子就多达32枚，成为当时世界上最先进的纺织机械，至今有的地区依然沿用基本上没有多大变化的纺车纺纱。直到14世纪这种纺车才传入欧洲，到了18世纪，由于社会的需求，以及机械的设计制造水平发展迅猛，纺织机械得到迅速发展。1764年，纺织机械在英国人哈格里夫斯的发明创造下取得了前所未有的进步，一种自动纺纱机——珍妮纺纱机问世，如图1-8所示，相比于以前只能纺出一个纱锭的手纺机，该纺纱机可使一个工人同时纺出8个卷轴的线。4年后，英国发明家阿克莱在珍妮纺纱机的基础上，加上了通过水利转换为动力的装置，这台机器于1771年在德比郡一条河边的磨坊里得到安装。阿克莱的水利纺纱机让生产方式得到了很大的改变，使从前传统的一家一户变为工人集中在一个车间进行生产，标志着社会大生产的开始。

3. 蒸汽机与欧洲工业革命（1781—1869年）

　　18世纪中叶以前，机械动力的方式几乎都是人力、畜力、风力和水力，以此作为驱动力，使各种机械进行运转，这种方式无疑会受到地域等各方面的限制。尽管在前期蒸汽机已经出现，但大多为常压蒸汽机，不可能被广泛应用于各种装置，其原因为速度慢、动力小、效率低。显而易见，动力机械是当时历史发展的关键环节，这一切的改变源于瓦特旋转式蒸汽机（如图1-9所示）的问世。用蒸汽机推动的机器的诞生，竟然使人类历史发生如此翻天覆地的变化，使人类在缓慢的进化与发展中突然进入高速发展、如同神话般的境地，通过不到百年时间的创造与改善，生产和科技发展竟然赶超了过去千万年的总和。

图1-8　珍妮纺纱机

图1-9　瓦特旋转式蒸汽机

英国人斯蒂芬逊成功地将蒸汽机应用于交通运输领域，经过大量的试验和研究，在1814

年实用的机车被制造出来（如图 1-10 所示），此后经过他的不断完善，机车结构大为简化，动力大为提高。1830 年 9 月 15 日，名为"火箭号"的机车由斯蒂芬逊驾驶，正式用于载客运输，具体路线为英国利物浦到曼彻斯特，每次载客 130 人，只需 1h。铁路运输的发展在很大程度上促进了其他工业的发展，而其他工业的发展反过来又促进了铁路运输的发展。

在斯蒂芬逊的蒸汽火车用于实际运输并得到高速发展的同时，第一辆依靠人的自身力量驱动的自行车在 1839 年由苏格兰铁匠麦克米伦发明并制造，在初期用脚直接蹬地而行的自行车的基础上，加上了直连于驱动轮（当时为前轮）上的一幅脚蹬，这种改造使骑车人不必再费力蹬地前行，可以通过直接踩动脚蹬的方式使车轮前进，如图 1-11 所示。

图 1-10　斯蒂芬逊的"火箭号"蒸汽机车　　　　图 1-11　早期的自行车

人们一直梦想的、追求的生产方式是机械制衣。英国人逊德在 1790 年制造了第一台供缝纫鞋用的单线链式线迹手摇缝纫机，如图 1-12 所示，成为最早使用机器代替手工缝纫的人。这时世界上诞生了"缝纫机"这个名称。该台缝纫机用木材作为机体，具体活动的零部件是用金属制造的，机臂的前端固定着能上下垂直运动的机针，并配有能水平送料的工作台。在此后的近百年间，通过几代人的不懈努力，缝纫机逐步得到了很大的改善，各种类型的缝纫机在欧洲各国被相继发明。从此制农业得到突飞猛进的发展，这在人类文明史上独树一帜。

图 1-12　早期的单线链式线迹手摇缝纫机

农业机械也是机械类的重要组成部分。在 18 世纪到 19 世纪期间，许多发明家都沉浸于设计出理想的农业机械。直到 1826 年，可以代替人劳动的机械收割机问世，该机型收割机由苏格兰人贝尔发明制造。同时在千里之外的美国农场主之子麦可密克也制造出一种不同形式的收割机，如图 1-13 所示。虽然他的专利比贝尔晚了 5 年，但在实际的农业生产加工中带来了新的改革，为农业机械化奠定了基础。

畜牧业机械化在机械工业迅猛发展的工业革命时期，自然被推到日程上来。1830 年英国人巴丁成功地设计并制造了第一台割草机（如图 1-14 所示），它的切口很宽，达 48cm，取代了以前园丁们的长柄大镰刀，将他们从繁重的劳动中解放出来，大大提高了割草的效率。在欧洲、美国、澳洲等国家和地区，巴丁的割草机很快被推广开来，使畜牧业得到更快的发展。

图 1-13　麦可密克制造的收割机

图 1-14　巴丁的割草机

起重机械也是机械类的一个重要分支，特别是载人升降机，对安全要求相当严格。所以在 18 世纪初，虽有升降机，但由于存在安全隐患，因此很少有人敢乘坐。直到 1853 年，一种可以在缆绳断裂的一瞬间快速通过齿条将电梯卡住的装置，被美国人奥迪斯在升降机（电梯）的滑道上安装，并在纽约的世博会上当众表演砍断缆绳后升降机并无危险，这才使升降机（电梯）被广泛接受，如图 1-15 所示。自此在较高的建筑物中安装安全的电梯便逐渐成为顺理成章的事。

在欧洲的工业革命时期，几乎各种类型的机械在人们的努力研究下都有发明，当人类的活动不再局限于陆地时，便将身影扩展到了天空。1852 年，足以承载一个人的滑翔机在英国问世，它是由飞行先驱凯莱发明和制造的。此后凯莱命令他的马夫代他试飞，在无人指挥的情况下安全地飞过了一个山谷，但这位不情愿的试飞员一着地就溜之大吉了。

图 1-15　奥迪斯当众表演砍断升降机缆绳

直到 1891 年德国人利林塔尔制造出了一架可控制的滑翔机，也称为悬挂式滑翔机。机翼通过帆布制成蝙蝠形状。做了几百次试飞，最高飞到 350m，此次创造为以后的滑翔机和动力飞机开创了良好的开端。不幸的是，利林塔尔在一次飞行中失事并牺牲。

在 1903 年，即利林塔尔的可控式滑翔机问世 12 年后，美国的奥维尔·莱特和威尔伯·莱特兄弟的动力飞机被成功地制造出来。其中，飞机升空、驾驶和动力三大问题在莱特兄弟设计的飞机中得到解决，其主要采用了机械传动中常用的链传动形式，将发动机的动力传到两个螺旋桨推进器，双层机翼可增加浮力。虽然它的第一次试飞只在空中停留了 57s，但为动力飞行的发展开辟了先河。在动力飞机上，包括机械传动、机械连接和空气动力学等各方面的内容，随着机械工程中各类专业技术和制造技术的不断改善与提高，飞机的性能得以迅速优化，为人类历史开辟了新天地。

1859 年，在法国人勒努瓦的努力设计与制造中，第一台内燃机问世，如图 1-16 所示。这台机器主要由煤气和空气的混合气作为燃料，虽然因耗费太高而难以推广，但相比于蒸汽机，其结构更为简单、紧凑，使其成本大为降低，特别适合用作交通工具上的动力装置。1884

年，德国人戴姆勒制造了在道路运输机械中作为动力装置的内燃机，并于 1885 年 11 月将这种内燃机安装在"骑式双轮车"上，制成了世界上"第一辆内燃机摩托车"，如图 1-17 所示。戴姆勒的内燃机以汽油为原料，其结构更紧凑、效率更高。

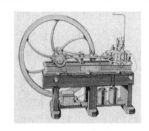 

图 1-16　世界上第一台内燃机　　　　图 1-17　世界上第一辆内燃机摩托车

德国人本茨是第一个将汽油机成功地应用在汽车上的人。在 1885 年，他成功地设计并制造了以汽油机为动力的三轮汽车，其速度为 13km/h。此后，他又设计并制造了四轮汽车，如图 1-18 所示。至此，对汽车制造感兴趣的发明家们携手前进，使汽车制造业得以飞速发展，汽车性能得到不断改善，而所有汽车的基本结构都是以机械为主，从汽车的心脏（发动机）到变速机构、转向机构、传动机构，可谓机械之大全。

4．电与现代机械工业时期（1870—1946 年）

人类经过漫长的几十万年历史后，偶然在丝绸与琥珀的摩擦中产生的电火花中发现了电——这个看不见的新奇事物。只不过摩擦产生的静电仅供人观赏消遣，没有实际运用。

图 1-18　本茨最早的四轮汽车

1800 年在一次生物解剖课上，伏特发现那只用于解剖中已死的青蛙竟然抽搐了一下。在好奇心的驱动下，他经过反复的试验发现了在钢制的解剖刀与锌制的工作台之间构建了一个简单的电回路，产生了电流，就是在这一电流的刺激下，青蛙的肌肉发生收缩而抽搐。于是早期的电池——伏特电池应运而生。伏特将钢板和锌板组合在一起，中间填充浸泡过盐水的布，构成了人类历史上第一个可以产生电流的电池。伏特电池虽然不是一种机械，却为新的一类机械——电力机械奠定了基础。

在伏特发明电池 21 年之后，英国科学家法拉第借助电池这一直流电源，演示了一种简单的装置，一根通有电流的导线能够围绕一块磁铁转动，这种现象作为发动机原理为以后的电动机、发电机的发明奠定了基础。

1879 年，在柏林举行的一次工业博览会上首次出现了将电力作为动力的交通运输机械，那是一辆在椭圆形轨道上灵活行驶的电气列车。电气列车具有无噪声、干净、易于操纵等优点，在后来的发展中逐渐取代了蒸汽机车。

在这一历史时期，机械产品在各个方面都得到运用，尤其是开始生产机电结合的产品，从大到小，从军事领域到民间生活各个领域。航空器、建筑机械、通信设备、交通机械、光学机械等都有了飞速发展，电和机的结合越来越紧密。

5．晶体管、集成电路、数字化技术与信息时代（1947 年—）

人类文明和科技进步在 1780 年以后的两个时期经历了飞速的发展。在 1947 年，一个更加伟大的发明——晶体管产生了。在从那以后的 40 年间，经过不断改进完善，具有各种功能的晶体管几乎完全代替了原先的玻璃电子管，大大缩小了电子产品的体积，可靠性显著提高，在晶体管占据市场 40 年后，它被功能更强大、体积更小的集成电路逐步替代，一块拇指大的集成电路可包含几百万只晶体管。集成电路为制造功能强大的各种机电产品，如家用电器、计算机、微型计算器、各种控制系统和控制元器件打下了基础。特别是将 20 世纪 80 年代末期的数字化压缩技术应用于实际生活以后，信息技术如神话般飞速地发展，信息时代终于到来了。而这一切都离不开机械，都是以机械工程和电子技术相结合的机电一体化技术为基础的。

人类动力的使用历经了畜力、水力、风力、蒸汽与电力之后，进入了核能时代。虽然首次应用核能是用于战场上以分裂为反应形式的原子弹，但也是将以聚合为反应形式的核能应用于和平建设事业的开端。这一动力形式现已成功地应用于发电、核潜艇等工程领域及相关产品中。我国先后建立了秦山核电站、大亚湾及它附近的两座核电站。我国的核潜艇已在海底游弋多年，显著地增强了我国的国防力量。而这一切的基础，尤其是制造基础，依然是机械设计与制造这一古老而又不断焕发青春的行业。

在机械设计与制造范围内的汽车制造业，一直是世界各国经济的支柱行业，对汽车架体的千万个焊点过去一直采用的都是手工焊接，而在 20 世纪 70 年代以后，越来越多的机器人走上了汽车制造生产线承担焊接任务。当你步入这样的车间时，看到的不是工人，而是忙碌的机器人或机械手在准确地永不疲倦地焊接装配工作。同样在诸如彩电、计算机等大型电器或电子设备的生产制造车间里，也是这样勤劳的机械手、机器人取代了人工劳动，它们动作精准，误差不超过 0.01mm，而且可以轻而易举地举起重达几吨的零件，也可以小心翼翼地拿起一只灯泡。到 20 世纪末，日本率先制造出能跳舞、带表情的双足行走的智能机器人。这种双足行走的机器人在我国最先在国防科技大学被研制出来，尽管它只能蹒跚而行，但毕竟在这方面朝着国际前沿水平跨出了一大步。

20 世纪 90 年代出现的虚拟现实技术使人可以看到虚拟的（或真实的）立体图像，这种立体图像是用双眼观察的"真实"的立体视觉，而不是以尺寸形状判断的"假"立体，这为研究各门科学提供了一种更方便、更真实的手段。将虚拟现实技术用于机械设计与制造中，真可谓"如虎添翼"，可以使设计者在产品的设计阶段就能够从各个方向直观地观察到产品的外观，甚至还可以虚拟地操作和使用这个产品。图 1-19 所示为虚拟现实技术在机械工程领域的典型应用。

(a)机械设计中的应用   (b)机械传动中的应用

图 1-19   虚拟现实技术在机械工程领域的典型应用

国际空间站是国际机械发展史上的又一大壮举，1998 年 11 月国际空间站的第一个组件——曙光号功能货舱顺利进入预定轨道，同年 12 月，由美国研发的团结号节点舱升空并与曙光号实现成功对接，2000 年 7 月星辰号服务舱与空间站连接。2000 年 11 月 2 日首批宇航员登上国际空间站，给这个庞大的国际空间站送去了 72m 的太阳能电池，从而使地球上的人们用肉眼即可看到它的光芒。

随着工业材料的不断发展与进步，人们发现了一种对电磁波只吸收而不反射的高分子材料，用这种材料制造的"隐形"战机不会被敌方雷达观察到，从而提高了实际战斗力。第一架隐形飞机是 1981 年生产的洛克希德 F—117A 型隐形战斗机，如图 1-20 所示，这种战斗机的形状也有助于避开雷达电磁波的探察。

图 1-20 F—117A 型隐形战斗机

基于数字技术和压缩技术的宽带通信技术为人类的全球通信提供了可能。人们不但可以听到千万里之外友人亲切的声音，而且能真切地看到对方的形象。当这样的通信机器体积越做越小、成本也越来越低时，大多数人都有应用这种通信机器的可能。现在可视手机几乎完全代替了普通手机。

当人们使用一些奇妙的电信器件时，可能只欣赏其漂亮的外观，并不注意它的制造工艺和流程，但在人们深入了解之后，便能认识到在这些高科技产品中机械加工是多么重要，至少它们外壳所需要的模具对机械加工的要求是相当高的，随着机电产品的飞跃式发展，对于各种模具的设计与制造，必将有更高的要求。

1.2.2 我国机械发展简史

回顾我国机械工程的发展历程，我们了解到某一段时间我国在某些方面的发展曾远远地走在世界的前列，这使我们感到自豪，但自豪之余也不得不感到遗憾，因为，我国本来曾领先的一些地方到现在反而落后了。

1. 石器、骨器、铁器时代

1950 年，我国的考古专家贾兰坡先生等人在山西省运城市芮城县风陵渡镇匼河村一带发现了大量大型的砍伐器和尖状的石器，连同此前在周口店地区发掘的两面石器，可以证明我国猿人早在四五十万年前就已经能够打造并使用石器了。在周口店山洞里不仅发掘出约几万年前的人骨化石，而且在骨器中还出土了做工比较精美的骨针，这便是人类能够缝制衣物的最早证据。在五六千年前的新石器时代，各种石器、骨器的制造更加精致，这从西安半坡遗址出土的各种重要的石器、骨器可以得到印证。

到了公元前四千年，我们的祖先发明了铜器与铁器，历史进入了开始使用金属工具的重要阶段。这是一种历史性的飞跃，为以后机械工业的出现和发展开创了良好的开端。出土的那个时期的文物主要有青铜刀和铁刀、铁斧、铁锄、铁铲及铁铧等铁器，说明当时已经开始将铜、铁这些沿用至今的金属材料用于农业、狩猎、生产、生活等各个方面了。

2. 简单机械的发明和创造

与世界机械发展史大致相同，经历了漫长的石器、铜器和铁器时代后，出现了最初的机械工业。简单机械是人类发明最早的机械之一，主要有杠杆、滑车、斜面、螺旋等几大类。

杠杆是人类发明最早、最简单的一类机械。我国利用杠杆原理制造度量衡器的时代可以追溯到公元前 2698 年—公元前 2599 年，这可以从《吕氏春秋》的记载中得到证实。后来将杠杆用于灌溉和扬水。图 1-21 所示为《天工开物》中记载的用于汲水的桔槔。我国古代应用杠杆原理制作的工具还有剪刀、铡刀、抛石机等。在最早的织布机上使用的脚踏板也利用了杠杆把力放大的原理。

滑车与辘轳也是一类把力放大的简单机械。公元前 1100 年左右，周代初年的史官史佚发明了辘轳，其被普遍地应用于汲水，如图 1-22 所示。后来又出现了经过优化和改良的双向辘轳，能够同时带动两个载物工具，一个上升时另一个下降，这样就缩短了一半的工作时间，提高了工作效率。这种机械构思巧妙，省力且高效，足见我国古代机械发展的水平之高。公元前 500 年的《墨经》还有关于对滑车与斜面所做的力学试验，以及用滑车制造战争用的云梯和用于打井的记载。

图 1-21　桔槔　　　　　　　　　　　　　图 1-22　辘轳

在元代《王桢农书》里记载的榨油机，成功地利用尖劈能够产生巨大压力这一力学原理用于榨油。在图 1-23 所示的元代前后生活的手工业发展示意图中，可以看到各种作坊中已开始使用各种简单的机械装置了。

3. 简单机械的发展和提高

在人们初步地掌握了一些简单的力学原理后，便以较快的速度运用这些理论知识，推动了机械工程的快速发展。与此同时，大量结构较为复杂的机械产品不断出现，并得到了实际的应用。

机械原理课程将要讲到平面杆机构的知识，而其中的曲柄滑块机构早在一千年前（在元代《王桢农书》上已有记载）就已应用在当时的轧棉机上，如图 1-24 所示。当踏动杠杆 3 时，通过连杆 2 带动曲柄，使十字形木架 1 做回转运动，完成轧棉，十字形木架 1 在运动中又起到惯性轮的作用。

　　　　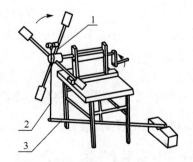

图 1-23　元代前后的榨油机　　　　　　　图 1-24　古代的轧棉机

车辆的发明对人类的意义极其重大。世界上最早记载的车是我国在轩辕黄帝时代（公元前 2698 年—公元前 2499 年）发明的，当时用畜力作为车辆的动力。在《元史》卷四十八、

《天文志》第一记、《郭守敬造简仪法》上明确记载了我国在 1276 年所制的天文仪器上已成功地应用滚动轴承，而欧洲人则在其 200 多年后才开始应用滚动轴承。我国的车辆发明之后，又巧妙地将车轮传上来的运动用作其他机械产品的动力，以达到预期的目的，如后来的指南车（如图 1-25 所示）、计里鼓、磨车等。车辆和滚动轴承的发明是我国在机械设计与制造方面的突出贡献，它们一直有效地被应用至今。

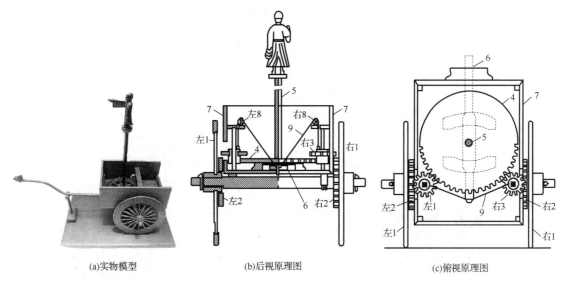

(a)实物模型　　　　　　(b)后视原理图　　　　　　(c)俯视原理图

图 1-25　指南车

1—足轮；2—立轮；3—小平轮；4—中心大平轮；5—贯心立轴；6—车辕；7—车厢；8—滑轮；9—拉索

我国早在公元前后就发明了水力回转轮，该机械可带动面筛进行运动，以水的流动带动回转轮产生回转运动，再通过图 1-26 中卧式水轮的曲柄滑块机构，将转轮的回转运动变为面筛的前后运动。由我国南北朝时期伟大的数学家祖冲之设计并制造的"车船"，改变了之前由人力间断划桨的直桨，将划船的桨替换为轮子圆周插有多个桨叶，轮子转动可以驱动桨叶连续划桨，进而将船速提高到原来的几倍。图 1-27 所示为一种带有轮桨、直桨和风帆多种方式驱动的战船。

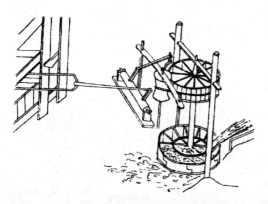

图 1-26　水排——卧式水轮《王祯农书》　　　图 1-27　带有多种驱动方式的战船

齿轮传动是机械传动中最为重要的部分之一。据考证，我国最早的齿轮应用在公元前 221—公元前 207 年的秦朝。1954 年在山西省运城市永济县（现永济市）薛家崖出土了青铜棘齿轮。参考同坑出土器物，可断定为秦代（公元前 221—公元前 207 年）或西汉初年遗物，轮40 齿，直径约 25mm。关于棘齿轮的用途，迄今未发现文字记载，推测其可能用于制动，以防止轮轴倒转。早在公元前中国人就已经应用即使在近现代也十分先进的人字齿轮及相应的复杂齿轮传动方式，这是我国乃至世界机械发展史上的重要篇章。在图 1-28 所示的利用畜力和水力的机构中，使用了与锥齿轮相似的传动机构，可以在相互垂直的两轴之间传递力和运动，由此可见我国在元朝前后已经开始应用锥齿轮传动了。

　　更复杂的齿轮传动系统——由一系列轮子组成的轮系是由晋代杜预发明的，使用畜力作为动力带动一个主轴的转动，再使用多组齿轮传动，带动相应的 8 个连接磨盘的大齿轮，使8 个磨同时运动，后来改用更方便的水力驱动。如图 1-29 所示，使用一个巨大的水轮，经齿轮传动系统将 9 个磨盘同时转动，这样的复杂轮系的应用证明了我国古代的机械传动的水平非常高，比西方使用轮系的历史早了 1000 多年。

图 1-28　畜力筒车（天工开物）

图 1-29　水转连磨

　　我国早在两千多年以前就发现、发明了一些现代机械传动的齿轮机构的原理及相关应用（起始于公元前 200 年的西汉初年），古人成功地利用轮系传动的一些优点，如组合传动比精准、可降速传动以增大扭矩、可以在复杂轴间传动、可做分解与合成运动（一轮带多轮）、可以随意离合齿轮、可改变齿轮的转动方向（变向）等，到元末明初（14 世纪），我国对传动理论的研究和应用已具有相当高的水平，大大超过了同期西方在这方面的研究和发展。虽然因后来的封建思想的束缚，没能进一步得到发展，但可见我国人民自古以来就有不断创新的聪明才智和巧妙的逻辑设计思维。

　　机械传动中至关重要的齿轮传动、链传动的最早创造者及应用在我国，带传动的最早应用也在我国。从汉代壁画上的纺车图（如图 1-30 所示）可以完全确定用于纺车上最初的"带"传动的模式是始于汉朝（约两千年以前），那时虽然使用的不是如今的橡胶条带，但以绳索等为"带"的传动原理确实是最早的带传动应用。到南北朝时期（约公元 4、5 世纪）又出现了更省力快捷的脚踏三锭纺车。宋末元初（约公元13 世纪）的纺织女工黄道婆改进后的纺车已经达到非常先进的水平。宋代更是有以水力驱动的纺车，在这些纺车上所应用动力的传动模式，大多为"带"传动，据考证对带传动的相关文字描述和记载可以追溯到西汉时期（约公元前 100 年），而西方最早应用的带传动是在 1430 年，那是一个由带传动水平旋转驱动的石磨。

图 1-30　纺车图（汉代壁画）

4．古代机械工业的衰退

我国有五千多年的辉煌文明史，古代人民创造了伟大的机械文明，在各个行业使用了先进的机械，解放了生产力，提高了生产效率，对推动和发展人类社会的进步做出了杰出的贡献。明初（约公元 14 世纪）以前，我国发明创造的机械在数量、质量及发明应用的时间上都是领先于世界的，也曾是机械强国。但是，由于我国古代研究机械、发明创造的人还是极少数，缺少相应的理论研究的总结和绘制图形的标准，因此迟迟没有形成有效的文字书面积累，导致大多数机械产品失传，这就是我国古代相关机械发展研究缓慢甚至停滞的原因。

明朝（约公元 14 世纪）之后，我国依旧处于封建文明之中，我国古代科学技术的发展受制于长期的闭关锁国政策和重文轻工的科举制度等社会背景，而在同时期的西方，以英国、法国为代表的国家已经开始发展自然科学，兴办理工科大学、培养专业人才。到公元 15 世纪前后，西方的机械科学研究及使用已超过我国。尤其是在英国工业革命（公元 17 世纪）后，西方各国的机械工业已大大领先我国，因此出现了 1840 年鸦片战争期间的冷兵器对热兵器、大刀长矛对洋枪洋炮的巨大武器落后，直接使得清末民初各种丧权辱国等行为的产生。

5．现代机械工业的振兴

1949 年新中国成立以后，在一五计划大力发展重工业的背景下，我国开始了振兴相关机械产业的艰苦工作。早期在苏联的援助下建立了汽车厂（长春汽车制造厂，后来的一汽）、钢铁厂（鞍山钢铁厂，北满特钢）、机床厂（富拉尔基机床厂、沈阳机床厂、北京机床厂、大连机床厂和上海机床厂）、第一重型机器厂，在这些基础项目有了初步发展后才逐渐推动了其他方向的发展，之后建立了 112 厂和 132 厂（沈阳和成都飞机制造厂，虽然最初只是飞机部件制造）、中国第一拖拉机制造厂（洛阳拖拉机制造厂）等一大批大中型国有企业。在相关的机械工业技术及产业具备了一定规模后，先后在北京（首钢）和上海（宝钢）、马鞍山（马钢）等地建起了大型钢铁厂，为机械行业的再次发展提供了更多更好的原材料等相关行业的基础，制造的机器形成了一系列产业链，推动了其他产业的发展，使得新中国有条件和能力发展轻工业、食品工业等。

尤其是改革开放之后，我国调整了机械工业的发展方针，相关企业进行了改革及转型，引进了先进的技术和雄厚的资金，高等教育和科研部门的投入迅速扩大，渐渐建设起独立自主的设计研究平台，机械工业得以快速发展，与世界发达国家的距离逐渐减小，甚至个别领域已经达到世界领先水平。其中，在大型装备制造领域的主要表现如下。

（1）电力设备方面，已经可以基本满足国内发展需求，相关技术水平和产品产量及质量已经达到世界前列。哈电、东方和上电可批量生产 60 万千瓦及 100 万千瓦级超临界、超超临界火力发电机组（应用于上海外高桥发电厂等），每度电煤耗比当前国际平均水平低 16.3%；水电设备最大单机容量已由 30 万千瓦升级到 70 万千瓦，哈电在 2017 年 8 月单机容量达到 100 万千瓦的机组在白鹤滩水电站正式投建，标志着我国水电机组效率达到世界先进水平；核电方面已具备自主独立生产二代百万千瓦级改进型压水堆核电站成套设备的能力，三代核电站装备建设项目于 2014 年年底正式落户福清，该项目命名为华龙一号，已经通过国际原子能机构的审批，完全独立自主研发及生产，标志着我国核电的实力已经达到了与国际同行竞争的水平,接近世界一流；兆瓦级风电机组已批量生产，6 兆瓦海上风电机组已研制成功，上海海装已经开始 10 兆瓦机组的研究，我国已进入风电设备生产世界大国行列；在电能运输方面，±800kV 直流输电成套设备和 1000kV 高压交流输变电设备研制成功，综合自主化率分别达到 60% 以上和 90% 以上，标志着我国成为世界上首个特高压输变电设备投入工业化生产运营的国家。

（2）矿山冶金设备方面，可独立设计提供年产 1000 万吨级钢铁企业使用常规流程的全套设备、年产 60 万～70 万吨级金属矿、年产 600 万吨级井下煤矿、年产 2000 万吨级露天矿、年处理 400 万吨级选煤厂、年处理 300 万吨级选矿厂、日产 4000～10000 吨级熟料干法工艺水泥厂成套装备。

（3）石化通用设备方面，30 万吨/年合成氨设备已实现国产化；百万吨等级乙烯"三机"（裂解气、乙烯、丙烯压缩机）、高速撬装往复式压缩机组、大型往复式压缩机、超高压乙烯压缩机、大型多列迷宫压缩机、大型工艺螺杆压缩机，年产 50 万吨以上合成氨配套压缩机组投入研究，部分已研制成功；6 万立方米/时等级大型空分设备已实现国产化并出口，目前开始研制 8.5 万立方米/时空分设备；石油钻机已由 9000m 升级到 12000m，并开始研发 13000m 技术，已经达到了世界领先水平，并由陆上钻机向海上钻机领域拓展。

（4）汽车行业方面，据中国汽车工业协会统计，2022 年我国汽车产销稳中有增，连续 14 年产量、销量稳居全球第一。2022 年全球汽车产销分别达到 2702.1 万辆和 2686.4 万辆，新能源汽车产销同比增长 96.9% 和 93.4%，出口突破 300 万辆，汽车工业展现出强大发展韧性。

（5）大型施工机械方面，4000 吨级履带式起重机、7500 吨大型全回转起重机、500 吨全路面起重机、72m 臂架混凝土输送泵车、直径 11.22m 的泥水平衡盾构机等特大型工程机械研制完成，目前已投入开发 100～1000 吨液压挖掘机、100～400 吨矿车（含铰接）、900～1000 马力履带推土机、7～22 吨装载机及 750 马力以上传动件和驱动桥等大型、超大型施工机械。

（6）农业机械方面，国产农机已基本能满足国内农业的需求，只有极少数行业的高端机械需进口。180 马力大型拖拉机已研制成功，开始研发 200 马力以上动力换挡拖拉机，配套动力 100 马力以上稻麦、玉米、大豆等变量施肥播种机，大型高地隙、轻型水田自走式喷杆喷雾机等精量保值机械，谷物联合收割机已经普及并开始向 10kg/s 的大喂入量机型发展，玉米、水稻、油菜、牧草和甘蔗等收获灌溉相关作业机具研究也都取得重大进展。

（7）工作母机方面，大型多轴、高精度、快速数控机床及与之配套的数控操作系统和多功能配件发展极快，数控机床自给率已达到 60%，开发出了超精密加工机床、柔性制造系统及大型冲压自动生产线、五轴联动龙门加工机床、叶片加工中心、五轴落地式数控镗铣床、七轴联动重型立式车铣复合加工机床；自主研发的数控操作系统的可靠性显著提高，平均无故障时间达到 2 万小时以上，在"高档数控机床与基础制造装备"国家重大科技专项（04 专项）的支持下，成功地研制出一批国家急需、长期受制于国外的高档数控机床与基础制造装备。

（8）大型铸锻件方面，基础制造工艺取得明显进步。关键铸件制造水平得到进一步提升，一些铸件的尺寸精度、表面质量及内在品质等指标达到了国际一流水平；冷精锻、温精锻、特种锻造等精密锻造工艺取得突破性进展；模具设计制造水平大幅提升；内高压成形、激光拼焊板等冲压技术得到广泛应用；AP1000 核岛主设备大锻件、100 万千瓦发电机超超临界转子及 6m 轧机支撑辊等国产重大装备关键零件的热处理工艺取得重大突破。

我国机械工业规模已连续多年稳居世界第一，但大而不强，还存在自主创新能力薄弱、共性技术支撑体系不健全、核心技术与关键零部件对外依存度高、服务型制造发展滞后、产能过剩矛盾凸显、市场环境不优等问题。虽然我国在高端装备自主化方面取得了一系列突破，但部分产品核心技术仍然缺失，产品品种规格单一，高附加值大型成套设备的研制能力有待提高。国内企业目前尚未掌握重型燃气轮机组设计技术和主要部件试验技术等核心技术。部分高端装备的进口依赖性依旧很强，80%的集成电路芯片制造装备、70%的汽车制造关键设备、40%的大型石化装备及绝大部分高端、精密的试验检测设备和数控机床控制系统仍依靠进口。虽然我国机械工业对产业基础能力的重要性认识进一步提高，但核心零部件滞后于主机发展的局面并没有出现明显改观，核心零部件、关键基础材料严重制约主机向高端升级的问题没有得到解决。高端装备所需材料中，有 25%的材料完全空白，部分材料虽然关键技术已取得突破，但仍存在质量和稳定性较差、可靠性和合格率较低等问题，不能完全满足发展需求。高档数控系统、机器人用精密减速器 95%以上依赖进口，高档汽车自动变速器、200km/h以上高铁齿轮箱、高档传感器几乎 100%依赖进口。轴承钢、模具钢标准水平、实物质量、品种满足度均与国际先进水平和行业发展的需求有很大差距。发电设备用大型铸锻件、关键零部件及材料，输变电设备用高档绝缘材料、关键部件及有些大功率电力电子器件研制有了一定的突破，但在产品质量稳定性和产量等方面尚未满足电器工业需求。目前行业发展协作不够，跨界融合推进缓慢，产能过剩矛盾突出，竞争环境有待改善。

1.2.3　机械工程发展展望

　　机械工程相关领域的发展在促进人类社会进步、提升人类物质文明和生活质量的同时，也会对我们赖以生存的自然资源和环境产生巨大的破坏作用。以内燃机、火力发电机等为代表的动力机械碳、硫等排放污染大气，机器漏油和废液对水源的污染，工厂汽车等尾气超标问题不能根治，因此，发展低碳绿色，甚至是无污染的动力机械一直是 21 世纪的重要发展目标。地球的煤炭、石油、天然气等资源也是极为有限的，不可再生能源的过度开采导致资源的殆尽，必将影响我们及子孙后代、破坏整个地球的本来的自然环境，发展绿色能源已成为全世界国家和人民的共同目标。2012 年 8—9 月在巴西里约热内卢召开的地球峰会上，108位国家元首就保护地球环境、化工废料的处理、新能源的使用等相关议题展开了深入的讨论，各国元首普遍认为可持续发展已经成为全人类需要解决的大问题。

　　随着飞速发展的科学技术，减少能耗、降低碳排放、保护环境、超精密、性能优异的各类机械产品不断涌现。机械工程在 21 世纪的发展趋势将体现在以下几个主要方面。

　　（1）机械加工制造业将摆脱以往设计、加工的理念。设计制定机械产品的性能目标参数后，从选择设计方案、力学与动力学计算分析，到各个零部件设计及精度需求、加工设计，将达到真正的智能化。超精密、高效率的数控机床、多轴加工中心会更加普及，CAD/CAE/CAPP/CAM 等计算机辅助软件更加智能完善，达到无图纸设计加工。结合智能化设计理念与先进加工制造工艺，将使未来机械制品更加完美。

　　（2）以绿色能源（包括核能、太阳能、风能、地热能、氢气等可再生能源，甚至可以使用废弃物作为能源）为代表的绿色动力机械将会出现并使用。在可以预见的将来，使用氢燃料发动机的汽车将会出现在公路上。如果车载电池技术得到突破，电池的二次污染能得到有效控制及改变，那么电动汽车的发展将迎来新的高峰。

　　（3）载人航空航天技术将进一步成熟，人类将乘坐速度更快、能耗更低的宇宙飞船登陆地外星球，甚至实现电影中的太空旅行甚至是在其他星球居住。机械产业还会推动大量先进武器的发明和制造，数字化、信息化的武器将改变以往的战争模式，超远距离的雷达和精密制导武器在以后的战争中将发挥关键作用。

（4）目前，无人技术不断发展，以前的无人加工车间、近些年的无人机和无人驾驶汽车都已面市。随着社会发展需求的不断加深、人力成本和条件的制约，无人操纵的智能机器还会更多更全面，将在特定场合大量应用，并且操作手段更加简单先进，智能自动化程度更加突出。

（5）为民用服务的机械技术将更加先进，可远程操作、高智能化控制的智能机械家电将替代现有的洗衣机、食品加工机等家用产品，引发家庭生活方式新的革命。

（6）微型机械将会在航空航天、医疗、军事等领域获得广泛应用，毫米级的仿生昆虫机器人可以使敌人指挥系统瘫痪，或者作为间谍刺探情报；微纳米机器人可以在人体内部疏导血栓、探测脑细胞信号；甚至出现微小型卫星和飞行器，用于特殊的场合。

（7）绿色环保可回收再利用、具有不同优异性能、能够满足各种需求的新型材料将大量出现，并在机械领域中广泛应用。能耗低、污染少、强度高、可回收的绿色新型机械将会取代以往机械。

最后，随着工业4.0、中国制造强国战略的推动，未来的机械在材料、设计、加工、使用等方面将会产生巨大的变化，机械的种类更加多种多样，加工制造性能更加优异，人类的明天会更好。

1.3　本课程的基本内容、学习要求与方法

1.3.1　机械工程学科简介

机械工程学科是一门涉及利用物理定律为机械系统做分析、设计、生产及维修的工程学科，该学科包括机械设计与理论、机械制造及自动化和机械电子工程三个分学科。

机械设计与理论是对机械进行综合介绍并定量描述及控制其性能的基础技术科学。它的主要内容是把各种知识、信息注入设计，将其加工成机械系统能够接收的信息并传输给机械制造系统。机械制造及其自动化是指接收设计输出的指令和信息，并加工出满足设计要求的产品的过程，它是研究机械制造系统、机械制造过程和制造手段的科学。机械电子工程是20世纪70年代由日本提出来的用于描述机械工程和电子工程有机结合的一个术语。时至今日，机械电子工程已经发展成为一门集机械、电子、控制、信息、计算机技术为一体的工程技术学科。该学科涉及的技术是现代机械工业最主要的基础技术和核心技术之一，是衡量一个国家机械装备发展水平的重要标志。图1-31所示为机械工程学科的构成。

机械系统从构思到实现，要经历设计和制造两个不同性质的阶段。在机械工程学科中，设计与制造是两个不可分割的统一体，两者互相联系，相互依赖。忽视了这一点就有可能出现以下问题：若轻制造，用先进的设计技术，则可能出现"质量不高的先进产品"；反之，若轻设计，用先进制造技术，则可能出现"落后的高质量产品"。只有用先进设计技术设计出适应社会需求的产品，再以先进制造技术制造，才能形成对市场的快速响应。

机械设计与理论学科包含的研究学科分支如图1-32所示，它的研究对象包括：机械工程中图形的表示原理与方法；机械运动中运动和力的变换与传递规律；机械零件与构件中的应力、应变和机械的失效；机械中的摩擦行为；设计过程中的思维活动规律及设计方法；机械系统与人、环境的相互影响等内容。所以它应用的相关学科相当广泛，包括数学、物理、化学、微电子、计算机、系统论、信息论、控制论、现代管理学等学科的基础知识及最新成就。

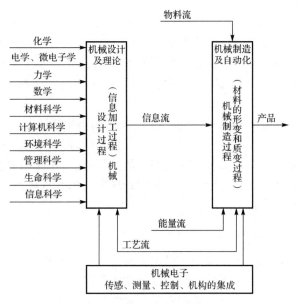

图 1-31 机械工程学科的构成

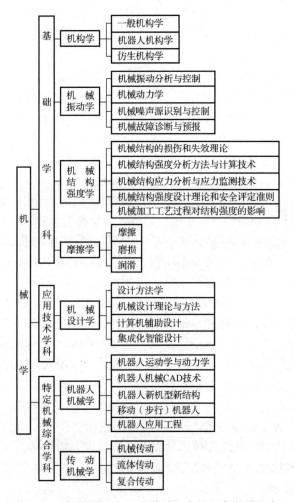

图 1-32 机械设计与理论学科包含的研究学科分支

　　机械制造发展至今，正逐步由一门技艺成长为一门科学。机械加工的根本目的是以一定的生产率和成本在毛坯上形成满足一定要求的形面，为此正在逐步形成研究各成形方法及其运动学原理的表面几何学；研究材料分离原理和加工表面质量的材料加工物理学；研究加工设备的机械学原理和能量转换方式的机械设备制造学；研究机械制造过程的管理和调度的机械制造系统工程学等。

　　机械电子工程的本质是通过机械与电子技术的规划应用和有效结合，以形成最优的产品和系统。机械电子方法在工程设计应用中的基础是信息处理和控制，用机械电子工程的设计方法设计出的机械系统比全部采用机械装置的方法更简单，所包含的元件和运动部件也更少。例如，以机械电子方法设计的一台缝纫机，利用一块单片机集成电路控制针脚花样，可以代替老式缝纫机约 350 个部件。

1.3.2　本课程的基本内容

　　本课程涉及的领域非常广泛，简要对机械工程的全部内容做概括性的介绍难度很大。涉及知识面过深，不但学习困难，而且失去了导论课程的意义；涉及知识面过广，难以突出重点。因此，本书在内容安排上围绕前述的机械工程学科的基本内容，从机械工程与其他学科的交叉（即其他学科在机械工程中的应用）和机械设计方法，到机械制造工艺技术、机电一体化和机械制造自动化技术，以及智能制造与智能装备技术，以期对机械工程学科所包括的基本理论、基本知识、基本技术有较为完整、全面、系统的介绍。

　　本书的主要内容如下。

　　第 1 章绪论，主要介绍机器、机构、机械及机械工程的内涵，机械工程的服务领域及工作内容，机械工程发展与社会发展的关系，以及机械工程学科的内涵等，其目的是使学生了解机械和机械工程内涵，深入理解机械工程学科在人类社会发展中的地位和作用。

　　第 2 章机械工程与其他学科的交叉，主要介绍数学、力学、材料、计算机、控制及环境学科与机械工程存在诸多方面的交叉，并且在机械工程学科中得到了广泛应用。本章的学习有助于学生理解大学期间学习其他学科的目的及重要性。

　　第 3 章机械设计与现代设计方法，主要包括机械设计的基本要求、常规方法、一般步骤和典型实例，以及优化设计、创新设计、有限元设计、可靠性设计等现代设计方法。其目的是使学生了解机械设计的一般过程和基本步骤，从而加深对现代机械产品设计方法的认识和理解。

　　第 4 章机械制造工艺技术，主要介绍铸造、压力加工、粉末冶金、塑性成形等成形加工工艺，切削加工、特种加工等材料去除工艺，累积加工、结合加工等材料添加工艺，以及光整加工、微细加工、纳米加工等先进制造工艺。其目的是使学生对机械制造工艺的基本原理、基本概念、基本方法有全面的理解和掌握。

　　第 5 章机电一体化与机械制造自动化技术，主要介绍机电一体化技术的理论基础与关键技术、机电一体化系统的构成与分类，以及典型的机电一体化系统实例。另外介绍机械制造自动化系统的构成与分类、机械制造自动化的途径、类型与特征。其目的是使学生对机电一体化和机械制造自动化的基本内容与关键技术有全面的了解及认识。

　　第 6 章智能制造与智能装备技术，主要介绍智能制造的产生、发展及意义，智能制造系统架构，以及智能装备技术（机器人技术、智能检测技术、物联网技术及云计算技术）。其目的是让学生在学好传统制造技术的同时，了解智能制造技术的产生、发展及新趋势，并对当前智能的装备技术有全面的了解。

1.3.3 本课程的学习要求与方法

"机械工程导论"是对机械类专业学生进行入门教育和对非机类专业学生普及机械工程常识的课程，机械工程本身是一门应用型学科，在课程的学习中要做到理论联系实际、举一反三，并注意以下几个问题。

（1）本书各章内容是机械工程领域中的基本问题，从中可以了解机械工程的全貌，建立机械工程的基本概念。

（2）本书不要求读者学会制图、设计计算、制造机械及其产品，而是要求了解机械及其产品是通过工程师的设计、制造、组装等一系列过程实现的，每个环节都需要专门知识和专业理论。因此，对各章内容的学习不需要死记硬背，通过对各章内容进行学习，了解机械及其产品从设计、制造到使用过程中需要哪些知识及其对机械产品的影响和作用。

（3）本书内容涉及工程制图、工程材料、工程力学、机械原理、机械设计、机械制造工艺、先进制造技术等许多后续课程，在学习过程中可参阅相关内容的参考书。

（4）在教学过程中，教师结合授课内容可随时补充与之相关的机械产品、机械事故等典型实例，学生要按课堂笔记完善所学的知识。

总之，本课程是一门机械类专业的专业入门课和非机类专业的专业拓展课，所涉及的内容极其广泛。通过本课程的学习，学生应对机械工程学科有总体的、概括性的认识，从而对自己所学的专业、将来可能从事的行业有初步了解，最终达到普及专业知识、了解专业内涵、培养专业兴趣的教学目的。

复习思考题

1．何谓机器、机构、机械？
2．简述机械工程的定义和内涵。
3．思考从古代到现代机械工程发展的脉络，分析其推动力的来源，以及对未来机械工程发展的启示。
4．简述机械设计与理论、机械制造及自动化、机械电子工程分学科所研究的领域。

参 考 文 献

[1] 王中发，殷耀华. 机械[M]. 北京：新时代出版社，2002.

[2] 张春林，焦永和. 机械工程概论[M]. 北京：北京理工大学出版社，2003.

[3] 蔡兰，冠子明，刘会霞. 机械工程概论[M]. 武汉：武汉理工大学出版社，2004.

[4] 张宪民，陈忠. 机械工程概论[M]. 武汉：华中科技大学出版社，2011.

[5] 黄开亮. 机械工程发展简史[M]. 北京：中国科学技术出版社，2011.

[6] 李健，黄开亮. 中国机械工业技术发展史[M]. 北京：机械工业出版社，2002.

[7] 魏龙，孙见君，冯秀. 机械工程与社会进步的互动及发展趋势[J]. 科技与管理，2007，9（4）：10-13.

第 2 章　机械工程与其他学科的交叉

机械工程是以相关的自然科学和技术科学为理论基础，结合生产实践中的技术经验，研究和解决各种机械在开发、设计、制造、安装、运用与维修中的全部理论和实际问题的应用学科。机械工程与许多学科领域都有交叉，各个工程领域的发展都要求机械工程有与之相适应的发展，都需要机械工程提供所必需的机械。所以，机械工程在各领域不断提高的需求压力下获得发展动力，同时又从各个学科和技术的进步中得到改进与创新能力。

2.1　数学与机械工程

2.1.1　概述

数学是人类对事物的抽象结构与模式进行严格描述、推导的一种通用手段，它不仅是自然科学的基础，也是技术创新发展的基础。数学实力往往影响着国家实力，没有强大的数学基础，就没有良好的科技。在人类历史发展和社会生活中，数学作为学习和研究现代科学技术必不可少的基本工具，可以应用于现实世界的任何问题，如图 2-1 所示。

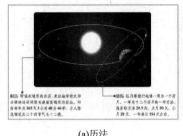  

|(a)历法|(b)网络通信|(c)机械制造|

图 2-1　数学的应用

用数学解决实际问题时，往往需要将实际问题转化为数学模型。通常，数学模型的建立有 6 个步骤。

（1）明确问题

数学建模所处理的问题通常是各个领域的实际问题，这些问题本身往往含糊不清，难以直接找到关键所在，无法明确提出该用什么方法。因此，建立模型的首要任务是辨明问题、分析相关条件，尽可能使问题简单，再根据目的和要求逐步完善。

（2）合理假设

合理假设是建模的关键步骤。一个实际问题不经简化、假设，很难直接翻译成数学问题，即便翻译成了，也会因其过于复杂而难以求解。因此，根据对象的特征和建模的目的，需要对问题进行必要、合理的简化。

合理假设的作用除了包括简化问题，还包括对模型的使用范围加以限定。假设的依据通常是出于对问题内在规律的认识，或来自对数据、现象的分析。做假设时，既要运用与问题相关的物理、化学、生物、经济、机械等专业方面的知识，也要充分发挥想象力、洞察力和判断力，辨别问题的主次，尽量使问题简化。为保证所做假设的合理性，在有数据的情况下应对所做的假设及假设的推论进行检验。

（3）建立模型

模型根据实际问题的基本原理或规律，建立变量之间的关系。要描述一个变量随另一个变量的变化情况，常用的方法有图表法和数学表达式法。将数学表达式转换成图形和表格较容易，反过来则比较困难。用一些简单典型函数的组合可以组成各种函数形式。使用函数解决具体的实际问题，必须给出各参数的值。寻求这些参数的现实解释，往往可以抓住问题的一些本质特征。

（4）求解模型

模型的求解会涉及不同学科的专业知识。不同数学模型的求解难易程度不同，一般情况下在很多实际问题中不能求出解析解，因此需要借助计算机用数值的方法来求解。在编写代码之前要明确算法和计算步骤，弄清初始值、步长等因素对结果的影响。

（5）分析检验

求出模型的解后，必须对模型和解进行分析：模型和解的适用范围如何，模型的稳定性和可靠性如何，是否达到建模目的，是否解决了问题。

数学模型相对于客观实际，不可避免地会存在一定误差。对于误差，不仅要根据建模的目的确定误差的允许范围，还要分析误差来源，想办法减小误差。误差主要有以下几个来源。

① 模型假设的误差：一般来说，模型难以完全反映客观实际，因此需要做不同的假设，在对模型进行分析时，需要对这些假设小心检验，分析和比较不同假设对结果的影响。

② 求近似解方法的误差：模型的解析解通常很难得到，在采用数值方法求解时，数值计算方法本身也会有误差。许多这类误差是可以控制的。

③ 计算工具的舍入误差：在用计算器或计算机进行数值计算时，不可避免地存在由于机器字长有限而产生的舍入误差，如果进行了大量运算，这些误差的积累是不可忽视的。

④ 数据的测量误差：在用传感器、调查问卷等方法获得数据时，应注意数据本身的测量误差。

（6）模型解释

数学建模的最后阶段是用现实世界的语言对模型进行翻译，这对使用模型的人深入了解模型的结果十分重要，使其了解模型和解是否有实际意义，是否与实际证据相符合。这一步是使数学模型有实际价值的关键一步。

2.1.2　数学在机械工程中的应用

数学研究的是现实世界中的数量关系与空间形式，因为数与形在事物中无处不在，所以数学作为研究数与形的学科，自然也成为一切科学甚至技术的基础。由于数学思维具有其他思维方式所没有的简洁、明确、严密、清晰等优点，因此非常适合解决机械制造这类行业中所遇到的各种问题。

机械专业知识表面上看起来有独立的内容、有系统的知识体系但仔细研究不难发现，这些专业知识很多都和数学知识相联系。没有数学作为有力工具，很多专业问题根本无从解决。比如，机械工程中零件的强度计算、齿轮传动与带传动、工厂管理计算中的切削用量计算、生产成本计算等都需要数学知识。特别是将数学机械化法与数字化设计制造融合后，实现了对机械中复杂曲面的特征识别、设计、分析和制造。复杂曲面类零件在船舶、航空航天及国防装备等领域被广泛应用（图 2-2），其设计制造的精度和效率要求非常高。借助数学，我们可以建立准确的定位优化模型，提高定位的精度和计算效率，研究被加工曲面的特性和加工余量分布，给定合理的加工刀具序列。在数控加工（图 2-3）中，抑制轨迹规划技术借助数学解决了对几何形体特定方式的运动过程、轨迹布排、干预分析等所涉及的非线性方程组的求解。

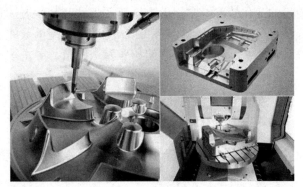

图 2-2　复杂曲面的涡轮叶片　　　　　　　　图 2-3　五轴数控加工

综上所述，机械领域的很多专业问题都离不开数学。一个工程技术人员面临实际问题的原貌并不以简化或抽象的形式出现，必须经过细致深入的分析、合理的抽象概括、选用适宜的数学工具，才能将实际的机械工程问题转化为清晰的数学模型。这不仅需要我们精通专业知识，展开透彻的分析，明确哪些条件可以忽略，哪些条件必不可少，还需要具备能够对问题进行归纳抽象的数学素养和求解方程式、概率统计等的数学能力。

2.2　力学与机械工程

2.2.1　概述

1. 定义

力学是研究物质机械运动规律的科学。机械运动即力学运动，是物质在时间、空间中的位置变化，包括移动、转动、流动、变形、振动、波动、扩散等，而平衡或静止则是其中的一种特殊情况。机械运动是物质运动最基本的形式。物质运动的其他形式还有热运动、电磁运动、原子及其内部的运动和化学运动等。机械运动常与其他运动形式共同存在。

2. 力学的发展历史

力学知识最早起源于对自然现象的观察和在生产劳动中的经验。初期，人们在建筑、灌溉等劳动中使用杠杆、斜面、汲水器等器具，逐渐积累起对平衡物体受力情况的认识。古希腊的阿基米德初步奠定了静力学（即平衡理论）的基础。后来，人们从对日、月运行的观察和弓箭、车轮等的使用中，了解一些简单的运动规律，如匀速的移动和转动。但是对力和运动之间的关系，直到欧洲文艺复兴时期以后才逐渐有了正确的认识。

16 世纪后，力学开始发展为一门独立的、系统的学科。伽利略通过对抛体和落体的研究，在试验研究和理论分析的基础上，最早阐明了自由落体的运动规律，并提出加速度的概念。

17 世纪末，牛顿继承和发展前人的研究成果（特别是开普勒的行星运动三定律），提出力学运动的三条基本定律，使经典力学形成系统的理论。牛顿三定律和万有引力定律成功地解释了地球上的落体运动规律和行星的运动轨道。伽利略、牛顿奠定了动力学的基础，此后两个世纪，在很多科学家的研究与推广下，终于成为一门具有完善理论的经典力学。此后，力学的研究对象由单个的自由质点转向受约束的质点和受约束的质点系，代表性理论是达朗贝尔提出的达朗贝尔原理和拉格朗日建立的分析力学。其后，欧拉又进一步把牛顿运动定律用于刚体和理想流体的运动方程，成为连续介质力学的开端。

运动定律和物性定律的结合，促使弹性固体力学基本理论和粘性流体力学基本理论孪生于世。弹性力学和流体力学基本方程的建立，使得力学逐渐脱离物理学而成为独立学科。弹性和流体基本方程建立后，所给出的方程一时难以求解，工程技术中的许多应用力学问题还须依靠经验或半经验的方法解决。这使得 19 世纪后半叶，在材料力学、结构力学同弹性力学之间，水力学和水动力学之间一直存在着风格上的显著差别。20 世纪初，随着新的数学理论和方法的出现，力学研究又蓬勃发展起来，创立了许多新的理论，同时解决了工程技术中大量的关键性问题，如航空工程中的声障问题和航天工程中的热障问题等。从 20 世纪 60 年代起，计算机的应用日益广泛，力学在应用上和理论上都有了新的进展，开始不断渗入其他学科。

3. 力学的分类

力学可以分为静力学、运动学和动力学三部分。静力学研究力的平衡或物体的静止问题；运动学只考虑物体怎样运动，不讨论它与所受力的关系；动力学讨论物体运动和所受力的关系。力学也可以按照研究对象分为固体力学、流体力学和一般力学三个分支。固体力学包括材料力学、结构力学、弹性力学、塑性力学等。流体力学包括流体静力学、流体动力学等。固体力学和流体力学从力学分出后，余下的部分组成一般力学。一般力学主要研究离散系统的基本力学规律和某些与现代工程技术有关的新兴学科的理论，包括理论力学（狭义的）、分析力学、刚体动力学、陀螺力学等。

力学不仅是一门基础科学，同时也是一门技术科学。它是许多工程技术的理论基础，又在广泛的应用过程中不断得到发展。力学在工程技术方面的应用结果形成了工程力学。工程力学是以构件为研究对象，运用力学的一般规律分析和求解构件受力的情况及平衡问题，建立构件安全工作的力学条件的一门学科。同时，为了使设计符合经济原则，又要求少用材料或用廉价材料。工程力学的任务就是合理地解决这一矛盾，为实现既安全又经济的设计提供理论依据和计算方法。工程力学包括理论力学和材料力学两部分。

2.2.2　工程力学基础

1. 理论力学

理论力学是研究物体机械运动基本规律的学科，它只考虑宏观的物体，而不考虑原子、电子等微观结构所遵循的量子力学规律；只考虑运动速度远小于光速的情况，而不考虑相对论效应，这恰好属于绝大多数工程实际问题的范畴。理论力学通常包含三部分内容：静力学、运动学和动力学。

1）静力学

静力学主要研究物体在力的作用下处于平衡的规律，以及如何建立各种力系的平衡条件，还研究力系的简化和物体受力分析的基本方法。静力学的全部内容是在几条公理的基础上推理出来的。这些公理是人类在长期的生产实践中积累起来的关于力的知识的总结，它反映了作用在刚体上的力的最简单、最基本的属性，这些公理的正确性是可以通过试验来验证的，但不能用更基本的原理来证明。

（1）二力平衡公理

作用于刚体上的两个力，使刚体处于平衡状态的充分必要条件是：这两个力大小相等、方向相反，且作用在同一直线上，如图2-4所示。

（2）加减平衡力系公理

在作用于刚体上的已知力系中，加上或减去任一平衡力系，并不改变原力系对刚体的作用效应，可用图2-5来表示。

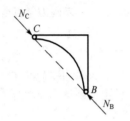

图2-4　二力平衡示意图

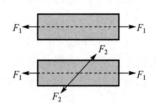

图2-5　加减平衡力系示意图

（3）力的平行四边形法则

作用于物体上同一点的两个力，其合力也作用在该点上，至于合力的大小和方向，则由以这两个力为边所构成的平行四边形的对角线来表示，而该两个力称为合力的分力，可用图2-6来表示。

（4）作用与反作用定律

两物体间相互作用的力总是等值、反向、共线且分别作用在这两个物体上的。

（5）刚化公理

变形体在某一力系作用下处于平衡，如将此变形体置换为刚体，则平衡状态保持不变。

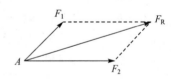

图2-6　合力与分力

2）运动学

运动学是动力学的基础，主要研究刚体的运动，当物体的几何尺寸和形状在运动过程中不起主导作用时，物体的运动就可以简化为点的运动，例如，在空中飞行的飞机、火箭、人造卫星及其他航天器等。而对于工程中的构件来说，更多的是研究构件的运动情况，通常视为刚体来进行处理。

（1）刚体的平行移动

工程中某些物体的运动，例如，发动机气缸内构件 *AB* 的运动，这一类物体的运动有一个共同的特点，即在物体内任取一直线，在运动过程中这条直线始终与它的初始位置平行，这种运动称为平行移动，简称平动。

当刚体做平动时，刚体上的点的运动轨迹是相同的，且在每一瞬间各点的速度和加速度也是相同的，如图2-7所示。

（2）刚体的定轴转动

工程中，最常见的齿轮、机床的主轴和电动机的转子等在工作运转过程中都有一个固定的轴线，把物体绕固定轴线的转动称为物体做定轴转动，如图 2-8 所示。

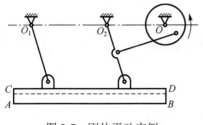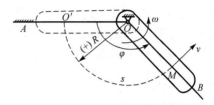

图 2-7　刚体平动实例　　　　　　　　　图 2-8　刚体的定轴转动

（3）刚体的平面运动

刚体的平面运动是工程机械中较为常见的一种刚体运动，如图 2-9 所示，在直线轨道上运行的火车车轮、曲柄滑块机构中的连杆等运动都是平面运动。刚体的平面运动可以视为平动与转动的合成。

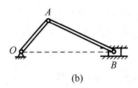

(a)　　　　　　　　　(b)

图 2-9　刚体的平面运动实例

3）动力学

动力学是理论力学的一个分支学科，它主要研究作用于物体的力与物体运动的关系。动力学的研究对象是运动速度远小于光速的宏观物体。动力学不仅是一般工程技术的基础，而且是很多高新技术的基础。以现代回转机械为例，喷气发动机、燃气轮机和离心压缩机的速度越来越高，对于这些机械和机构的运动规律、动强度、力稳定性、振动与冲击等问题，必须按照动力学，而非静力学规律进行分析。

（1）动力学的基本内容

动力学的基本内容包括质点动力学、质点系动力学、刚体动力学、达朗贝尔原理等。以动力学为基础而发展起来的应用学科有天体力学、振动理论、运动稳定性理论、陀螺力学、外弹道学、变质量力学等。质点动力学研究两类基本问题：一是已知质点的运动，求作用于质点上的力；二是已知作用于质点上的力，求质点的运动。

动力学普遍定理是质点系动力学的基本定理，包括动量定理、动量矩定理、动能定理及由这三个基本定理推导出来的一些其他定理。动量、动量矩和动能是描述质点、质点系和刚体运动的基本物理量。作用于力学模型上的力或力矩与这些物理量之间的关系构成了动力学普遍定理。

刚体的特点是其质点之间距离具有不变性。欧拉动力学方程是刚体动力学的基本方程，刚体定点转动动力学则是动力学中的经典理论。陀螺力学的形成说明刚体动力学在工程技术中的应用具有重要意义。多刚体系统动力学是 20 世纪 60 年代以来由于新技术发展而形成的新分支，其研究方法与经典理论的研究方法有所不同。

达朗贝尔原理是研究非自由质点系动力学的一种普遍而有效的方法。这种方法在牛顿运动定律的基础上引入惯性力的概念，从而用静力学中研究平衡问题的方法来研究动力学中不平衡的问题，所以又称为动静法。

（2）动力学的应用

对动力学的研究使人们掌握了物体的运动规律，并能够为人类进行更好的服务。例如，牛顿发现了万有引力定律，解释了开普勒定律，为近代星际航行，以及发射飞行器考察月球、火星、金星等开辟了道路。

2. 材料力学

材料力学的研究内容分属于两个学科。第一个学科是固体力学，即研究物体在外力作用下的应力、变形和能量，统称为应力分析。第二个学科是材料科学中的材料的力学行为，即研究材料在外力和温度作用下所表现出的力学性能和失效行为。以上两个方面的结合使材料力学成为工程设计的重要组成部分，即设计出杆状构件或零部件的合理形状和尺寸，以保证它们具有足够的强度、刚度和稳定性。

人们在改善生活、征服自然和改造自然的活动中，经常要设计和使用各种各样的机械设备。任何一种机构都是由很多零部件按一定的规律组合而成的，这些零部件统称为构件。根据构件的主要几何特征，可将其分成若干类型，其中一种称为杆件，它是材料力学研究的主要对象。

杆件的几何特征是长度 l 远大于横向尺寸（高 h、宽 b 或直径 d）。其轴线（横截面形心的连线）为直线的称为直杆；轴线为曲线的称为曲杆。截面变化的杆称为变截面杆；截面不变化的直杆称为等直杆。等直杆是最简单也是最常见的杆件之一，如图 2-10 所示。

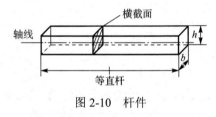

图 2-10　杆件

当机械构件承受外力的作用（或其他外在因素的影响）时，组成该机械的各杆件都必须能够正常地工作，这样才能保证整个构件正常工作，为此，要求杆件不发生破坏。杆件要能正常工作，必须同时满足以下三个方面的要求。

（1）强度

指构件在载荷作用下抵抗破坏（断裂或过量的塑性变形）的能力。例如，冲床的曲轴在冲压力作用下不应折断；储气罐或氧气瓶在规定压力下不应发生爆破损坏。

（2）刚度

指构件或零部件在确定载荷作用下抵抗变形的能力。以机床的主轴为例，即使它有足够的强度，若变形过大，则也会影响工件的加工精度，又如当齿轮轴的变形过大时，将使轴上的齿轮啮合不良，并引起不均匀磨损。

（3）稳定性

构件或零部件在确定的外载荷作用下，保持其原有平衡状态的能力。例如，建筑施工用的脚手架全部是用细长杆铰接而成的，这时不仅要求具有足够的强度和刚度，而且还要保证有足够的稳定性，否则在施工过程中，局部杆件的不稳定会导致整个脚手架的倾覆与坍塌。

在设计构件时，不仅要满足上面提及的强度、刚度和稳定性的要求，还需尽可能地选用合适的材料和尽可能少用材料，以节省资金或减轻构件的自身重量。既要考虑最大的安全性，又要考虑最大的经济性，这二者是任何工程设计都必须满足的两条基本要求。这两条要求通常是矛盾的，所以，材料力学的任务就是在满足强度、刚度和稳定性的要求下，以最小的代价为构件确定合理的截面形状和尺寸，选择合适的材料，为设计构件提供必要的理论基础和计算方法。

1）应力分析

为了定量地比较杆件内部某一点受力的强弱程度，引入应力的概念，如图 2-11 所示。考察杆件截面上的微小面积 ΔA，假设分布应力在这一面积上的合力为 ΔF_R，则 $\Delta F_R/\Delta A$ 为这一微小面积上的平均应力，当所取的面积趋于无穷小时，根据极限的有关知识，上述平均应力趋于某一极限值，这一极限值称为横截面上一点处的应力。所以，应力实际上是分布内力在截面上某一点处的强弱，又称为集度。

将 ΔF_R 分解为 x、y、z 三个方向上的分量 ΔF_{Nx}、ΔF_{Qy}、ΔF_{Qz}，根据应力定义有

$$\sigma_x = \frac{dF_{Nx}}{dA}$$

$$\tau = \frac{dF_Q}{dA}$$

图 2-11　应力定义

σ_x 表示垂直于横截面上的内力在某点处产生的应力集度，称为正应力，常用 σ 来表示。把位于横截面内的内力在某点处产生的应力集度称为切应力，常用 τ 来表示，如图 2-12 所示。

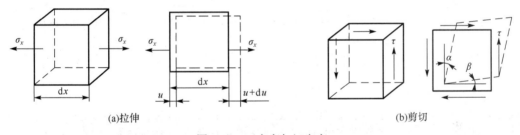

(a)拉伸　　　　　　　　　　　　　　(b)剪切

图 2-12　正应变与切应变

2）杆件的受力与变形形式

工程实际中的杆件受到各种各样的外力作用，杆件的变形也可能是各种各样的，但杆件变形不外乎是以下基本变形中的一种或几种的组合。

（1）拉伸与压缩

当杆件两端受到沿轴线方向的拉力或压力载荷时，杆件将产生轴向伸长或压缩变形，如图 2-13(a)所示的液压传动机构中的活塞杆，在油压和工作阻力的作用下受压；如图 2-13(b)所示的悬臂吊车的拉杆在起吊重物的作用下受拉，再如修理汽车时用到的千斤顶的螺杆在顶起汽车时受压。

（2）剪切

如图 2-14 所示，平行于杆截面的两个相距很近的平面内，方向相对地作用着两个横向力，当这两个力相互错动并保持它们之间的距离不变时，杆件将产生剪切变形。工程中如冲床冲压工件的成形孔、剪床剪切金属板料都基于剪切作用。此外机器中的连接件（如螺栓、销钉、键、铆钉）有时也是承受剪切作用的零件，如图 2-15 所示。

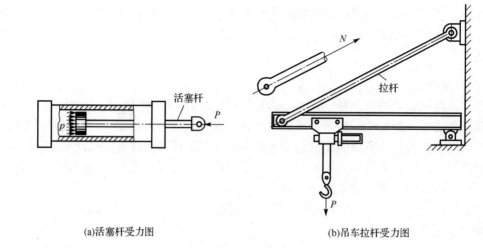

(a)活塞杆受力图　　　　　　　　　　　(b)吊车拉杆受力图

图 2-13　杆受力

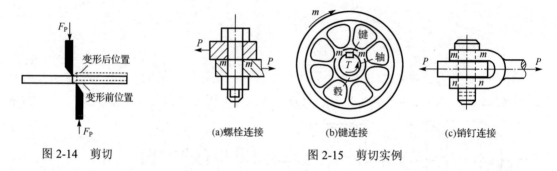

图 2-14　剪切　　　　(a)螺栓连接　　　(b)键连接　　　(c)销钉连接

图 2-15　剪切实例

（3）挤压

连接件除可能以剪切的形式破坏外，也可能因挤压而破坏。在铆钉连接中，因铆钉孔与铆钉之间存在挤压，可能使钢板的铆钉孔或铆钉产生显著的局部塑性变形。图 2-16 所示为钢板上铆钉孔被挤压成长圆孔的情况，所以要对上述连接件进行挤压强度计算。

（4）扭转

工程中承受扭转的构件是很常见的。扭转问题的受力特点是：在各垂直于轴线的平面内承受力偶作用。圆轴扭转问题的变形特点是：在上述外力偶系的作用下，圆轴各横截面将绕其轴线发生相对转动。工程中的传动轴除受扭转作用外，往往还伴随弯曲、拉伸（压缩）等其他形式的变形。

（5）弯曲

如图 2-17 所示，当外力矩或外力作用于杆件的纵向平面内时，杆件将发生弯曲变形，其轴线将变成曲线。弯曲是工程中较为常见的变形，如火车轮轴、桥式起重机的大梁（图 2-18）等都是弯曲变形的杆件。产生弯曲变形杆件的受力特点是：所有外力都作用在杆件的纵向平面内且与杆轴垂直；变形特点是：杆的轴线由直线弯曲成曲线。

弯曲时，梁的横截面上的正应力不是均匀分布的。弯曲正应力强度条件只以离中心轴最远的各点的应力为依据，因此，材料的弯曲许用正应力应比轴向拉伸或压缩时的许用正应力取得略高些。但在一般的正应力强度计算中，均近似地采用轴向拉伸或压缩时的许用正应力来代替弯曲许用正应力。

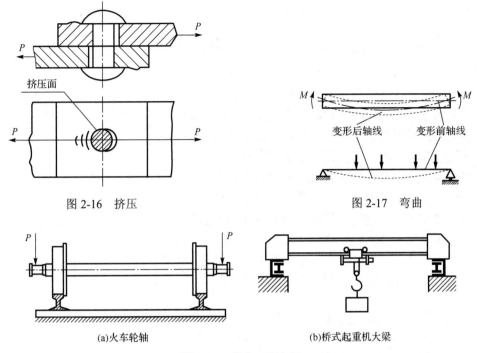

图 2-16　挤压　　　　　　　　　　图 2-17　弯曲

(a)火车轮轴　　　　　　　　　　(b)桥式起重机大梁

图 2-18　弯曲工程实例

（6）组合受力与变形

工程中，常见的组合变形有斜弯曲、拉伸（压缩与弯曲的组合）、弯曲与扭转的组合。实际上，杆件的受力情况不论多么复杂，都可以简化为基本受力形式的组合。

3. 构件失效

由材料的力学行为导致构件丧失正常功能的现象称为构件失效，以下是常见的几种失效形式。

（1）强度失效

大量的试验结果表明，材料在常温、静载作用下主要发生两种形式的强度失效：一种是屈服失效，另一种是断裂失效。

屈服失效是当最大应力达到材料屈服极限强度值的二分之一时发生的。

断裂失效则是构件在载荷作用下，没有明显的破坏前兆（如明显的塑性变形）而发生突然破坏的现象。构件在拉伸、压缩、弯曲、剪切、扭转的情况下都可能出现断裂破坏的失效形式。

（2）疲劳失效

构件或机械零部件在交变应力作用下发生的失效称为疲劳失效，简称疲劳。对于矿山、冶金、动力、运输机械及航空航天飞行器等，疲劳是它们零部件失效的主要形式。统计结果表明，在各种机械的断裂事故中，有80%以上是由疲劳失效引起的。

疲劳断裂中的裂纹产生和扩展是一个复杂的过程，它与构件的外形尺寸、应力变化情况及所处的介质都有关系。因此，对于承受交变应力的构件，不仅要在设计之初考虑疲劳问题，而且在使用期限内需要进行中修或大修，以检测构件是否发生裂纹及裂纹的扩展情况。

火车到站停靠时，铁路工人用小铁锤轻轻敲击车厢车轴，这是在检测车轴是否会发生断裂，以防止发生突发性事故的一种简易手段。车轴不断转动，其横截面上任意一点的位置均随时间不断变化，敏感点的应力亦随时间而变化，车轴因而可能发生疲劳断裂破坏。用小铁锤敲击车辆，从声音来直观判断是否存在裂纹及裂纹扩展情况。

（3）压杆失稳

如图 2-19 所示，两端铰支的细长压杆，假定压力与杆件轴线重合，当压力逐渐增大但小于某一极限值时，杆件一直保持平衡状态，压杆直线形状是稳定的；当压力逐渐增大到某一极限值时，压杆的直线平衡变为不稳定，将转变成曲线形状的平衡，这时再用微小的侧向干扰力使其发生轻微弯曲，在干扰力解除后，它将保持曲线形状的平衡，而不能恢复原有直线形状。当载荷大于临界压力时，压杆在外界扰动下偏离平衡状态后不能恢复到初始的平衡状态，就把这种情况下杆件丧失其直线稳定状态的现象称为"压杆失稳"。

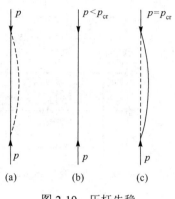

图 2-19　压杆失稳

工程中有很多受压的细长杆都存在上述失稳问题，如图 2-20 所示的内燃机配气机构中的挺杆、磨床液压装置的活塞杆都可能发生失稳现象。

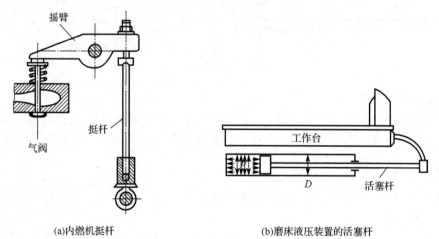

(a)内燃机挺杆　　　　　　　　　(b)磨床液压装置的活塞杆

图 2-20　压杆失稳工程示例

2.2.3　力学在机械工程中的应用

力学是物理学、天文学和许多工程学的基础，机械、建筑、航天器和船舰等的合理设计都必须以力学为基本依据。在力学理论指导下取得的工程技术成就不胜枚举，最突出的有：以人类登月、建立空间站、航天飞机等为代表的航天技术；以速度超过 5 倍声速的军用飞机，起飞重量超过 300 吨、尺寸近乎半个足球场的民航机为代表的航空技术；以单机功率达百万千瓦的汽轮机组为代表的机械工业，可以在大风浪下安全作业的单台价值超过 10 亿美元的海上采油平台；以排水量达 5×10^5 吨的超大型运输船和航速可达 30 多节、深潜达几百米的潜艇为代表的船舶工业；可以安全运行的原子能反应堆；在地震多发区建造高层建筑；在陆上运输中起重要作用的高速列车；两弹引爆的核心技术等，力学发展到今天已经构建了宏伟的大厦。

1. 机械设计与力学

在机械运动当中，传动装置是很多机器的重要组成部分。传动装置的主要任务是在原动机与执行机构之间转换运动方式并传递运动，同时还具有传递动力，改变运动、动力参数，进行能量转换的功能。根据工作原理的不同，机械传动可分为：摩擦传动（图 2-21），如直接接触的摩擦轮传动、有中间件的带传动；啮合传动（图 2-22），如直接接触的齿轮传动、蜗杆传动，有中间件的同步带传动、链传动。无论哪种传动装置，它们的设计与力学知识都分不开。

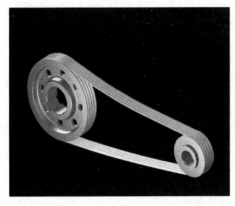

图 2-21　摩擦传动

图 2-22　啮合传动

在设计如图 2-23 所示的摩擦型带传动的机械运动时，需要考虑传动带与带轮接触面的摩擦力。带传动靠传动带和带轮间的摩擦力实现传动。传动带被张紧在带轮上，由于张紧作用，带已受到初拉力，它使带与带轮的接触面间产生压力。当主动轮回转时，带与带轮接触面间的摩擦力带动从动轮回转，从而传递运动和动力。

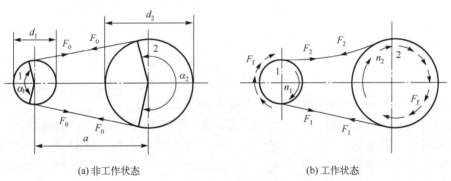

(a)非工作状态　　　　　　　　　　　　　　(b)工作状态

图 2-23　带传动

为保证带传动正常工作，传动带必须以一定的张紧力 F_0 紧套在带轮上，使带和带轮接触面上产生足够的摩擦力。当传动带静止时，带在带轮两边的拉力相等，均为初拉力 F_0，如图 2-23(a)所示。传动时，由于带与带轮之间产生摩擦力 F_f，带两边的拉力不再相等。绕入主动轮一边的带被拉紧，称为紧边，拉力由 F_0 增大到 F_1；绕入从动轮一边的带则相应地松弛，称为松边，拉力由 F_0 减小到 F_2，如图 2-23(b)所示。

2．机械制造与力学

在锻造、铸造、焊接、热处理、表面处理、机械加工等制造过程中，机械零件不可避免会产生应力，消除应力或使之再分布是非常必要的。一些刚性较差、容易变形的细长工件（如丝杠等），常采用冷校直的方法纠正其弯曲变形，如图 2-24(c)所示，在弯曲的反向加外力 F，在力 F 的作用下，工件轴线以上产生压应力，轴线以下产生拉应力。去除外力 F 后，外层的塑性变形部分阻止内部弹性变形的恢复，使内应力重新分布。此时，虽然纠正了工件的弯曲，但其内部产生了内应力，工件处于不稳定状态。如再次加工工件，将会产生新的变形，因此，在进行机械加工前需要分析材料内部残余应力的分布情况。通过合理设计零件结构、合理安排时效处理和工艺流程，消除残余应力对零件加工质量的影响。

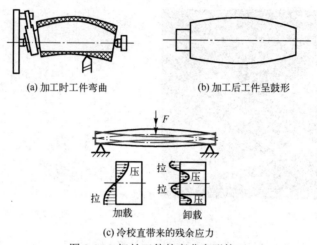

(a) 加工时工件弯曲　　　　　　(b) 加工后工件呈鼓形

(c) 冷校直带来的残余应力

图 2-24　细长工件的弯曲变形校正

2.3　材料与机械工程

2.3.1　概述

材料是人类赖以生活和生产的物质基础，是人类技术发展、文明进步的基石和先导。随着科学技术的高速发展，各种新型材料正在不断涌现，材料的质量、品种和数量也成为衡量一个国家科学技术、国民经济和国防力量的重要标志。

在与自然界交互作用的过程中，人类首先学会了生产和使用工具。从石器时代、青铜器时代到铁器时代，强度高、韧性好、在特殊环境（如高温、腐蚀、冲击等）中的稳定性强，成为对材料性能的主要要求。但是，随着人类的视野从周围的宏观世界向宇观及微观世界的延伸，突破自身感官的局限性，扩展自己感知、观察世界的能力，成为人类的强烈需求。因此，材料的物理性能（主要指电、磁、热、声、光性能）、化学性能和生物性能等成为人类关注的重点与热点，各类功能材料应运而生。

正是研究发明了性能各异的各类材料，科学家们制造出了巨型飞机，从此环游世界不必再经历凡尔纳笔下的斐利亚·福克所付出的艰辛 80 天；人们架设了通达世界的"信息高速公路"，在全球范围内实现了网络互联、信息互通，世界真正变成了地球村，让诗句中幻想的"天涯若比邻"成为现实；人们将人造卫星送入了太空，利用精密的全球导航系统，使在蓝色海洋中航行的船只能够避免"泰坦尼克号"悲剧的再次发生……作为人类文明基石的材料，在人类社会中发挥的作用不容忽视，犹如支撑万丈高楼的基石一样，材料支撑着人类文明。因而，史学家用石器时代、青铜器时代和铁器时代作为人类文明进化的标志。

原始社会以来，人类经历了石器时代、青铜器时代、铁器时代、钢铁时代、高分子时代、半导体时代、先进陶瓷时代和复合材料时代。今天，我们已经跨进遵循人们的意愿和需要来设计材料、制造材料的新时代。新材料的开发和使用给人类生活带来的便利有目共睹。例如，支撑电子工业的集成电路近 10 年来迅猛发展，更新换代越来越快，集成度遵循著名的摩尔定律——每 18 个月翻一番，线宽以 70%的比例递降：1992—1994 年为 0.5μm，1995—1997 年为 0.35μm，1998—2000 年则为 0.25μm。然而，采用目前的材料和加工技术，集成度将很快达到极限，若要继续提高集成度，则必须另辟蹊径。在众多的材料和加工技术中，纳米材料和纳米加工技术是最有希望的。利用纳米材料和纳米加工技术可实现集成电路的三维集成和加工，实现在原子和分子尺度上的集成。又如，由于控制环境污染方面的要求，在本世纪中，地面运输工具将使用高比强度、高比刚度材料以减轻自重，如汽车每减重 100kg，每升油可多行驶 0.5km。此外，太阳能的高效率利用、高功率燃料电池发电，均是以高性能材料的研制和开发为先导的。不仅如此，人类在推进文明发展的同时将会更加注重自身生活质量和周围环境的改善与提高。因此，生物材料和环境相容性材料的研发和使用将会受到重点关注。利用生物材料，人们可以生产出人造肝、人造肾、人造胰、人造皮肤和人造血管等，还可以制造出药物缓释系统材料，以优化调控药物的释放时间和速度。

2.3.2　材料的分类

材料除具有重要性和普遍性外，还具有多样性。工程材料是在各工程领域中使用的材料。工程上使用的材料种类繁多，有许多不同的分类方法。按材料的应用领域，可分为信息材料、能源材料、建筑材料、生物材料、航天材料等多种类别。按使用性能，材料分为结构材料和功能材料。工程材料主要是指结构材料，是用于机械、车辆、建筑、船舶、化工、仪器仪表、航空航天、军工等各工程领域中制造结构件的材料，主要利用材料的力学性能，如强度、硬度、塑性及韧性等；功能材料是指具有光、电、磁、热、声等功能和效应的材料，包括半导体材料、磁性材料、光学材料、电介质材料、超导材料、非晶材料、形状记忆合金等。工程材料按组成特点可分为金属材料、陶瓷材料、高分子材料和复合材料 4 大类，如表 2-1 所示。

表 2-1　工程材料的分类

工程材料	金属材料	黑色金属材料（碳素钢、合金钢、铸铁等）
		有色金属材料（铝、镁、铜、锌及其合金等）
	陶瓷材料	陶瓷（水泥、陶瓷、玻璃）
	高分子材料	合成高分子（塑料、合成纤维、合成橡胶）
		天然高分子（木材、纸、纤维、皮革）
	复合材料	金属基复合材料、塑料基复合材料、橡胶基复合材料、陶瓷基复合材料

1. 金属材料及其性能

金属材料是人们生产和生活中最为熟悉的一种材料，在机械制造、交通运输、建筑、航空航天、国防与科学技术等各个领域都得到了广泛的应用，如图 2-25 所示。金属材料中最具代表性的就是钢铁材料，年产量高达数亿吨。通常所说的钢铁材料是钢与铁的总称，一般钢的含碳量为 0.025%～1.5%；生铁的含碳量较高，为 2%～4%。

合金钢在机械工程领域应用得非常广泛。合金是在一种金属中加入其他元素所形成的。为了提高钢的性能，可以加入合金元素硅、锰、铬、镍、钨、钼、钒等，制备出合金钢。这些合金元素虽然含量不多，但具有特殊的作用。例如，切削工具要求硬度及耐磨性较高，在切削速度较快、温度升高时其硬度不下降。按照这样的使用要求，人们设计了一种称为高速工具钢的刀具材料，其中含有钨、钼、铬等合金元素；钢的生锈、化工设备及船舶壳体等的损坏都与腐蚀息息相关。据不完全统计，全世界因腐蚀而损坏的金属构件约占其产量的 10%，解决腐蚀问题已迫在眉睫，为此科学家研发出一种能够提高耐腐蚀的不锈钢。在电化学中，"电极电位"的概念可以表示金属抗蚀性的强弱，电极电位高表示金属抗蚀性好。因而要提高金属的抗蚀性，必须提高其电极电位。金属铬有一种神奇的作用，把它加入钢中后可提高钢的电极电位。在钢中加入铬和镍还可以形成具有新的显微组织的不锈钢。合金钢种类很多，按照性能与用途可以分为合金结构钢、合金工具钢、不锈钢、耐热钢、超高强度钢等。

有色金属材料包括铝、铜、钛、镁、锌、铅等单质金属及其合金等，虽然它们的产量及使用量不如钢铁材料多，但因为这些金属独特的性能和优点，使其成为当代工业技术中不可或缺的材料。

金属材料高的性价比、稳定成熟的生产工艺、大规模的装备量，促使了其强大的生命力，从而保证了其在国民经济中占有首屈一指的重要位置。关于金属材料的研究和发展历史已经非常悠久了。在金属材料的制备、加工、使用及材料的性能优化调控等方面的研究已经形成了一套完整的系统，并且拥有了一整套成熟完整、科学严谨的生产技术和巨大的生产能力。此外，为了满足日益高速发展的科学技术需求，科研工作者们仍在不断地推陈出新，大力研究和发展新型的、高性能的金属材料，代表性的有超高强度钢、高温合金、形状记忆合金、高性能磁性材料、储氢合金等。

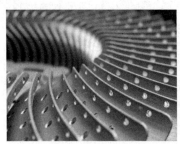  

(a)金属分配器外壳　　　　　　(b)双虎钳　　　　　　(c)六爪卡盘

图 2-25　金属材料的应用

2. 高分子材料及其性能

21 世纪是科学技术发展应用的时代，人们对知识的不断探索追求及对物质生活的高度需求，促进了高分子材料的蓬勃发展。高分子材料的主要成分是分子量比较高的化合物（相对分子质量一般在 5000 以上，有的高达几百万），又称为高分子聚合物，简称高聚物。构成高分子化合物的低分子化合物称为单体。高分子化合物是单体通过聚合反应获得的，如聚乙烯由乙烯单体聚合而成，还有聚丙烯、聚氯乙烯等。

高分子化合物可以视为由大量的大分子链构成，而大分子链也是由许多结构相同的基本单元（称为链节）重复连接而成的。同一种高分子化合物的分子链所含的链节数并不相同，所以高分子化合物实质上是由许多链节结构相同而聚合度不同的化合物所组成的混合物，其相对分子质量与聚合度都是平均值。高分子化合物的物理性能、化学性能和力学性能与其组成、相对分子质量、分子结构和大分子的聚集状态有关。

高分子材料已经深入应用于生产、生活、科技等各个领域，日常的衣食住行都离不开它，如图 2-26 所示。按照特性可以将高分子材料分为塑料、橡胶、高分子纤维、高分子胶黏剂和高分子涂料。①塑料以合成树脂或化学改性的天然高分子为主要成分，再加入填料、增塑剂和其他添加剂制得。通常按合成树脂的特性分为热固性塑料和热塑性塑料。例如，包装用的塑料袋、装饮料的塑胶瓶、塑胶桶、计算机显示器外壳、键盘。②橡胶是一种柔性高分子材料，分子链间次价力小，分子链柔性好，在外力作用下可产生较大形变，除去外力后能迅速恢复原状。有天然橡胶和合成橡胶两种。例如，各种车辆（汽车、自行车等）的轮胎（外胎、内胎）。③高分子纤维分为天然纤维和化学纤维。前者指蚕丝、棉、麻、毛等，后者以天然高分子或合成高分子为原料，经过纺丝和后处理制得。纤维的次价力大、形变能力小、弹性模量高，一般为结晶聚合物。④高分子胶黏剂是以合成天然高分子化合物为主体制成的胶黏材料，分为天然和合成胶黏剂两种，应用较多的是合成胶黏剂。⑤高分子涂料以聚合物为主要成膜物质，添加溶剂和各种添加剂制得。根据成膜物质的不同，分为油脂涂料、天然树脂涂料和合成树脂涂料。涂料多用于钢铁表面以防止腐蚀（也就是常说的油漆），家具的表面要刷彩漆以美观等。

虽然高分子材料在航空航天、交通运输、生物医学等方面有不可取代的作用，但是有些高分子材料也存在明显的缺点，比如在性能、使用期限及环保方面还有很多科学问题需要解决，所以开发出具有优异性能、特殊功能及绿色环境友好的高分子材料已成为现在高分子行业的迫切要求。

　　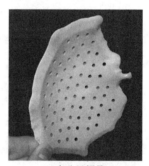

(a)工程塑料阀片　　　　　　　　(b)橡胶轮胎　　　　　　　　(c)高分子颅骨

图 2-26　高分子材料的应用

3. 陶瓷材料及其性能

陶瓷是一种古老的材料，是人类历史上利用最早的材料之一。随着科学技术的发展和生产工艺的创新，陶瓷品种多样、应用广泛，已成为重要的固体工程材料。

陶瓷一般以天然硅酸盐（如黏土、长石和石英等）或人工合成的化合物（如氧化物、碳化物、氮化物、硅化物、硼化物等）为原料，经粉碎—配制—制坯—成形—烧结而制成。陶瓷的晶体结构比金属复杂得多，玻璃相、晶体相及气相组成了陶瓷材料的典型组织。各组成相的结构、大小、数量、形状和分布形态对陶瓷材料的性能有显著的影响。

陶瓷工程已然成为科学研究中的一个重要领域。研究者不断地开发新的材料来满足相应的需求，因此陶瓷材料的应用场合越来越广，包括光学行业、宇航、电子行业、生物医学、汽车行业等，如图 2-27 所示。例如，二氧化锆陶瓷可以用来制造刀具，而陶瓷刀具的刀刃比钢制刀具的刀刃寿命更长。碳化硼和氧化铝陶瓷可以用于制造防弹背心，以抵挡大口径步枪的射击。氮化硅陶瓷被用于轴承，它们的高硬度意味着更加不易被磨损，可以提供超过普通材料三倍的寿命。不仅如此，陶瓷轴承的化学稳定更高、电气绝缘性好，可以用于潮湿等特殊要求的场合。陶瓷材料由于重量轻、耐划、寿命长、表面光洁度高，因此也可以用于制造手表的外壳等。然而，陶瓷的主要缺点是成本高昂。

(a)各类工程陶瓷零件　　　　　　　(b)陶瓷轴承　　　　　　(c)陶瓷电容压力传感器芯体

图 2-27　陶瓷材料的应用

4．复合材料及其性能

复合材料是指为了达到某些特殊性能要求而将两种或两种以上物理、化学性质不同的物质，经人工组合而得到的多相固体材料。复合材料是当前结构材料发展的一种趋势，其种类繁多，但总体来说，它是由基体材料和增强相两部分构成的。复合材料的性能主要取决于两相的类型、两相之间界面的性质及复合材料的结构。高分子基复合材料常见的结构有夹层型结构和纤维型结构。金属基复合材料常见的结构有纤维型结构、颗粒型结构和晶须型结构三种类型。陶瓷基复合材料的主要结构是颗粒型结构。图 2-28 所示为不同复合材料的几种典型结构示意图。

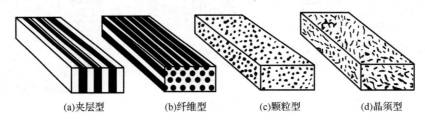

(a)夹层型　　　　　(b)纤维型　　　　　(c)颗粒型　　　　　(d)晶须型

图 2-28　不同复合材料的几种典型结构示意图

复合材料中，最早开发和应用的是玻璃纤维树脂基复合材料。20 世纪 40 年代，美国首用玻璃纤维与不饱和聚酯树脂复合，以手糊工艺制造军用雷达罩和飞机油箱，为玻璃纤维复合材料在军事工业中的应用开辟了道路。复合材料在宇航方面的应用主要有火箭发动机壳体、航天飞机的构件、卫星构件等。此后，随着玻璃纤维、树脂基体及复合材料成形工艺的发展，玻璃纤维复合材料不仅在航天航空工业，而且在各种民用工业中也获得了广泛的应用，成为重要的工程材料，如图 2-29 所示。

复合材料在交通运输方面的应用已有几十年的历史。用复合材料制造的汽车的质量小，在相同条件下的耗油量只有钢制汽车的 1/4，而且在受撞击时复合材料能大幅吸收冲击能量，保护驾乘人员的安全。用复合材料制造的汽车部件较多，如车体、驾驶室、挡泥板、保险杠、发动机罩、仪表盘、驱动轴、板簧等。随着列车速度的不断提高，用复合材料来制造火车部件是最好的选择之一。复合材料常用于制造高速列车的车厢外壳、内装饰材料、整体卫生间、车门窗、水箱等。

聚合物基复合材料具有优异的耐腐蚀性能。在化学工业方面，聚合物基复合材料主要被用于制造防腐蚀制品。例如，在酸性介质中，聚合物基复合材料的耐腐蚀性能比不锈钢优异得多。用聚合物基复合材料制造的化工耐腐蚀设备有大型储罐、通风管道、烟囱、风机、地坪、泵、阀和格栅等。

玻璃纤维增强的聚合物基复合材料（玻璃钢）具有优异的力学性能，良好的隔热、隔声性能，吸水率低，耐腐蚀性能好和很好的装饰性，因此，是一种理想的建筑材料。在建筑上，玻璃钢被用作承重结构、围护结构、冷却塔、水箱、卫生洁具、门窗等。复合材料在机械制造工业中用于制造各种叶片、风机、齿轮、皮带轮和防护罩等。

在体育用品方面，复合材料被用于制造赛车、赛艇、皮艇、划桨、撑杆、球拍、弓箭、雪橇等。

(a)碳纤维复合材料车身　　　　(b)第五代战机复合材料　　　　(c)玻璃纤维复合材料

图 2-29　复合材料的应用

2.3.3　材料在机械工程中的应用

从制造、装配的角度出发，任何一台机器都是由若干几何形状和尺寸不同的零件按照一定的方式装配而成的，而每种零件又是由各种各样的材料按照一系列的加工和成形工艺设计而成的。本节以汽车为例，介绍材料在机械工程领域的应用。图 2-30 所示为某型号轿车的车身总成图，图 2-31 所示为该轿车的发动机、驱动装置和车轮部分，每部分零件的名称、所采用的材料及加工方法如表 2-2 所示。从表 2-2 中可以看出，汽车的零件由多种材料加工制造而成，采用的加工方法包含铸造、锻造、冲压及注射成形等。此外还有一些加工方法没有列出来，如焊接（用于板料的连接、棒料的连接）、机械零件的精加工（切削、磨削）等。

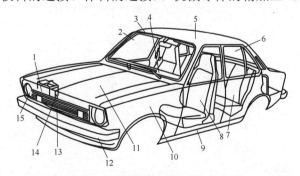

图 2-30　某型号轿车的车身总成图

在现阶段汽车零件的质量构成比中，黑色金属占 75%，有色金属约占 5%，非金属材料占 10%～20%。汽车使用的材料大多为黑色金属材料。

　　黑色金属具有较高的强度、低廉的价格，在实际生产和生活中得到广泛的应用。根据其不同的使用领域，对其性能的要求也不同。如对于汽车车身，若要求钢板能承受较大的弯曲变形，则应多采用易变性的钢板；如果外观差会影响销售，则应采用表面不太美观的较厚的钢板。

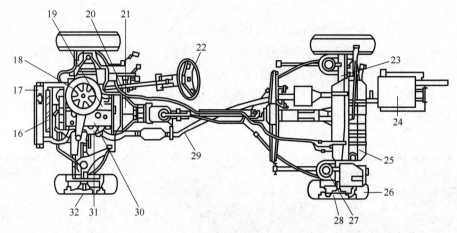

图 2-31　某型号轿车的发动机、驱动装置和车轮部分

表 2-2　某型号轿车每部分零件的名称、所采用的材料及加工方法

件号	名　　称		材　　料	加工方法	件号	名　　称		材　料	加工方法
1	蓄电池	壳体极板液	塑料 铅板 稀硫酸	注射成形	17	散热器		—	—
2	前窗玻璃		钢化玻璃或夹层玻璃	—	18	空气滤清器		钢板	冲压
3	遮阳板		聚氯乙烯薄板+尿烷泡沫	—	19	进气总管		铝	铸造
4	仪表板		钢板 塑料	冲压 注射成形	20	操纵杆		钢管	—
5	车身		钢板	冲压	21	离合器壳体		铝	铸造
6	侧窗玻璃		钢化玻璃	—	22	方向盘		塑料	注射成形
7	坐垫包皮		乙烯或纺织品	—	23	后桥壳		钢板	冲压
8	缓冲垫		尿烷泡沫	—	24	消音器		钢板	冲压
9	车门		钢板	冲压	25	油箱		钢板	冲压
10	挡泥板		钢板	冲压	26	轮胎		合成橡胶	—
11	发动机罩		钢板	冲压	27	卷簧		弹簧钢	—
12	保险杠		钢板	冲压	28	刹车鼓		铸铁	铸造
13	散热器格栅		塑料	注射成形	29	排气管		钢管	—
14	标牌		塑料	注射成形	30	发动机	气缸体 气缸盖 曲轴 凸轮轴 盘	铸铁 铝 碳钢 铸铁 钢板	铸造 铸造 铸造 铸造 冲压
15	前灯	透镜 聚光罩	玻璃 钢板	冲压、电镀	31	排气总管		铸铁	铸造
16	冷却风扇		塑料	注射成形	32	刹车盘		铸铁	铸造

　　在有色金属材料中，铝合金具有最广泛的应用市场，多用于发动机的活塞、变速箱壳体、带轮等。铝合金由于质量小、美观，今后将更加广泛地被用于制造汽车零件。

铜常被用于电气产品、散热器等。铅、锡与铜构成的合金常被用于轴承合金的加工。锌合金在装饰品和车门手柄（表面电镀）上应用得较多。

在非金属材料中采用工程塑料、橡胶、石棉、玻璃、纤维等，由于工程塑料具有密度小、易成形、着色性好、不生锈等性能，多用作薄板、手轮、电气零件、内外装饰品等。由于塑料性能的不断改善，FRP（纤维强化塑料）有可能被用作制造车身和发动机的零件。

由此可见，除设计因素外，机械产品的可靠性和先进性在很大程度上取决于所选用材料的质量和性能。新型材料的发展是研发新型产品和改善产品质量的物质基础与前提。各种高强度材料的研制和发展，为新型高强度、轻自重、大型结构件的发展提供了条件；高性能的高温材料、耐腐蚀材料为开发和利用新能源开辟了新的途径。现代发展起来的新型材料（如新型纤维材料、功能性高分子材料、非晶质材料、单晶体材料、精细陶瓷和新合金材料等）对于研制新一代的机械产品具有重大意义。如相比于玻璃纤维，碳纤维在强度和弹性性能方面取得显著提升，被大量用于制造飞机和汽车等构件，在显著减轻自重的同时又能节约能源。精细陶瓷（如热压氮化硅和部分稳定结晶氧化锆）有相对较高的强度，比合金材料有更高的耐热性，能大幅提高热机的效率，是绝热发动机的关键材料。还有不少与能源利用和转换密切有关的功能材料的突破，将会引起机电产品的巨大变革。

2.4　计算机与机械工程

2.4.1　概述

随着科技的发展，计算机技术已经在众多领域中被广泛应用，如图 2-32 所示。计算机是利用其快速准确的计算能力、逻辑判断能力和人工模拟能力，对系统进行定量计算和分析，解决复杂系统问题的一种手段和工具。

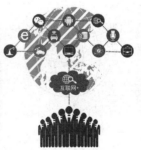
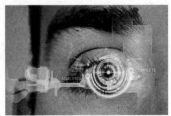

(a)人工智能　　　　　　　(b)互联网　　　　　　　(c)计算机视觉

图 2-32　计算机的应用

计算机技术发展到现在，已经成为人类社会不可缺少的技术工具，比如：天气预报中复杂系统的计算；学校的学籍管理、教务管理、网络教学；物流行业的运输、存储、配送的管理调度等都要依靠计算机信息技术进行。近年来，电子政务、电子商务、计算机辅助设计、数字动漫、数字媒体技术、虚拟现实技术、GPS 全球定位等与计算机技术相关的新名词层出不穷，归纳起来大概包括如下几个方面。

（1）数值计算

在科学研究和工程设计中，存在着大量烦琐、复杂的数值计算问题，解决这样的问题经常是人力所无法胜任的，而高速度、高精度地解算复杂的数学问题正是电子计算机的特长。因而，时至今日，数值计算仍然是计算机应用的一个重要领域。

（2）数据处理

数据处理是指利用计算机来加工、管理和操作各种形式的数据资料。数据处理一般总是以某种管理为目的的，例如，财务部门用计算机来处理票据、账目和进行结算；人事部门用计算机来建立、管理人事档案。

与数值计算有所不同，数据处理着眼于对大量的数据进行综合和分析处理，一般不涉及复杂的数学问题，只要求处理的数据量极大而且经常要求在短时间内处理完毕。

（3）实时控制

实时控制又称过程控制，是指用计算机对连续工作的对象实行自动控制。实时控制要求计算机能及时搜集信号，通过计算处理，发出调节信号对控制对象进行自动调节。例如，在导弹的发射和制导过程中，总是不停地测试当时的飞行参数，快速地计算和处理，不断地发出控制信号控制导弹的飞行状态，直至达到既定的目标为止。实时控制在工业生产自动化、农业生产自动化、航空航天、军事等方面应用得十分广泛。

（4）计算机辅助设计（CAD）

计算机辅助设计是指利用计算机来进行产品的设计。这种技术已被广泛地应用于机械、船舶、飞机、大规模集成电路版图等方面的设计。利用 CAD 技术可以提高设计质量，缩短设计周期，提高设计自动化水平。例如，计算机辅助制图系统是一个通用软件包，它提供了一些最基本的作图元素和命令，在这个基础上可以开发出各种不同部门应用的图库。这就使工程技术人员从繁重的重复性工作中解放出来，从而加速产品的研制过程，提高产品质量。CAD 技术迅速发展，其应用范围日益扩大，并派生出许多新的技术分支，如计算机辅助制造（CAM）、计算机辅助教学（CAI）等。

（5）模式识别

模式识别是一种计算机在模拟人的智能方面的应用。例如，根据频谱分析的原理，利用计算机对人的声音进行分解、合成，使机器能辨识各种语音，或合成并发出类似人的声音。又如，利用计算机来识别各类图像，甚至人的指纹等。

（6）通信和图像、文字处理

计算机在通信和文字处理方面的应用越来越显示出其巨大的潜力，一般由多台计算机、通信工作站和终端组成网络。依靠计算机网络存储和传输信息，实现信息交换、信息共享、前端处理、文字处理、语音和影像输入/输出等工作。文字处理包括文字信息的产生、修改、编辑、复制、保存、检索和传输。通信和文字处理是实现办公自动化、电子邮件、计算机会议和计算机辅助出版等新技术的必由之路。

（7）多媒体计算机技术

随着微电子、计算机、通信和数字化声像技术的飞速发展，多媒体计算机技术应运而生并迅速崛起。特别是 20 世纪 90 年代以来，多媒体计算机技术在信息社会的地位愈来愈明显，多媒体技术与计算机相结合，使其应用几乎渗透到人类活动的各个领域。随着应用的深入，人机之间的界面不断改善，信息表示和传播的载体由单一的文字形式向图形、声音、静态图像、动画、动态图像等多媒体方面发展。

（8）网络技术与信息高速公路

随着信息技术的迅速发展，发达国家或部分发展中国家都在加紧进行国家级信息基础建设。我国以若干"金"字工程（如金卡工程）为代表的信息化建设正逐步走向深入，形成了整个信息网络技术前所未有的大发展局面。所谓计算机网络，是指把分布在不同地域的独立的计算机系统用通信设施连接起来，以实现数据通信和资源共享。网络按地域范围可分为局域网和广域网。著名的因特网（Internet）是一个最大的国际性广域网，它的业务范围主要有远程使用计算机、传输文件、电子邮件、资料查询、电子商务、远程合作、远程教育等。

（9）教育

计算机在教育中的应用是通过科学计算、事务处理、信息检索、数据管理等多种功能的结合来实现的，这些应用包括计算机辅助教学、知识信息系统、自然语言处理等。计算机辅助教学生动、形象、易于理解，是提高教学效果的重要手段。

随着业务需求和计算机技术的进步，计算机应用逐步向综合性的方向发展。例如，利用计算机来模拟人的智力活动，如学习过程、适应过程、推理过程，制造一种具有"思维能力"，即具有"推理"、学习和自动"积累经验"功能的机器，其中包括复杂的数值计算、大量的数据处理、精确的自动控制和多媒体技术等多种功能，而且要与微电子制造技术等现代技术结合起来才能最终完成。

2.4.2　计算机在机械设计制造中的应用

现代机械主要表现为机电一体化、智能化。随着计算机技术的迅猛发展和广泛应用，机电一体化技术获得前所未有的发展。机电一体化技术是将机械技术、电工电子技术、微电子技术、信息技术、传感器技术、接口技术、信号变换技术等多种技术进行有机的结合，并综合应用到实际中的综合技术。许多新技术融入现代机械中，对传统机械技术的改造是巨大的，从产品设计到制造，贯穿着机械的整个生命周期，好多改变几乎是颠覆性的。计算机技术对机械工程的发展带来了深远影响，常用的工业软件涉及计算机辅助设计（CAD）、计算机辅助工程（CAE）、计算机辅助制造（CAM）。

1. 计算机辅助设计（CAD）

人类史上第一款 CAD 软件的雏形可追溯到 20 世纪 50 年代，那个时代正是美苏争霸期间，美国军方为了拦截苏联的远程轰炸机，由国防部牵头联合 IBM 与麻省理工学院开发了 SAGE 系统，当时耗资百亿美元。SAGE 系统完全用汇编语言来完成，其中一项功能就是能够在计算机上绘图。当时的 CAD 软件仅供美国军方使用，后来才逐步走向商业化。现如今，CAD 在机械制造中的应用基本普及。设计人员可以在计算机的帮助下绘制各种类型的工程图纸，并在显示器上看到动态的三维立体图后，直接修改设计图稿，极大地提高了设计和绘图的质量与效率。

2. 计算机辅助工程（CAE）

CAE 是把设计出来的产品，通过软件的方法进行仿真分析，进行模拟、预测，来验证设计出来的产品是否达到规定的要求，以实现产品技术创新的软件。设计人员利用计算机进行逻辑模拟，代替了产品的测试模型（样机）（图 2-33），极大地缩短了产品的研发周期，降低了试制成本。CAE 软件是工业软件里面开发难度最大的一类软件，但也是最重要的一类软件。CAE 软件自诞生之日起，与 CAD 软件一样，主要服务于军方，后来才逐步走向商业化。目前全球商用 CAE 软件行业市场份额最大的是美国的 ANSYS，ANSYS 自诞生之日起就一直专注于有限元仿真技术，到目前已经形成了包括结构、流体、电磁、航空、船舶、汽车等完整的仿真产品线。

以汽车为例，车辆工程师利用 CAD 把汽车的三维建模总装图完成后，再运用 CAE 对产品进行可行性分析，经过各方面安全分析后，就可以进入加工生产阶段，如图 2-34 所示，在这个阶段就会用到计算机辅助制造的相关软件。

图 2-33　建模示例

(a)车身强度分析　　　　　　　　　　　　(b)汽车外场流体分析

图 2-34　汽车的有限元分析

3．计算机辅助制造（CAM）

CAM 是利用计算机辅助完成从生产准备到产品制造整个过程的活动，即通过直接或间接地把计算机与制造过程和生产设备相联系，用计算机系统进行制造过程的计划、管理及对生产设备的控制与操作的运行，处理产品制造过程中所需的数据，控制和处理物料（毛坯和零件等）的流动，对产品进行测试和检验等。

CAM 的核心是计算机数值控制，简称数控。20 世纪 50 年代出现的数控机床便是在 CAM 技术的指导下，将专用计算机和机床相结合后的产物。借助 CAM 技术，在生产零件时只需使用编程语言对工件的形状和设备的运行进行描述,便可以通过计算机生成包含加工参数(如走刀速度和切削深度)的数控加工程序,并以此来代替人工控制机床的操作。这样不仅能够提高产品质量和效率,还能够降低生产难度,在批量小、品种多、零件形状复杂的飞机、轮船等制造业中备受欢迎。图 2-35 所示为计算机辅助制造场景。

数控除应用在机床外,还被广泛地用于其他各种设备的控制,如冲压机、火焰或等离子弧切割、激光束加工、自动绘图仪、焊接机、装配机、检查机、自动编织机、电脑绣花和服装裁剪等,成为各个相应行业 CAM 的基础。

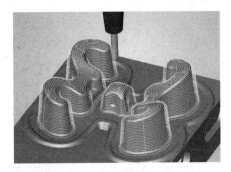

图 2-35　计算机辅助制造场景

2.5　控制与机械工程

2.5.1　概述

控制论强调用系统的、反馈的和控制的方法研究工程实际问题。控制工程以控制论、信息论、系统论为基础,应用控制理论及技术,满足和实现了现代工业、农业及其他社会经济领域日益增长的自动化和智能化的需求。控制工程在广泛的控制系统中发挥着重要作用,从简单的家用洗衣机到高性能的 F-16 战斗机,它试图使用数学建模,根据输入、输出和具有不同行为的各种组件来理解物理系统,使用控制系统设计工具为这些系统开发控制器,并在采用现有技术的物理系统中实现控制器(图 2-36)。

在工程和科学技术发展过程中,控制系统起着非常重要的作用。早在 18 世纪,近代工业采用的蒸汽机调速器是自动控制领域的第一项重大成果。20 世纪 20 年代,以频域法为主的经典控制技术在工业中成功应用。20 世纪 50 年代,由于军事、空间技术及现代设备的复杂性日益提高,以状态空间法为主的现代控制理论应运而生。20 世纪 70 年代,随着计算机技术的发展,为满足可靠性和灵活性的要求,出现了集计算机技术、控制技术、通信技术和图形显示技术等于一体的各类工业控制技术。随着控制理论与其他学科相互交叉,并向社会经济系统渗透,以及现代制造业提出的以优质、快捷、低消耗为目标的控制要求,发展出了具有大系统协调控制,最优控制和人工智能、模式识别相结合的智能控制系统,如图 2-37 所示。

机电控制技术是机电一体化系统或产品制造的重要基础技术。目前,制造业普遍使用数控机床、工业机器人、自动化装配生产线等机电一体化设备。这些设备的设计、制造和使用等过程中都用到了控制工程论的基础知识。未来的机械设备无疑要走上机电一体化产品之路,因此,控制工程是一门极其重要的应用学科。

图 2-36　控制器

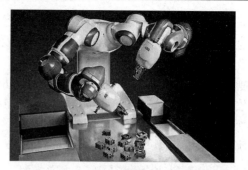

图 2-37　智能控制系统的应用

2.5.2　机电控制系统的构成及分类

1. 机电控制系统的构成

机电控制系统主要由四部分组成：控制部分、执行部分、检测部分和机械部分。

（1）控制部分

控制部分相当于人类的大脑和神经系统，是机电控制系统的中枢部分，用于对机电系统的控制信息和来自传感器的反馈信息进行运算处理与判断，并向执行部分发出动作指令。控制部分一般由计算机、可编程控制器、数控装置及逻辑电路、A/D 转换器与 D/A 转换器、输入/输出接口和计算机外部设备等组成。控制系统对控制和信息处理单元的基本要求是：提高信息处理速度和可靠性，增强抗干扰能力，完善系统自诊断功能，实现信息处理智能化和零部件的小型化、轻量化和标准化。

（2）执行部分

执行部分相当于人类的手足，将来自控制部分的电信号转换为机械能，以驱动机械部分进行运动。控制系统一方面要求执行部分具有高效率和快速响应的特点，另一方面要求其具有较高的可靠性，以及对水、油、温度和尘埃等外部环境具有较强的适应性。由于几何尺寸上的限制，要求执行部分的动作范围狭窄，因此还需考虑维修和标准化的要求。随着电力电子技术的高速发展，高性能步进驱动、直流伺服驱动和交流伺服驱动已被大量应用于控制系统。

（3）检测部分

检测部分相当于人类的五官，对机电控制系统运行所需的各种参数及状态进行检测，并转换成可识别的信号，传输到控制部分。检测部分的功能由传感器来实现，如果没有传感器准确可靠地捕获和转换信息，一切准确的测试与过程控制将无法实现。

（4）机械部分

机械部分相当于人类的骨骼，是能够实现某种运动的机构，是机电控制系统所有功能元素的机械支撑部分，包括机身、框架和机械连接。

控制装置是机电控制系统的核心部分，用于实现对给定控制信息和反馈信息的综合处理，并向执行机构发出命令。目前，机电控制系统的控制装置广泛采用计算机技术，计算机的引入对机电控制系统的性能、结构及控制理论都产生了深远的影响。特别是，单片机的出现将控制技术提高到了更高的水平。单片机种类繁多，常见的有 MCS-51 系列、MCS-96 系列、Motorola 系列、Atmel MSP430 系列等。作为系统的控制器，单片机将来自传感器的检测信号进行分析、转换，并根据信息处理结果，按照相应的指令控制整个系统有目的地运行。

2．机电控制系统的分类

机电控制系统分类的原则性非常强，根据不同的原则可以划分出不同的机电控制系统。通常，从输出量、控制信号的变量形式、系统输入信号三个方面对机电控制系统进行分类。

（1）输出量

机电控制系统根据输出量的反馈可以分为开环式和闭环式两种。开环式机电控制系统的输出量不被引回到输入端对系统的控制部分产生影响，而是按照给定信号—放大单元—执行机构—控制对象—输出信号这个方向传递的。开环式机电控制系统利用电机的转角和脉冲的连续来保证精确度，所以精确度比较低。例如，一般的洗衣机都是依设定的时间程序控制依次进行浸泡、洗涤、漂洗、脱水的，而无须对输出量（如衣服是否清洗干净、脱水程度等）进行测量。

闭环式机电控制系统的输出量通过反馈环节全部或部分地反馈回来作用于控制部分。相对于开环式而言，闭环式的构造更为复杂，精度更高，对系统控制被外界造成的误差具有修正能力。例如，自动控制恒温箱、飞机自动驾驶仪和汽车发动机的燃烧控制等都属于闭环控制系统。

（2）控制信号的变量形式

机电控制系统按照控制信号变量形式的不同可以分成模拟式和数字式两种。模拟式机电控制系统采用模拟电子技术处理信号，各部分传输的信号随时间连续变化。该系统构造简单、实时性好，但不能实现较复杂的控制监督工作。数字式机电控制系统中的某一处或多处信号以脉冲序列或者数码的形式传输。近年来计算机得到普及应用，而计算机只能接收和处理数字信号，所以在机电控制系统中，用数字信号的传感器将物理量转换为数字量。数字式机电控制系统的精度高，灵活性强，监督系统异常状态的处理功能也非常强大。

（3）系统输入信号

机电控制系统根据系统输入信号的变化规律，可以分为自动调节系统、随动控制系统和程序控制系统三种。

自动调节系统为定值控制系统，是指在运行过程中使输出量和期望值保持一致的反馈控制系统。

随动控制系统的设定值不断变化，且设定值的变化事先不知道，要求系统的输出（被控质量）随设定值变化。例如，雷达跟踪系统的各类测量仪表中的变送器本身也可以看作一个随动控制系统，它的输出指定值应迅速和正确地随着被测量值变化。随动控制系统的主要特点是可以精确地复现系统的输入信号。

程序控制系统是要按照预定的程序来控制被控制量，这种系统的给定量是按照一定的时间函数变化的。这类系统的主要特点是在有两个或两个以上同时执行任务的系统机构工作时，它可以执行指挥每个环节的控制信号，从而使其依次有序地工作。

机电控制系统的种类繁多，并且每个系统都有很大的差异，因此，每个控制系统的要求也不一样。虽然系统里面的各个参数值都不同，数据量的变动值也不确定，但是每类系统中对被控量变化全过程提出的基本要求都是一样的，可以概括为稳定、准确、快速。稳定性和准确性是系统一切工作开始的保障前提和必要条件。通过稳定和准确的系统，可以及时查询变更的信息和数据量的增减，能够根据变化量做出不同的系统变化，提高控制力度和工作效率。但是，仅靠稳定性和准确性是不够的，还需要对机电控制系统过渡过程的形式和快慢提出要求，保障系统运行的速度。

2.5.3　控制理论在机械工程中的应用

机械工程控制系统的控制对象是机械。在简单的机械自动控制系统中，常用机械装置产生自动控制作用。自动控制是人们利用某种装置或以某种方式使事物按照某种特定的规律自动运行或变化的过程。例如，数控机床根据控制器发出的指令和位置检测信号能够准确地控制机床工作台的位移轨迹，从而达到自动加工工件的目的；仿生机器人能够根据视觉传感器对环境的探测通过控制器确定行动路径；飞行器根据陀螺检测出的偏移量实时修正飞行方向等，都是自动控制理论在机械工程中应用的结果。

图 2-38　工业机器人

以远距离操作工业机器人的手臂为例，工业机器人是被广泛用于工业领域的多关节机械手或多自由度的机器装置，如图 2-38 所示，具有一定的自动性，可依靠自身的动力能源和控制能力实现各种工业加工制造功能。

图 2-39 所示为工业机器人运动控制系统的组成示意图。系统的工作原理：机器人手臂系统的任务是控制从动手的手爪角位移 θ_2 跟踪主动手的手爪角位移 θ_1。系统的被控量为从动手的手爪角位移 θ_2，给定量为主动手的手爪角位移 θ_1。

电位计 A、B 的作用是分别将主动手和从动手的手爪角位移变换成电压 u_1、u_2。当从动手的手爪角位移 θ_2 等于主动手的手爪角位移 θ_1 时，$u_1=u_2$，由电位计 A、B 组成的电桥处于平衡状态，电桥输出电压 $e=0$，电机不动，手臂系统相对静止。当主动手的手爪角位移 θ_1 改变时，从动手的手爪角位移 $\theta_1 \neq \theta_2$，其对应的电压差 e 经过放大器使直流伺服电机转动，改变从动手的手爪角位移 θ_2，直至 $\theta_1=\theta_2$。当 $\theta_2=\theta_1$ 时，$u_1=u_2$，$e=0$，从动手手爪的旋转角度与主动手手爪的给定角度相等。

在机器人手臂系统中，主动手的手爪是给定元件，电位计 A、B 组成的电桥完成测量、比较功能，电机和从动手的手爪为执行机构。

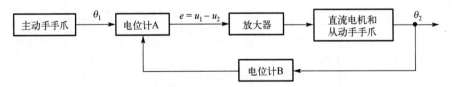

图 2-39　工业机器人运动控制系统的组成示意图

2.6　环境与机械工程

2.6.1　概述

环境是人类生存的空间及其中可以直接或间接影响人类生活和发展的各种自然因素的总称，它是人类生存和发展的基本条件，是经济社会发展的基础。随着科学技术的不断进步、世界经济的迅速发展，人类社会发生了翻天覆地的变化，许多梦想已经或正在逐步变成现实。

　　与此同时，人类也迎来了巨大的挑战。残酷的现实告诉我们，经济水平的提高和物质享受的增加，在很大程度上是以牺牲环境与资源为代价的。比如，环境污染、生态破坏、资源短缺、酸雨蔓延、全球气候变化、臭氧层出现空洞等，正是人类在发展中对自然环境采取了不公允、不友好的态度和做法的结果。可以毫不夸张地说，人类正遭受着严重环境问题的威胁和危害，这种威胁和危害关系到当今人类的健康、生存与发展，更危及地球的命运和人类的前途，如图 2-40 所示。

(a)大气污染　　　　　　　　　　(b)水污染　　　　　　　　　　(c)固体废弃物污染

图 2-40　环境污染

　　环境问题在很大程度是由工业发展引起的。18 世纪兴起的工业革命，以机械化的工厂生产代替了手工作坊生产，大量机器的运作消耗了大量的能源，正是大量煤、石油等能源的燃烧造成了最初的全球性环境污染。在生产规模不断扩大、生产效率快速提升的同时，工业 "三废"（废气、废液和炉渣）排放量大大增加，污染物积累的速度远远超过了自然本身的净化速度，而且每年还有成千上万种新合成的、自然界原本不存在的新物质（包括有毒、有害物质）进入地球生态圈。污染的高速发展引发了众多致人丧生的 "公害事件"，例如，马斯河谷烟雾事件、多诺拉烟雾事件、伦敦烟雾事件、洛杉矶光化学烟雾事件、水俣病、痛痛病、四日事件、米糠油事件等。至此，人们意识到工业化进程绝不能以摧毁生态环境为代价，科学家也开始积极研究环境技术。

　　环境工程是为了保护和合理利用自然资源而发展出的一个复杂庞大的技术体系。它利用科学的手段解决日益严重的环境问题、改善环境质量、促进环境保护与社会发展。环境工程主要研究防治环境污染和公害的措施、废物资源化技术、改革生产工艺、发展少害或无害的闭路生产系统等问题。当前，随着世界环境保护潮流的涌动，在机械工程中融入环境工程已经成为大势所趋。机械工程在延续传统技术发展的同时开始向环境友好型转变，通过多种技术的结合运用，改进生产工艺、扩展新兴产业技术，使用清洁的生产工艺和装备技术，最终融合为机械工程环境技术。

2.6.2　机械工业的环境污染

　　机械工业的任务是为国民经济各部门制造各种装备。在机械工业中，材料的成形技术包括切削成形（车、铣、刨、磨、钻）、流动成形（铸造、锻造）、连接成形（焊接）和热处理。各种材料的加工过程都会对环境造成污染，主要包括大气污染、水污染、固体废弃物污染和噪声污染等。

　　（1）大气污染

　　铸造生产中（图 2-41），熔炼金属和煤的燃烧都会产生大量的粉尘与有害气体，排入大气。在此过程中，主要污染大气的有害物质包括重金属的蒸汽、CO、NO 和 H_2S 等。焊接过程中，焊条的外部药皮和焊剂在高温下分解而产生含较多 Fe_2O_3 和锰、氟、铜、铝的有害粉尘与气体，还会出现因电弧的紫外线辐射作用于环境空气中的氧和氮而产生 O_3、NO、NO_2 等。金属热处理中（图 2-42），工件淬火冷却和油中回火时会产生大量的 C_mH_n、CO 与烟尘。在盐浴炉及化学热处理中产生各种酸、碱、盐等及有害气体；表面渗氮时，用电炉加热并通入氨气，存在氨气的泄漏；表面氰化时将金属放入加热的含有氰化钠的渗氰槽中，氰化钠有剧毒，会产生含氰气体。

图 2-41　金属热处理

图 2-42　金属铸造

（2）水污染

机械制造过程中存在着一定的废水排放，废水包括含油废水，酸碱废水，电镀及热处理排放的含氰、铬废水，油漆含苯废水等。含油废水（包括乳化液、液压油、润滑油、切削油）在机械工业中的数量很大（图 2-43）。在常见的材料车削、铣削、刨削、磨削、镗削、钻削和拉削等机械加工工艺过程中，往往需要加入各种切削液进行冷却、润滑和冲走加工屑末。切削液中的乳化液使用一段时间后会变质、发臭，其中大部分未经处理就直接排入下水道，甚至直接倒至地表。乳化液中不仅含有油，而且含有烧碱、油酸皂、乙醇和苯酚等，如不经处理直接排放就会污染环境，影响水生物和农作物的生长，危害人类健康。

图 2-43　切削液

（3）固体废弃物污染

材料加工过程中会产生大量金属屑和粉末等固体废物（图 2-44），切削加工过程中会产生大量金属废屑。过多的切屑代表着过多的材料浪费和工作效率低，而且细小的切屑容易进入人体，引发呼吸系统的疾病，甚至导致慢性中毒，对加工现场的操作人员危害很大。在金属热处理中，高温炉与高温工件会产生烟尘和炉渣（图 2-45），还会因为防止金属氧化而在盐浴炉中加入二氧化钛、硅胶和硅钙铁等脱氧剂而产生废渣盐；清理锻件时会产生粉尘；气焊时会因用电石制取乙炔气体而产生大量电渣。

（4）噪声污染

随着机械设备的高速运转，机械部件间及机械部件与作业加工器件之间的摩擦力、撞击力及交变应力，致使机械部件、壳体、加工器件等之间产生无规律振动从而辐射出大量高分贝噪声。噪声来源一般有机械性噪声，如电锯、打磨机、锻锤冲击等加工过程中产生的噪声；电磁性噪声，如电动机、变压器等在运转过程中发出的噪声；流体动力性噪声，如液压机械、气压机械设备等在运转过程中发出的噪声。除最直接危害听力外，噪声污染还会严重地影响人体各个器官的正常功能，导致出现头痛、脑胀、耳鸣、失眠、全身疲乏无力及记忆力减退等神经衰弱症状。

图 2-44　金属屑

图 2-45　炉渣

2.6.3　绿色设计制造

绿色制造就是在传统的机械制造中渗入绿色发展的理念，通过设计、材料、工艺的提升使产品的整个生命周期安全环保，如图 2-46 和图 2-47 所示。绿色制造的理念最主要的就是资源利用最大化和环境污染最小化，主要包括以下几个方面。

图 2-46　高度自动化的卫生陶瓷绿色生产线

图 2-47　第三代核电关键结构件的绿色制造

（1）绿色设计

绿色设计就是在设计过程中始终贯彻绿色发展和低耗发展的理念，从产品生命周期的根源上考虑制造、包装、处理过程中可能对环境产生的负面影响。在设计的早期阶段，应该科学、合理地分析生产环境和资源，使设计的工程机械和设备既能节能环保，又能重复使用。这不仅要求设计者充分了解机械设备的性能、使用寿命和使用环境，还要掌握设备设计的相关技术。工程机械的绿色设计主要有三种方法。

① 生命周期设计法

生命周期设计法是指分析机械产品从设计、生产到报废过程中的每个环节，获得每个环节所需的能源总量，充分考虑过程中可能对环境造成的损害。该方法不仅包括环保材料的选择、产品的可回收设计、拆卸设计、废弃物再生及其资源化处理等绿色设计的内容，而且强调在机械的生命周期全过程中实现技术、经济和环境的相互协调、良性发展。

② 并行工程法

并行工程法是指在工程机械制造过程中，对产品的制造成本、质量、功能和用户要求进行统一的分析，最终实现信息的整合，以确保设计的产品不仅能达到标准，而且能满足用户的要求。

③ 模块化设计法

模块化设计法是根据工程机械产品的功能，将工程机械产品分成不同的模块。在设计过程中，只需对各个模块进行分析，以确保每个模块都能满足节能环保的要求。

（2）绿色材料

绿色材料在工程机械制造过程中的应用是实现工程机械绿色设计和制造的必要组成部分。材料的选取对整个流程中污染物的产生和排放有着重要的影响。在选择绿色材料时，首先应该考虑使用回收利用或可再生材料的可能性，提高工程机械的利用率，降低资源波动费。对于不能用回收或再利用材料制造的设备零部件，应该选择低能耗和污染较小，同时尽量减少对人体有害处的材料。因此，费用少、污染小、能耗低、回收率高的材料是首选。绿色材料不能一味地向大自然索取，我们也应积极研发新材料，满足机械生产过程中多样性的需求。

（3）绿色制造工艺

绿色制造工艺主要是指在产品的制造过程中，在不降低产品质量的前提下降低制造过程对环境产生的负面影响。绿色制造工艺主要包括：机械加工工艺的优化设计、工具使用的优化和清洗技术。

① 机械加工工艺的优化设计

在机械产品的加工中采用绿色技术首先要优化产品的加工顺序，将具有相似加工材料和加工设备的零件和部件进行集中加工，以降低不合理的工艺安排造成的资源成本。注意加工过程中各环节生产时间的控制，加强对加工过程各环节的监控。

② 工具使用的优化

在绿色制造过程中，选择的加工工具应符合标准，保证工程机械产品的质量，减小产品质量和不合理加工工具造成的能源浪费等问题的发生概率，提高绿色制造过程中资源的有效利用率。

③ 清洁技术

在工程机械制造过程中，合理选择清洁技术可以提高产品质量、降低能耗，从而降低制造过程对环境的负面影响、提高机械设备的生产率和合格率。

复习思考题

1. 机械工程中利用数学进行建模的基本步骤是什么？
2. 数学在机械工程中有哪些应用？
3. 机械力学的分类及其研究内容是什么？
4. 机械动力学在工程中有哪些应用？
5. 静力学在工程中有哪些应用？
6. 工程材料是如何分类的？结构材料与功能材料在性能与使用上有何区别？
7. 试述高分子材料的性能特点。
8. 简述陶瓷材料的性能有哪些。
9. 复合材料都有哪些结构形式？其性能特点是什么？

10．计算机主要能解决哪些问题？

11．简述计算机制图与工程制图的关系。

12．常用的工业软件有哪些？

13．计算机在机械工程中有哪些应用？

14．什么是控制论？

15．机电控制系统的组成部分有哪些？分别有什么作用？

16．机电控制系统的分类是什么？

17．控制理论在机械工程中有哪些应用？

18．机械工业造成的环境污染主要包括哪几类？

19．绿色设计制造包括哪几个方面内容？

20．举例说明绿色设计制造在机械工程领域的应用。

参 考 文 献

[1]　袁军堂，殷增斌，汪振华，等. 机械工程导论[M]. 北京：清华大学出版社，2021.

[2]　魏增菊，刘春霞. 机械制图[M]. 北京：科学技术出版社，2009.

[3]　刘贯军，李勇峰，张亚奇，等. 机械工程材料与成型技术[M]. 北京：电子工业出版社，2019.

[4]　李纯彬，刘静香. 机械工程基础[M]. 北京：机械工业出版社，2013.

[5]　王慧，刘鹏. 机械制图[M]. 北京：机械工业出版社，2012.

[6]　蔡兰，寇子明，刘会霞. 机械工程概论[M]. 武汉：武汉理工大学出版社，2004.

[7]　钱文伟. 工程制图[M]. 2 版. 北京：高等教育出版社，2014.

[8]　仝勖峰. 机械工程概论[M]. 北京：电子工业出版社，2015.

[9]　姚建华. 机械工程导论[M]. 杭州：浙江科学技术出版社，2009.

[10]　张春林. 机械工程概论[M]. 北京：北京理工大学出版社，2011.

[11]　崔玉洁，等. 机械工程导论[M]. 北京：清华大学出版社，2013.

[12]　朱双霞. 机械设计[M]. 重庆：重庆大学出版社，2019.

[13]　董玉红，杨青梅. 机械控制工程基础学习指导[M]. 哈尔滨：哈尔滨工业大学出版社，2003.

[14]　张之敬. 机械控制工程基础[M]. 北京：北京理工大学出版社，2011.

[15]　陆军. 机械工程环境技术与可持续发展[J]. 中国机械工程，2000，11（1）：4.

[16]　胡敏. 环境问题的历史发展[J]. 黄冈师范学院学报，2001，21（5）：72-74.

[17]　郭豫襄，刘晓焱，刘伸展. 浅析计算机技术在机械工程中的重要性[J]. 城市建设理论研究：电子版，2012，（15）：1-2.

[18]　项喜林，刘成香. 分析机电控制系统的应用[J]. 科技资讯，2012，（16）：1.

[19]　李锐，王均杰. 机械工程关于环境技术以及可持续发展的分析[J]. 才智，2013，（27）：1.

[20]　曹武青. 机电控制技术现状和发展趋势[J]. 科技风，2014，（18）：1.

[21]　薛炜. 高等数学在机械工程专业中的应用[J]. 科研，2015，（7）：65-66.

[22]　冯光富. 工程机械的绿色设计与制造[J]. 市场周刊·理论版，2019，（79）：1.

第3章 机械设计与现代设计方法

3.1 概 述

3.1.1 机械设计方法发展历程

机械是指机器与机构的总称。机构由构件组成，而且具有一定的相对运动关系，因此，构件是机构运动分析的基本单元。典型的机构有连杆机构、凸轮机构、齿轮机构等。图 3-1 所示为四连杆机构示意图，图 3-2 所示为凸轮机构示意图。

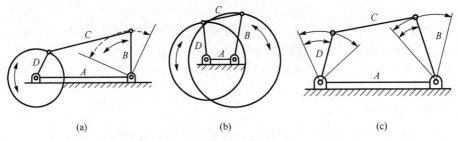

(a)   (b)   (c)

图 3-1 四连杆机构示意图

机器是执行机械运动的装置，用来变换或传递能量、物料与信息。机器由零件组成，零件是机器的组成要素和制造单元。通常情况下，机器可以划分为动力装置、传动装置、执行装置及其支架基础 4 个基本部分。自动化程度高的机器还包括自动控制系统、监测系统及辅助系统。

从人类生产的进步过程来看，整个机械设计进程大致经历了如下 4 个阶段。

① 直觉设计阶段。古代的设计是一种直觉设计，当时人们从自然现象中直接得到启示，凭借直观感觉设计制作工具。设计者多为经验丰富的手工艺人，设计者之间的信息交流与传递很少。产品的制造是根据制造者本人的经验或其头脑中的构思完成的，设计与制造无法分开。

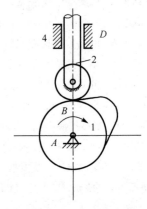

图 3-2 凸轮机构示意图

② 经验设计阶段。到 17 世纪初数学与力学结合后，人们开始运用经验公式来解决设计中的一些问题，并开始按图纸进行制造。图纸的出现既可使具有丰富经验的手工艺人通过图纸将其经验或构思记录下来，又便于其他设计者在已有图纸的基础上对产品进行分析、改进和提高，使得先前经验得以积累并更深入地发展，同时还可以满足更多的人同时参加同一产品的生产活动，满足社会对产品的需求及生产率的要求。

③ 半理论半经验设计阶段。20 世纪初以来，随着试验技术与测试手段的迅速发展和应

用，人们把对产品采用局部试验、模拟试验等作为设计辅助手段。通过中间试验取得较可靠的数据，选择较合适的结构，从而缩短了试制周期，提高了设计可靠性，这个阶段称为半理论半经验设计阶段。在这个阶段中，加强设计基础理论和各种专业产品设计机理的研究，如材料应力应变、摩擦磨损理论、零件失效与寿命的研究，从而为设计提供大量信息，如包含大量设计数据的图表（图册）和设计手册等；加强关键零件的设计研究，特别是加强关键零部件的模拟试验，大大提高了设计速度和成功率；加强零件标准化、部件通用化、产品系列化的研究。本阶段由于加强了设计理论和方法的研究，与经验设计阶段相比，该阶段设计的特点是大大降低了设计的盲目性，有效地提高了设计效率和质量并降低了设计成本。至今，这种设计方法仍被广泛采用。

④ 现代设计阶段。近几十年来，科学和技术迅速发展，特别是电子计算机技术的发展及应用，使设计工作产生了革命性的改变，同时为新的时代对产品的设计提出多样性的需求准备了必要的条件。在现代设计阶段相应地产生了多种现代设计理论和方法。例如，针对成本和环保要求，学者提出产品全生命周期设计；针对客户的多样性要求及对产品多用途使用，学者提出模块化设计；为了沿用已有设计成果和缩短研发周期，学者提出参数化设计等。

3.1.2 传统设计方法和现代设计方法的关系

传统设计以经验总结为基础，以运用力学和数学而形成的经验、公式、图表、设计手册等作为设计的依据，通过经验公式、近似系数或类比等方法进行设计。

传统设计在长期运用中得到不断的完善和提高，是符合当代技术水平的有效设计方法。但由于所用的计算方法和参考数据偏重于经验的概括和总结，往往忽略了一些难解或非主要的因素，因此造成设计结果的近似性较大，也难免有不确切和失误。

此外，在信息处理、参量统计和选取、经验或状态的存储和调用等方面还没有一种理想的有效方法，计算和绘图也多用手工完成，所以不仅影响设计速度和设计质量的提高，也难以做到精确和优化的效果。传统设计对技术与经济、技术与美学也未能做到很好的统一，给设计带来一定的局限性，这些都是有待于进一步改进和完善的不足之处。

限于历史和科技发展的原因，传统设计方法基本上是一种以静态分析、近似计算、经验设计、手工劳动为特征的设计方法。显然，随着现代科学技术的飞速发展、生产技术的需要和市场的激烈竞争，以及先进设计手段的出现，这种传统设计方法已难以满足当今时代的要求，从而迫使设计领域不断研究和发展新的设计方法和技术。

现代设计是过去长期的传统设计活动的延伸和发展，它继承了传统设计的精华，吸收了当代科技成果和计算机技术。与传统设计相比，它是一种以动态分析、精确计算、优化设计和 CAD 为特征的设计方法。

现代设计方法与传统设计方法相比，主要完成了以下几个方面的转变：

① 产品结构分析的定量化；

② 产品工况分析的动态化；

③ 产品质量分析的可靠性化；

④ 产品设计结果的最优化；

⑤ 产品设计过程的高效化和自动化。

目前，我国设计领域正面临着由传统设计向现代设计的过渡，广大设计人员应尽快适应这种新的变化。通过推行现代设计，尽快提高我国机电产品的性能、质量、可靠性和在市场上的竞争能力。

3.2 机械设计的基本方法

机械设计，就是从零件、机构、机器设备的结构、尺寸、功能等方面入手，采用科学的方法和理论，设计出满足人类需求的机械产品的过程。

3.2.1 机械设计的基本要求

机械设计过程实际上是一个发现矛盾、分析矛盾和处理矛盾的过程。例如，要求机器的零部件强度大、刚性好与要求机器重量轻的矛盾；加工、装配精度高和制造成本低的矛盾等。设计者应根据客户提出的功能要求，选择适当的材料，确定合理的结构，计算合适的尺寸及精度，制定先进的制造工艺，从而实现一种创新构思直至样机制造。以下是机械设计的一些基本要求。

1．功能要求

设计的产品应实现功能的要求，包括在规定的寿命使用期内实现功率、速度、精度及某些特殊使用要求。组成产品的所有零件必须具有相应的功能。为避免在设计期限内失效，所设计的机械零件应具有强度大、刚度足、抗疲劳、耐磨损和防腐蚀等性能，否则就容易提前失效。

2．结构工艺性要求

机械产品及其零件应当具有良好的结构工艺性，就是要求所设计的零件结构合理、外形简单、在既定生产条件下易于加工和装配。零件的结构工艺性不仅与毛坯制造、机械加工和装配要求有关，还与制造零件的原材料、生产批量和生产设备条件有关。零件的结构设计对零件的结构工艺性具有决定性的影响，对此要给予足够的重视。

3．可靠性要求

产品的可靠性不仅取决于机械零件的可靠性，而且和零件之间的装配关系密切相关。为了提高零件的可靠性，设计零件时应尽量使零件的性能满足工作环境条件的要求，设计出合理的装配结构和装配工艺，并在使用时加强维护，对工作条件进行监测。

4．经济性要求

经济性要求就是在满足功能要求的前提下尽可能降低生产成本。可采用先进的设计理念和方法，如 CAD 技术、虚拟设计等；机构和结构的设计要力求简单、紧凑、轻便、稳定；要合理地规定结构尺寸、精度、表面质量，多用标准化、通用化、系列化的零部件；选用经济性好的材料，采用先进的制造工艺技术，便于加工、装配，从而缩短制造周期，减少制造费用、降低材料及能源的消耗。

5．社会性要求

新设计的产品应顺应新时代的社会要求。考虑产品的能耗问题，满足环保的"绿色""低碳"要求，尽量降低噪声、振动，减少废气、废液排放，避免对环境的污染，在产品的全生命周期设计过程中，考虑产品报废后的回收与利用。

此外，现代机械设计重视市场提出的新要求，如客户的个性化定制、简洁舒适的人机交互界面、故障在线监测与预测，以及融入物联网等要求。

3.2.2　机械设计方法和一般步骤

1．机械设计方法的分类

从不同的角度出发，机械设计方法可以分为很多种类。从机械设计方法的发展过程的角度来看，可以将其分为传统设计方法和现代设计方法。其中，传统设计方法包括以下 3 种。

1）理论设计

根据长期试验数据总结出来的设计理论进行的设计，称为理论设计。理论设计的计算过程通常分为设计计算和校核计算两部分。前者是指按照已知的运动要求、载荷情况及零部件的材料特性等，运用一定的理论，设计零部件尺寸和形状的计算过程，如转轴的强度、刚度计算等。校核计算是先根据类比法、试验法等其他方法初步定出零部件的尺寸和形状，再用理论公式进行精确校核的计算过程，它多用于结构复杂、应力分布情况复杂，但又能用现有的应力分析方法（以强度为设计准则时）或变形分析方法（以刚度为设计准则时）进行计算的场合。理论设计可以得到比较准确而可靠的结果，对于重要的零部件通常选择这种方法。

2）经验设计

根据使用经验归纳出的经验关系式或根据设计者本人的工作经验用类比的办法进行的设计称为经验设计，应用于一些次要的零部件或者对于一些理论上尚不够成熟或者虽有理论但没有必要用反复的理论设计的零部件。经验设计对那些变动不大而结构形状已经典型化的零件，是一种行之有效的方法。例如，对于箱体、机架、传动零件的各种具体结构要素的设计，就可以采取经验设计方法。

3）模型试验设计

对于一些尺寸巨大而结构又很复杂的重要零件，尤其是重型整体机械零件，为了提高设计质量，可采用模型试验设计的方法，把初步设计的零部件或机器做成小模型或小尺寸样机，经过试验的手段对其各方面的特性进行检验，根据试验结果对设计进行逐步修改，从而逐步完善，这样的设计方法称为模型试验设计。模型试验设计方法费时、昂贵，因此一般只适用于特别重要的设计场合，如新型、重型设备、飞机的机身、新型舰船的船体等。

现代设计理论与方法是以研究产品设计为对象的科学。它运用工程设计的新理论和新方法，以计算机为工具，通过高效化和自动化的计算过程，最终得到最优化的设计结果。通过传统经验的吸收、现代科技的运用、科学方法论的指导与方法学的实现，从而形成和发展了现代设计理论与方法这门新学科。表 3-1 所示为目前现代设计理论和方法的主要内容。

表 3-1　现代设计理论和方法的主要内容

序　　号	设计方法名称	序　　号	设计方法名称
1	优化设计	6	绿色设计
2	创新设计	7	模块化设计
3	有限元设计	8	参数化设计
4	可靠性设计	9	并行设计
5	反求工程	10	全生命周期设计

2．机械设计的一般步骤

机械设计的最大特点就是继承与创新的紧密结合，是一项系统性、协作性很强的工作。机械设计作为一种创造性工作，有其内在规律可循，一个完整的设计过程主要由以下各个阶段组成。

1）编制设计任务书

根据社会、市场或用户的使用要求确定产品的功能范围和工作指标，研究实现的可能性；明确设计需要解决的课题，编制出完整的设计任务书及明细表。

2）拟定设计方案

根据设计任务书的要求，确定产品的工作原理和技术要求；拟定产品的总体布置、传动方案和机构简图等。在这一阶段中，通常进行多种方案比较和技术经济评价，从中选出最佳方案。

3）总体设计

产品的总体设计是根据方案设计中选出的最佳方案进行的。其内容包括：整体结构设计、零部件的布置、机构的运动学和动力学分析、动力计算、零部件的工作能力计算、模型试验和测试、确定零部件和产品的主要参数与尺寸。在该阶段，要结合分析和计算绘制出总体设计图。

4）加工工艺设计

根据总体设计和结果，考虑零部件的工作能力和结构工艺性，将零部件的全部尺寸和形状、装配关系和安装尺寸等确定下来，绘制出零部件和整机的全部工作图，编写各种技术文件和产品说明书。

5）鉴定和评价

为了检验设计结果是否能满足使用要求、产品的预定功能能否实现、可靠性和经济性指标是否合理、与同类产品相比是否具备更好的效果、制造部门能否制造等，需要对设计成果进行科学的评价。通常新设计的产品要经过试制，进行模型或样机试验、可靠性试验，以鉴定产品的质量。

6）产品定型设计

经过鉴定和评价，对设计进行必要的修改后就可进行小批量的试制和成品试验，必要时应在实际使用条件下试用，对产品进行各种考核和测试。通过小批量生产，在进一步考察和验证的基础上对原设计进行改进，之后即可进入适用于成批生产的产品定型设计。

从以上机械设计的全过程可见，整个设计过程的各个阶段是相互紧密关联的，某一阶段中发现的问题和不当之处，必须返回到前面有关阶段去修改。因此，设计过程是一个不断修改和完善、往复循环直至达到最优结果的过程。

3.3　常用的现代设计方法

随着科学技术和社会生产力的不断进步，以及设计方法学和创造方法学的开发与运用，特别是20世纪90年代以后，机械设计手段发生了根本性变化，一系列现代设计方法（如优化设计、创新设计、有限元设计、可靠性设计、反求设计、并行设计、虚拟设计、智能设计、稳健设计、计算机辅助设计等）在工程中得到广泛应用和巨大成功，现代设计方法的出现为计算机集成制造系统（CIMS）构建了良好的发展基础。现代设计方法的使用不仅仅更新了传统的设计思维理念，而且在很大程度上提高了产品设计开发能力和水平。

现代设计方法内容广泛、学科繁多，此处重点介绍几种常用的现代设计方法。

3.3.1　优化设计

优化设计（Optimal Design）是 20 世纪 60 年代随着计算机的广泛使用而迅速发展起来的一种现代设计方法。它是最优化技术和计算机技术在计算领域中应用的结果。优化设计能为工程及产品设计提供一种重要的科学设计方法，使得在解决复杂设计问题时，能从众多的设计方案中寻得尽可能完善的或最适宜的设计方案，提高设计质量和设计效率。

优化设计，是指借助最优化数值计算方法和计算机技术，求取工程问题的最优设计方案。进行最优化设计时，首先需要将实际问题进行数学描述，形成一组由数学表达式组成的数学模型；然后选择一种最优化数值计算方法和计算机程序，在计算机上运算求解，得到一组最佳的设计参数，该设计参数就是设计的最优解。

实践证明，在机械设计中采用优化设计方法，不仅可以减轻机械设备自重、降低材料消耗与制造成本，而且可以提高产品的质量与工作性能，还能大大缩短产品设计周期。因此，优化设计已成为现代设计理论和方法中的一个重要领域，并且愈来愈受到广大设计人员和工程技术人员的重视。

1. 优化设计的基本术语

1）数学模型

建立设计问题的数学模型是开展优化设计最为关键的第一步。建立数学模型，就是采用数学形式将实际问题准确地表达出来，在众多的设计参数中选取适当的设计变量，按照预先规定的设计指标列出目标函数，并将所有的设计限制条件（约束条件）以设计变量的函数的形式给出。

2）设计变量

在优化设计过程中需要调整和优选的参数，称为设计变量。如在工程及工业产品设计中，一个零部件或一台机器的设计方案常用一组基本参数来表示，该组参数概括起来可分为两类：一类是按照具体设计要求事先给定，且在设计过程中保持不变的参数，称为设计常量；另一类是在设计过程中须经不断调整以确定其最优值的参数，称为设计变量。优化设计的任务就是确定设计变量的最优值，以得到最优设计方案。

设计对象不同，选取的设计变量也不同。它可以是几何参数，如零件外形尺寸、截面尺寸、机构的运动尺寸等；也可以是某些物理量，如零部件的质量、体积、力与力矩、惯性矩等；还可以是代表工作性能的导出量，如应力、变形等。总之，设计变量必须是对该项设计性能指标优劣有影响的参数。

设计变量是一组相互独立的基本参数，一般用向量 X 来表示。设计变量的每个分量都是相互独立的。以 n 个设计变量为坐标轴所构成的实数空间称为设计空间，或称 n 维实欧式空间，用 $\mathbf{R}^n$ 表示。当 $n = 2$ 时，$X = [x_1, x_2]^T$ 是二维设计向量；当 $n = 3$ 时，$X = [x_1, x_2, x_3]^T$ 是三维设计向量，设计变量 x_1、x_2、x_3 组成一个三维空间；当 $n>3$ 时，设计空间是一个想象的超越空间，称 n 维实属空间。其中二维和三维设计空间如图 3-3 所示。

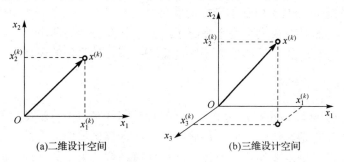

（a）二维设计空间　　　　　　（b）三维设计空间

图 3-3　设计空间

设计空间是所有设计方案的集合，用符号 $X \in \mathbf{R}^n$ 表示。任何一个设计方案都可以视为一个从设计空间原点出发的设计向量 $X^{(k)}$，该向量端点的坐标值就是这一组设计变量 $X^{(k)} = [x_1^{(k)}, x_2^{(k)}, \cdots, x_n^{(k)}]$。因此，一组设计变量表示一个设计方案，它与一向量的端点相对应，也称设计点。而设计点的集合即构成了设计空间。

根据设计变量的多少，一般将优化设计问题分为三种类型：将设计变量数目 $n<10$ 的称为小型优化问题；$n=10\sim50$ 的称为中型优化问题；$n>50$ 的称为大型优化问题。

在工程优化设计中，根据设计要求，设计变量常有连续量和离散量之分。多数情况下，设计变量是有界连续变化型量，称为连续设计变量。但在一些情况下，有些设计变量是离散型量，则称离散设计变量，如齿轮的齿数、模数、钢管的直径、钢板的厚度等。对于离散设计变量，在优化设计过程中通常先把它视为连续量，求得连续量的优化结果后再进行圆整或标准化，以求得一个实用的最优设计方案。

3）目标函数

目标函数又称评价函数，是用来评价设计方案优劣的标准。一种机械设计方案的好坏总可以用一些设计指标来衡量，这些设计指标可表示为设计变量的函数，该函数称为优化设计的目标函数。n 维设计变量优化问题的目标函数记为 $f(X) = f(x_1, x_2, \cdots, x_n)$，它代表设计中某项最重要的特征，如机械零件设计中的质量、体积、效率、可靠性、承载能力，机械设计中的运动误差、动力特性，产品设计中的成本、寿命等。

目标函数是一个标量函数，目标函数值的大小是评价设计质量优劣的标准。优化设计就是要寻求一个最优设计方案，即最优点 X^*，从而使目标函数达到最优值 $f(X^*)$。在优化设计中一般取最优值为目标函数的最小值。

确定目标函数是优化设计中最重要的决策之一。因为这不仅直接影响优化方案的质量，而且还影响优化过程。目标函数可以根据工程问题的要求，从不同角度来建立，如成本、质量、几何尺寸、运动轨迹、功率、应力、动力特性等。

一个优化问题可以用一个目标函数来衡量，称为单目标优化问题；也可以用多个目标函数来衡量，称为多目标优化问题。单目标优化问题指标单一，易于衡量设计方案的优劣，求解过程比较简单明确；而多目标优化问题求解比较复杂，但可获得更佳的设计方案。

目标函数可以通过等值线（面）在设计空间中表现出来。所谓目标函数的等值线（面），就是当目标函数 $f(X)$ 的值依次等于一系列常数 c_i（$i=1, 2, \cdots$）时，设计变量 X 取得一系列值的集合。现以二维优化问题为例，来说明目标函数的等值线（面）的几何意义。如图 3-4 所示，二维变量的目标函数 $f(x_1, x_2)$ 的图形可以用三维空间描述。令目标函数 $f(x_1, x_2)$ 的值分别等于 $C_1, C_2, \cdots$，则对应这些设计点的集合是在坐标平面 x_1Ox_2 内的一族曲线，每条曲线上的各点都具有相等的目标函数值，所以这些曲线称为目标函数的等值线。由图可见，等值线族反映了目标函数值的变化规律，等值线越向里面，目标函数值越小。对于有中心的曲线族来说，等值线族的共同中心就是目标函数的无约束极小点 X^*。因此，从几何意义上来说，求目标函数的无约束极小点，也就是求其等值线族的共同中心。

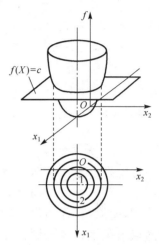

图 3-4　二维目标函数等值线

以上二维目标函数等值线的讨论可以推广到多维问题的分析中。对于三维问题在设计空间中是等值面问题，高于三维问题则在设计空间中是超等值面问题。

4）约束条件

在设计过程中，往往要根据实际情况，给出设计变量取值的限制，这些限制统称为约束条件。约束条件一般有两种形式，一种是等式约束，另一种是不等式约束，即

$$h_v(x)=0 \quad (v=1, 2, \cdots, p;\ p<n)$$

$$g_u(x)\leqslant 0 \quad (u=1, 2, \cdots, m)$$

这里 $h_v(x)$、$g_u(x)$ 都是设计变量的函数，m、p 为约束条件的个数。从理论上讲，有一个等式约束便可消去一个设计变量，而使优化设计空间的维数降低。但在实际计算中，由于消去变量的过程有时很复杂或难以实现，因此一般不采用消去降维的方法来使问题简化。必须注意的是，对于一个 n 维设计空间问题，等式约束的个数不可多于维数，即 $p\leqslant n$，否则将没有优化可言。很显然，当 $p=n$ 时，便可由这 p 个方程直接求得唯一的一组解，即设计方案已由约束条件唯一确定。

（1）约束条件的分类。根据约束的性质，可以将约束条件分为边界约束和性能约束。边界约束指直接限定设计变量取值范围的约束，如 $l\geqslant 8$；性能约束指按必须满足的设计性能要求推导出来的一种约束条件，通常是用设计变量的函数关系来表示的，如 $\sigma\leqslant[\sigma]$，这里 σ 是设计变量的一个函数。

（2）约束面的概念。在设计空间中，每个约束条件都是以几何面（线）的形式出现的，这个几何面（线）就称为约束面（线）。事实上，线与面的差异，仅仅是设计空间维数的不同和设计变量个数的多少不同而已。对于边界约束，其约束面是平面（或直线）；面性能约束的约束面则通常是曲线（或曲面）。一般，对于三维以上的设计空间，相应的约束面都称为超曲面（线）。当设计变量为连续型设计变量时，其约束面一般也是连续的。

对于等式约束，其约束面就是等式约束方程 $h_v(x)=0$，而对于不等式约束，其约束面就是不等式约束的极限情况 $g_u(x)=0$。

（3）设计可行域。在一个优化设计问题中，所有不等式约束的约束面将共同组成一个复合约束面，它所包围的区域是设计空间中满足所有不等式约束条件的那部分空间，称该区域为设计可行域，用符号 D 表示，记为

$$D = \{x\,|\,g_u(x)\leqslant 0 \quad u =1,2,\cdots,m\}$$

当某项设计中不仅有 m 个不等式约束，而且有 p 个等式约束时，其设计可行域可表示为

$$D = \left\{ x \Big|_{h_v(x)=0}^{g_u(x) \le 0} \quad _{v=1,2,\cdots,p;p<n}^{u=1,2,\cdots,m} \right\}$$

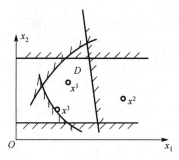

相应地，设计可行域内的任意一点都代表一个可以采用的设计方案，这种点被称为可行设计点或内点，如图 3-5 中的点 x^1；而把约束边界上的点称为极限设计点或边界点，如图 3-5 中的点 x^3，此时，该边界所代表的约束称为适时约束或起作用约束，而其他约束就称为非适时约束或不起作用约束。设计可行域以外的设计空间称为非可行域，域中的点称为非可行设计点或外点，如图 3-5 中的点 x^2。

图 3-5 二维问题的可行域

需要注意的是，如果存在等式约束，那么设计方案就只能在可行域中的等式约束面上选取。

2. 优化设计过程

1）设计课题分析

首先确定设计目标，它可以是单项指标，也可以是多项指标的组合。从技术经济观点出发，就机械设计而言，机器的运动学和动力学性能、体积与总量、效率、成本、可靠性等，都可以作为设计所追求的目标。然后分析设计应满足的要求，主要有：某些参数的取值范围；某种设计性能或指标按设计规范推导出的技术性能；工艺条件对设计参数的限制等。

2）建立数学模型

将实际设计问题用数学方程的形式全面、准确地描述，其中包括：确定设计变量，即哪些设计参数参与优选；构造目标函数，即评价设计方案优劣的设计指标；选择约束函数，即把设计应满足的各类条件以等式或不等式的形式表达。建立数学模型要做到准确、齐全，即必须严格地按各种规范做出相应的数学描述，必须把设计中应考虑的各种因素全部包括进去，这对于整个优化设计的效果是至关重要的。

3）选择优化方法

根据数学模型的函数性态、设计精度要求等选择使用的优化方法，并编制出相应的计算机程序。

4）上机计算与择优

将所编程序及有关数据输入计算机进行运算，求解得最优值，然后对所算结果做出分析判断，得到设计问题的最优设计方案。

上述优化设计过程的四步，其核心是进行如下两项工作：一是分析设计任务，将实际问题转化为一个最优化问题，即建立优化问题的数学模型；二是选用适宜的优化方法在计算机上求解数学模型，寻求最优设计方案。

3. 优化设计实例

如图 3-6 所示，有一圆形等截面的销轴，一端固定，一端作用着集中载荷 F=10 000N 和转矩 T=100N·m。由于结构需要，轴的长度 l 不得小于 8cm，已知销轴材料的许用弯曲应力

$[\sigma_\omega]$=120MPa，许用扭转切应力$[\tau]$=80MPa，允许挠度$[f]$=0.01cm，密度ρ=7.8t/m³，弹性模量E=2×10⁵MPa。现要求在满足使用要求的条件下，试设计一个用料最省（销轴重量最轻）的方案。

解： 根据上述问题，该销轴的力学模型是一个悬臂梁。设销轴的直径为d，长度为l，体积为V，则该问题的物理表达式如下。

（1）销轴用料最省（体积最小）

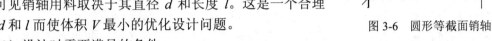

$$V = \frac{1}{4}\pi d^2 l \rho \to \min$$

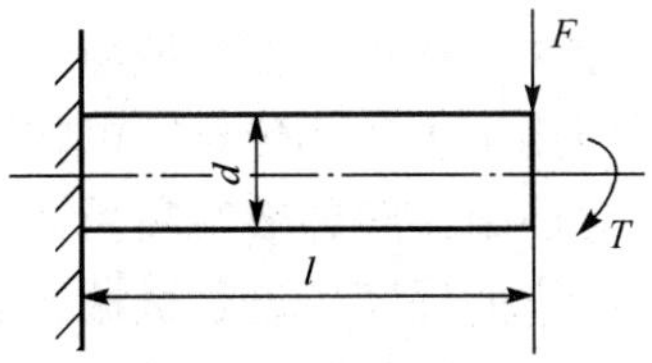

可见销轴用料取决于其直径 d 和长度 l。这是一个合理选择 d 和 l 而使体积 V 最小的优化设计问题。

图 3-6　圆形等截面销轴

（2）设计时需要满足的条件

① 强度条件，包括弯曲强度、扭转强度和刚度条件的挠度。

弯曲强度公式：

$$\sigma_{\max} = \frac{Fl}{0.1d^3} \leqslant [\sigma_\omega]$$

扭转强度公式：

$$\tau = \frac{T}{0.2d^3} \leqslant [\tau]$$

刚度条件的挠度表达式：

$$f = \frac{Fl^3}{3EJ} = \frac{64Fl^3}{3E\pi d^4} \leqslant [f]$$

② 结构尺寸边界条件：

$$l \geqslant l_{\min} = 8\text{cm}$$

将题中的相关数值代入，建立该优化设计的数学模型。

设

$$x_1 = d, \quad x_2 = l$$

设计变量：

$$\boldsymbol{X} = [d \quad l]^{\text{T}} = [x_1 \quad x_2]^{\text{T}}$$

目标函数：

$$\min f(\boldsymbol{X}) = V = \frac{1}{4}\pi d^2 l \rho = \frac{1}{4}\pi x_1^2 x_2 \rho = 0.785 x_1^2 x_2$$

约束条件：

$$g_1(X) = 8.33l - d^3 = 8.33x_2 - x_1^3 \leqslant 0$$
$$g_2(X) = 6.25 - d^3 = 6.25 - x_1^3 \leqslant 0$$
$$g_3(X) = 0.34l^3 - d^4 = 0.34x_2^3 - x_1^4 \leqslant 0$$
$$g_4(X) = 8 - l = 8 - x_2 \leqslant 0$$

通过建立数学模型，将优化问题转化为求目标函数的最小值问题，即具有4个约束条件的二元非线性的约束优化问题。

3.3.2 有限元设计

有限元法是随着计算机技术的发展而迅速发展起来的一种现代设计计算方法。该方法于20世纪50年代首先被用于飞机结构静、动态特性分析及其结构强度设计中，随后很快被广泛应用于求解热传导、电磁场、流体力学等连续性问题。由于该方法的理论基础牢靠，物理概念清晰，解题效率高，适应性强，因此目前已成为机械产品动、静、热特性分析的重要手段，它的程序包已是机械产品计算机辅助设计方法库中不可缺少的内容之一。

在工程分析和科学研究中，常常会遇到大量的由常微分方程、偏微分方程及相应的边界条件描述的场问题，如位移场、应力场和温度场等问题。求解这类场问题的方法主要有两种：用解析法求得精确解；用数值解法求其近似解。应该指出，能用解析法求出精确解的只是方程性质比较简单且几何边界相当规则的少数问题。而对于绝大多数问题，很少能得出解析解。这就需要研究它的数值解法，以求出近似解。

1. 有限元分析过程

目前工程中实用的数值解法主要有三种：有限差分法、有限元法和边界元法。其中，以有限元法的通用性最好、解题效率最高，目前在工程中的应用得最为广泛。有限元法的分析过程可概括如下。

1）连续体离散化

所谓连续体，是指所求解的对象（物体或结构）；所谓离散化，就是将所求解的对象划分为有限个具有规则形状的微小块体，把每个微小块体称为单元，两相邻单元之间只通过若干点互相连接，每个连接点都称为节点。因而，相邻单元只在节点处连接，载荷也只通过节点在各单元之间传递，这些有限个单元的集合体即为原来的连续体。离散化也称为划分网格或网络化。单元划分后，给每个单元及节点进行编号；选定坐标系，计算各个节点坐标；确定各个单元的形态和性态参数及边界条件等。

图3-7所示为对一悬臂梁建立有限元分析模型的例子，图中将该悬臂梁划分为许多三角形单元，三角形单元的三个顶点都是节点。

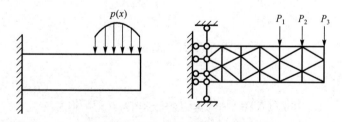

图3-7 悬臂梁及其有限元分析模型

2）单元分析

连续体离散化后，即可对单元体进行特性分析，简称单元分析。单元分析的工作主要有两项：选择单元位移模式（位移函数）和分析单元的特性，即建立单元刚度矩阵。

根据材料学、工程力学的原理可知，弹性连续体在载荷或其他因素作用下产生的应力、应变和位移都可以用位置函数来表示，那么，为了能用节点位移来表示单元体内任一点的位移、应变和应力，就必须搞清各单元中的位移分布。一般是假定单元位移是坐标的某种简单函数，用其模拟内位移的分布规律，这种函数称为位移模式或位移函数。通常采用的函数形式多为多项式。根据所选定的位移模式，就可以导出用节点位移来表示单元体内任一点位移的关系式。所以，正确选定单元位移模式是有限元分析与计算的关键。

选定好单元位移模式后，即可进行单元力学特性分析，将作用在单元上的所有力（表面力、体积力、集中力）等效地移置为节点载荷，采用有关的力学原理建立单元的平衡方程，求得单元内节点位移与节点力之间的关系矩阵——单元刚度矩阵。

3）整体分析

在对全部单元进行完单元分析之后，就要进行单元组集，即把各个单元刚度矩阵集成为总体刚度矩阵，以及将各单元的节点力向量集成为总的力向量，求得整体平衡方程。集成过程所依据的原理是节点变形协调条件和平衡条件。

4）确定约束条件

由上述所形成的整体平衡方程是一组线性代数方程，在求解之前，必须根据具体情况分析与确定求解对象问题的边界约束条件，并对这些方程进行适当修正。

5）有限元方程求解

解方程即可求得各节点的位移，进而根据位移计算单元的应力及应变。

6）结果分析与讨论

在用有限元法求解应力类问题时，根据未知量和分析方法的不同，有三种基本解法。

（1）位移法。它以节点位移作为基本未知量，选择适当的位移函数进行单元的力学特性分析，在节点处建立单元刚度方程，再合并成总体刚度矩阵，求解出节点位移后，由节点位移再求解出应力。位移法的优点是比较简单、规律性强、易于编写计算机程序，所以得到了广泛的应用，其缺点是精度稍低。

（2）力法。以节点力作为基本未知量，在节点处建立位移连续方程，求解出节点力后，再求解节点位移和单元应力。力法的特点是计算精度高。

（3）混合法。取一部分节点位移和一部分节点力作为基本未知量，建立平衡方程进行求解。

2．有限元应用范围

有限元法的实际应用要借助两个重要工具：矩阵算法和电子计算机。有限元法的基本思想早在 20 世纪 40 年代初就有人提出，但真正用于工程中则是在电子计算机出现后。上述有限元方程的求解，则需要借助矩阵运算来完成。

有限元法最初用于飞机结构的强度设计，由于它具有理论上的通用性，因此可用于解决工程中的许多问题。目前，它可以解决几乎所有的连续介质和场的问题，包括热传导、电磁场、流体动力学、地质力学、原子工程和生物医学等方面的问题。1960 年以后，有限元法在工程上获得了广泛的应用，并迅速推广到造船、建筑、机械等各个工业部门，如在机械设计中，从齿轮、轴、轴承等通用零部件，到机床、汽车、飞机等复杂结构的应力和变形分析（包括热应力和热变形分析）。采用有限元法计算，可以获得满足工程需要的足够精确的近似解。几十年来，有限元法的应用范围不断扩展，它不仅可以解决工程中的线性问题、非线性问题，而且对于各种不同性质的固体材料，如各向同性和各向异性材料、粘弹性和粘塑性材料及流体均能求解；另外，对于工程中具有普遍意义的非稳态问题也能求解。现今，有限元法的用途已遍及机械、建筑、矿山、冶金、材料、化工、交通、电磁及汽车、航空航天、船舶等设计分析的各个领域中。到20世纪80年代初期，国际上已开发出了多种用于结构分析的有限元通用程序，其中著名的有 NASTRAN、ANSYS、ASKA、ADINA、SAP、MARC 等。这些软件对推动有限元法在工程中的应用起到了极大作用。表 3-2 所示为几种国际上流行的有限元程序的应用范围。

表 3-2　几种有限元程序的应用范围

应用范围	程序名称					
	ADINA	ANSYS	ASKA	MARC	NASTRAN	SAP
非线性分析	√	√	√	√	√	
塑性分析	√	√		√		
断裂力学		√				
热应力与蠕变	√	√	√	√		
厚板厚壳	√	√	√	√	√	√
管路系统		√			√	
船舶结构					√	
焊接接头				√		
粘弹性材料		√	√			
热传导	√	√			√	√
薄板薄壳	√	√	√		√	√
复合材料					√	
结构稳定性		√	√			
流体力学	√				√	
瞬态分析	√	√	√	√	√	√
电场	√					

3．有限元软件简介

采用有限元法来分析与计算工程设计问题，必须编程并用计算机来进行求解。目前已有许多性能优良、功能齐全的大型通用化软件，如 ABAQUS、ADINA、ANSYS、NASTRAN、MARC、SAP 等。这些通用软件的特点是：单元库内有齐全的一般常用单元，如杆、梁、板、轴对称、板壳、多面体单元等；功能库内有各种分析模块，如静力分析、动力分析、连续体分析、流体分析、热分析、线性与非线性模块等；应用范围广泛，并且一般都具有前后置处理功能，汇集了各种通用的标准子程序，组成了一个庞大的集成化软件系统。

有些有限元软件是为解决某一类学科或某些专门问题而开发的，如有限元接触问题分析、有限元优化设计、有限元弹塑性分析软件等。它们一般规模较小，比较专一，可在小型机或微机上使用。

另外，一些 CAD/CAM/CAE 系统还嵌套了有限元分析模块，它们与设计软件集成为一体，在设计环境下运行，极大地方便了设计人员的使用，如设计软件 I-DEAS、Pro/Engineer、Unigraphics 等，其有限元分析模块虽没有通用或专用软件那么强大全面，但是完全可以解决一般工程设计问题。

在选用有限元软件时，可综合考虑以下几个方面：①软件的功能；②单元库内单元的种类；③前后处理功能；④软件运行环境；⑤软件的价位；⑥数据交换类型、接口及二次开发可能性。

有限元软件一般由三部分组成：前置处理部分；有限元分析，这是其主要部分，包括进行单元分析和整体分析、求解位移和应力值的各种计算程序；后置处理部分。

1. 有限元分析的前、后置处理

用有限元法进行结构分析时，需要输入大量的数据，如单元数、单元特性、节点数、节点编号、节点位置坐标等，这些称为有限元的前置处理。

前置处理的主要内容有：

① 按所选用的单元类型对结构进行网格划分；

② 按要求对节点进行顺序编号；

③ 输入单元特性及节点坐标；

④ 生成并在屏幕上显示带有节点和单元标号，以及边界条件的网格图像，以便检查和修改；

⑤ 对显示图像进行放大、缩小、旋转和分块变换等。

为实现上述内容而编制的程序叫作前置处理程序，一般包括以下功能。

① 生成节点坐标。手工或交互式输入节点坐标，绕任意轴旋转生成一系列节点坐标，沿任意向量方向平移生成相应的节点坐标，生成有关面、体的节点坐标等，合并坐标值相同的节点号，按顺序重编节点号。

② 生成单元。输入单元特性，进行网格单元平移、旋转、对称复制等。

③ 修改和控制网格单元。对单元体局部网格密度进行调整；平移、插入或删除网格单元。

④ 引入边界条件。引入边界条件，约束一系列节点的总体位移和转角。

⑤ 单元属性编辑。定义单元几何属性、材料物理特性，删除、插入或修改弹性模量、惯性矩等参数。

⑥ 单元分布载荷编辑。定义、插入、删除和修改节点的载荷、约束、质量、温度等信息。

图 3-8 所示为用 SAP5 软件对矩形截面悬梁做结构分析时，根据输入的单元和节点数，前置处理自动生成的网格图。系统把悬梁结构分成了 5 个三维实体单元，每个单元有 20 个节点，共 68 个节点。根据网格图，可检查输入的数据是否正确，如输入数据有误，网格中的节点就会偏离正确的位置，从而产生错误的网格图。

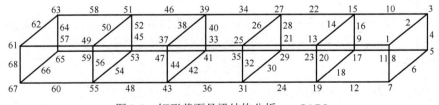

图 3-8　矩形截面悬梁结构分析——SAP5

经过有限元分析后得到的大量数据，如应力与应变、节点位移量等，需要进行必要的分析与加工整理，还可以利用计算机的图形功能，形象地显示出有限元分析的结果，以便设计人员正确地筛选、判断、采纳这些结果，并对设计方案进行实时修改，这些工作称为有限元后置处理。

有限元分析之后，由于节点数目非常大，因此输出数据也十分庞大，而且数据类型又不同，如有节点位置量、应力值、温度值等。如果仅把结果数据打印输出，会给人工分析造成很大的麻烦甚至判断错误。若能将结果数据加工处理成各种图形，直观形象地反映出数据的特性及分布状况，则十分有利于人工分析和判断。用于表示和记录有限元数据的图形主要有网格图、结构变形图、应力等值线图、色彩填充图（云图）、应力向量图和动画模拟图等。为了实现这些目的而编制的程序称为后置处理程序。

有限元分析的前、后置处理工作都可由有限元分析系统自动完成。根据处理方式，一般分为两种类型。一种是将产品或工程结构几何设计系统与有限元分析系统有机地结合起来，根据几何设计中得到的相关数据，自动把设计对象划分成有限元网格，再结合其他数据进行有限元分析。采用这种方式时，要解决好数据的交换与传输问题。另一种是独立的前、后置处理系统或模块，需要时可作为功能模块配置给有限元分析系统。

2．典型有限元分析软件简介

1）SAP 系列软件

SAP 是由 SAP1～SAP7 组成的系列有限元软件，其中 SAP1～SAP6 是线性分析软件，SAP7 是非线性分析软件，功能更强。SAP6 采用 FORTRAN 语言编写，除主程序外，共有 357 个子程序，共计 33300 条语句，有配置的前置处理程序 MODDL、后置处理程序 POST 和温度场分析程序 TAP6，单元库内有多种二维和三维单元类型，可以建立二维和三维结构的有限元计算模型，可用于对承受静力、惯性载荷和动力载荷的弹性结构体进行动、静力学分析与计算。

2）ASKA

ASKA 包括 60 万条语句、64 种单元。用其可以对各种形状、材料（包括各向异性材料）的大型工程结构进行分析和计算。

ASKA 系统包含的程序模块有：弹性静力分析模块 ASKA-Ⅰ、线性动力分析模块 ASKA-Ⅱ、材料非线性分析模块 ASKA-Ⅲ-Ⅰ、线性屈曲分析模块 ASKA-Ⅲ-Ⅱ、温度场分析模块 ASKA-T、交互式图形分析模块 INGA、前处理网格生成模块 FEMGEN、后处理图形显示模块 FEMVIEW 和绘图模块 FEPS。

3）ANSYS

ANSYS 系统是 ANSYS 有限公司开发的产品，其单元库中有二维单元、轴对称固体、壳和弯曲板等 100 多种单元类型，材料库中有钢、铜、铝等 10 种材料数据，具有自动生成网格、自动编节点号、绘图等功能。该系统功能齐全，可以进行静态和动态、线性和非线性、均质与非均质分析。

AutoFEA 是 ANSYS 公司开发的与 AutoCAD R12 和 AutoCAD R13 集成化的有限元分析系统。它可以在 AutoCAD 平台上使用，用 ADST AU-TOI.ISP 作为开发工具，用户可以方便地进行二次开发。

4）I-DEAS 中的有限元分析模块

I-DEAS 是美国 SDRC 公司开发的 CAD/CAM/CAE 系统软件，其嵌套了有限元分析模块。该模块可以进行图形有限元建模、梁结构的综合造型设计、结构静力学与动力学和热传导模拟分析。I-DEAS 由前后置处理、数据输入、模型求解、优化设计、框架分析等模块组成。其中框架分析模块又包含以下三种模块。

（1）SAGS 模块，用于分析静载荷下的梁、壳结构，可得到节点的位移、转角、支反力、单元载荷和应力、应变等参数；

（2）IIAGS 模块，可以对连续弹性体的结构进行分析，并可输出整体位移、整个结构所受的载荷和结构累积能量的列表数据；

（3）DAGS 模块，可以计算梁、壳类的固有频率，无阻尼受迫动态响应，以及进行模态分析。

3.3.3　可靠性设计

可靠性设计是一种很重要的现代设计方法，是产品质量的重要指标，它标志着产品不会丧失工作能力的可靠程度。可靠性的定义是：产品在规定的条件下和规定的时间内，完成规定功能的能力。目前，这一设计方法已在现代机、电产品的设计中得到广泛应用，它对提高产品的设计水平和质量、降低产品的成本、保证产品的可靠性及安全性起着极其重要的作用。

1．可靠性设计的特点

① 传统设计方法将安全系数作为衡量安全与否的指标，但安全系数的大小并没有同可靠度直接挂钩，这就有很大的盲目性。可靠性设计与之不同，它强调在设计阶段就把可靠度直接引入零件，即由设计直接确定固有的可靠度。

② 传统设计方法是把设计变量视为确定性的单值变量并通过确定性的函数进行运算，而可靠性设计则把设计变量视为随机变量并运用随机方法对设计变量进行描述和运算。

③ 在可靠性设计中，由于应力 s 和强度 f 都是随机变量，因此判断一个零件是否安全可靠，就用强度 c 大于应力 s 的概率大小来表示，这就是可靠度指标。

④ 传统设计与可靠性设计都是以零件的安全或失效作为研究内容的，因此，两者间有着密切的联系。可靠性设计是传统设计的延伸与发展。在某种意义上，也可以认为可靠性设计只是在传统设计方法的基础上把设计变量视为随机变量，并通过随机变量运算法则进行运算而已。

2．可靠性设计常用指标

上述的可靠性定义只是一个一般的定性定义，并没有给出任何数量表示，而在产品可靠性的设计、制造、实验和管理等多个阶段都需要"量"的概念。因此，对可靠性进行量化是非常必要的，这就提出了可靠性设计的常用指标，或称为可靠性特征量。

1）可靠度 $R(t)$

可靠度是指产品在规定的条件下和规定的时间内完成规定功能的概率。可靠度通常用字母 R 表示，考虑它是时间 t 的函数，故也记为 $R(t)$，称为可靠度函数。

设有 N 个相同的产品在相同的条件下工作，到任一给定的工作时间时，累积有 $n(t)$ 个产品失效，其余 $N-n(t)$ 个产品仍能正常工作，那么该产品到时间 t 的可靠度的估计值为

$$\overline{R}(t) = \frac{N - n(t)}{N}$$

式中，$\overline{R}(t)$ 也称存活率。当 $N \to \infty$ 时，$\lim_{N \to \infty} \overline{R}(t) = R(t)$，即为该产品的可靠度。由于可靠度表示的是一个概率，因此 $R(t)$ 的取值范围为

$$0 \leqslant R(t) \leqslant 1$$

可靠度是评价产品可靠性的最重要的定量指标之一。

2）不可靠度或失效概率 $F(t)$

产品在规定的条件下和规定的时间内丧失规定功能的概率，称为不可靠度或累积失效概率（简称失效概率），常用字母 F 表示。由于是时间 t 的函数，因此记为 $F(t)$，称为失效概率函数。不可靠度的估计值为

$$\bar{F}(t) = \frac{n(t)}{N}$$

式中，$\bar{F}(t)$ 也称不存活率。当 $N \to \infty$ 时，$\lim\limits_{N \to \infty} \bar{F}(t) = F(t)$，即为该产品的不可靠度。由于失效和不失效是相互对立事件，根据概率互补定理，两个对立事件的概率和恒等于 1，因此 $R(t)$ 与 $F(t)$ 之间有如下的关系

$$R(t)+F(t)=1$$

3）失效率 $\lambda(t)$

失效率又称为故障率，其定义为：工作 f 时刻时尚未失效（或故障）的产品，在该时刻 f 以后的下一个单位时间内发生失效（或故障）的概率。失效率是标志产品可靠性常用的特征量，失效率愈低，则可靠性愈高。

产品的失效率 $\lambda(t)$ 与时间 t 的关系曲线如图 3-9 所示。因其形状似浴盆，故称浴盆曲线，它可分为三个特征区。

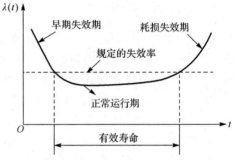

图 3-9　产品典型失效率曲线

（1）早期失效期

早期失效期一般出现在产品开始工作后的较早时期，一般为产品试车跑合阶段。在这一阶段，失效率由开始很高的数值急剧地下降到某一稳定的数值。引起这一阶段失效率特别高的原因主要是材料不良、制造工艺缺陷、检验差错及设计缺点等因素。因此，为了提高可靠性，产品在出厂前应进行严格的测试，查找失效原因，并采取各种措施发现隐患和纠正缺陷，使失效率下降且逐渐趋于稳定。

（2）正常运行期

正常运行期又称有效寿命期。在该阶段内如果产品发生失效，一般都是由偶然的原因而引起的，因而该阶段也称为偶然失效期。其失效的特点是随机的，如个别产品由于使用过程中工作条件发生不可预测的突然变化而导致失效。这个时期的失效率低且稳定，近似为常数，是产品的最佳状态时期，产品、系统的可靠度通常以这一时期为代表。通过提高可靠性设计质量、改进设备使用管理、加强产品的工况故障诊断和维护保养等工作，可使产品的失效率降到最低水平，从而延长产品的使用寿命。

（3）耗损失效期

耗损失效期出现在产品使用的后期，其特点是失效率随工作时间的推移而增大。耗损失效主要是产品经长期使用后，由于某些零部件的疲劳、老化、过度磨损等原因，已渐近衰竭，从而处于频发失效状态，使失效率随时间的推移而增大，最终会导致产品的功能终止。改善耗损失效的方法是不断提高产品零部件的工作寿命，对寿命短的零部件，在整机设计时就要

制定一套预防性检修和更新措施，在它们到达耗损失效期前就及时予以检修或更换，这样就可以把上升的失效率拉下来，也就是说，采取某些措施可延长产品的实际寿命。

为了提高产品的可靠性，应该研究和掌握产品的这些失效规律。可靠性研究虽然涉及上述三种失效期，但着重研究的是偶然失效，因为它发生在产品的正常使用期间。

4）平均寿命

平均寿命是常用的一种可靠性指标。所谓平均寿命（Mean Life），是指产品寿命的平均值，其中，产品寿命是它的无故障工作时间。

平均寿命在可靠性特征量中有两种：MTTF（Mean Time To Failure）和 MTBF（Mean Time Between Failure）。MTTF 是指不可修复产品从开始使用到失效的平均工作时间，或称平均无故障工作时间。MTBF 是指可修复产品两次相邻故障间工作时间（寿命）的平均值，或称为平均无故障工作时间。

3．可靠性设计的应用

系统是由零件、部件、子系统等组成的。系统的可靠性不仅与组成该系统各单元的可靠性有关，而且与组成该系统各单元间的组合方式和相互匹配有关。系统可靠性设计的目的就是在满足规定可靠性指标、完成预定功能的前提下，使该系统的技术性能、重量指标、制造成本及使用寿命等各方面彼此协调，并求得最佳的设计方案；或者在性能、质量、成本、寿命和其他要求的约束下，设计出最佳的可靠性系统。系统的可靠性设计主要有两个方面的内容：可靠性预测和可靠性分配。

可靠性预测是一种预报方法，它根据所得的失效率数据预报一个元件（零件）、部件、子系统或系统实际可能达到的可靠度，即预报这些元件或系统等在特定的应用中完成规定功能的概率，其包括元件可靠性预测和系统可靠性预测。

1）元件可靠性预测

元件（零件）的可靠性预测是进行系统可靠性预测的基础。一旦确定系统中的所有元件（零件）或组件的可靠度，把这些元件（零件）或组件的可靠度进行适当的组合就可以预测系统的可靠度。因而，在系统可靠性设计中，首先要进行的工作之一就是预测元件的可靠性。

2）系统可靠性预测

系统的可靠性与组成系统的零部件数量、零部件的可靠度及零部件之间的相互关系和组合方式有关。系统可靠性预测的目的是：协调设计参数及指标，提高产品的可靠性；对比设计方案，以选择最佳系统；预测薄弱环节，以采取改进措施。

（1）串联系统的可靠性。如果组成系统的所有元件中的任何一个元件失效都会导致系统失效，则这种系统称为串联系统。串联系统逻辑图如图 3-10 所示，设各元件的可靠度分别为 R_1, R_2, …, R_n，如果各元件的失效互相独立，则由 n 个单元组成的串联系统的可靠度为

$$R_s = R_1 R_2 \cdots R_n$$

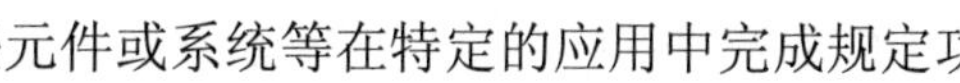

图 3-10　串联系统逻辑图

（2）并联系统的可靠性。如果组成系统的所有元件中只要一个元件不失效，整个系统就不会失效，则称这一系统为并联系统。其逻辑图如图 3-11 所示，由 n 个单元组成的并联系统的可靠度 R_s 为

$$R_s=1-(1-R_1)(1-R_2)\cdots(1-R_n)$$

（3）储备系统的可靠性。如果组成系统的元件中只有一个元件工作，其他元件不工作而作为储备，在工作元件发生故障后，原来未参加工作的储备元件立即工作，而将失效的元件换下进行修理或更换，从而维持系统的正常运行，则该系统称为储备系统。当转换开关可靠时，储备系统的可靠度比并联系统的可靠度高。其逻辑图如图 3-12 所示。

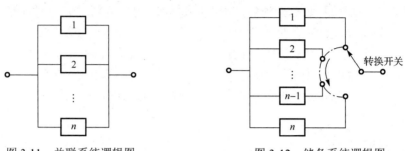

图 3-11　并联系统逻辑图　　　　　　　图 3-12　储备系统逻辑图

3）系统可靠性分配

系统可靠性分配就是将设计任务书上规定的系统可靠度指标合理地分配给系统的各个组成单元的一种设计方法，其目的是合理地确定每个单元的可靠度指标，以使整个系统的可靠度获得确切的保证。基于系统的可靠性分配原则的不同，有不同的分配方法。

常用的可靠性分配方法有平均分配法和按相对失效概率分配可靠度。平均分配法又称等分配法，该方法是将对系统中的全部单元分配以相等的可靠度；按相对失效概率分配可靠度，基于使系统中各单元的容许失效概率正比于该单元的预计失效概率的原则来分配系统中各单元的可靠度。

3.3.4　创新设计

创新设计是指设计人员在设计中采用新的技术手段和技术原理，发挥创造性，提出新方案，探索新的设计思路，提供具有社会价值的、新颖的且成果独特的设计，其特点是运用创造性思维，强调产品的创造性和新颖性。

1.　机械创新设计的实质

机械创新设计（Mechanical Creative Design，MCD）是指充分发挥设计者的创造力，利用人类已有的相关科学技术成果进行创新构思，设计出具有新颖性、创造性及实用性的机构或机械产品（装置）的一种实践活动。它包含两部分：一是改进完善生产或生活中现有的机械产品的技术性能、可靠性、经济性、适用性等；二是创造设计出新机器、新产品，以满足新的生产或生活的需要。由于机械创新设计凝结了人们的创造性智慧，因此机械创新设计的产品无疑是科学技术与艺术结晶的产物，具有美学性，反映出和谐统一的技术美。

机械创新设计是相对常规设计而言的，它特别强调人在设计过程中，特别是在总体方案、结构设计中的主导性及创造性作用。工程设计人员要想取得创新设计成果，首先，必须具有良好的心理素质和强烈的事业心，善于捕捉和发现社会与市场的需求，分析矛盾，富于想象，有较强的洞察力；其次，要掌握创造性技法，科学地发挥创造力；最后，要善于运用自己的知识和经验，在创新实践中不断地提高创造力。

机械创新设计过程中的原理方案设计是机械系统设计的关键内容，在原理方案设计过程中应解决以下问题。

① 确定系统的总功能。

② 进行总功能分解。将总功能分解为若干分功能是实现功能原理方案的最好办法，它使设计者易于构思各种各样的功能原理方案。

③ 功能元求解。功能元求解就是将所需执行的动作，用合适的执行机构形式来实现。

④ 功能原理方案的确定。由于每个功能的解有多个，因此组成机械的功能原理方案可以有多个。

⑤ 方案的评价与决策。针对不同的机械确定评价指标体系和评价方法，对多个方案进行综合评价和决策。

2. 机械创新设计的过程

机械创新设计的目标是从所要求的机械功能出发，改进、完善现有机械或创造发明新机械，实现预期的功能，并使其具有良好的工作品质及经济性。

机械创新设计是一种正处于发展期的新的设计技术和方法，由于所采用的工具和建立的结构学、运动学与动力学模型不同，逐渐形成了各具特色的理论体系与方法，因此提出的设计过程也不尽相同，但其实质是统一的。综合起来，机械创新设计主要由综合过程、选择过程和分析过程所组成。

① 确定机械的基本原理。可能会涉及机械学对象的不同层次、不同类型的机构组合，或不同学科知识、技术的问题。

② 机构结构类型综合及优选。优选的结构类型对机械整体性能和经济性具有重大影响，它多伴随新机构的发明。机械发明专利的大部分属于结构类型的创新设计，因此，结构类型综合及优选是机械设计中最富有创造性、最具活力的阶段，但又存在十分复杂和困难的问题，它涉及设计者的知识广度与深度、经验、灵感和想象力。

③ 机构运动尺寸综合及其运动参数优选，其难点在于求得非线性方程组的完全解，为优选方案提供较大的空间。随着优化法、代数消元法等数学方法引入机构学，该问题有了突破性进展。

④ 机构动力学参数综合及其动力学参数优选，其难点在于动力学参数量大、参数值变化域广的多维非线性动力学方程组的求解，这是一个亟待深入研究的问题。

完成上述机械工作原理、结构学、运动学、动力学分析与综合的 4 个阶段，便形成了机械设计的优选方案，之后即可进入机械结构创新设计阶段，主要解决基于可靠性、工艺性、安全性、摩擦学、结构设计等问题。

由上述内容可以看出机械创新设计具有以下特点：涉及多种学科，是机械、液压、电力、气动、热力、电子、光电、电磁及控制等多种科技的交叉、渗透与融合；设计过程中的相当部分工作是非数据性、非计算性的，必须在知识和经验积累的基础上思考、推理、判断，以及创造性地发散思维，在基于知识、经验灵感与想象力的系统中搜索并优化设计方案；机械创新设计是多次反复、多级筛选的过程，每一设计阶段都有其特定的内容与方法，但各阶段之间又密切相关，形成一个整体的系统设计。

3．创造性思维方法

由于设计人员的自身知识、经验、理论和方法等基本素质是不同的，因此，不同的设计人员，其思维的创造性是有差异的。在创造性思维中，更重要的是设计人员在自身素质的基础上，将头脑中存储的信息重新组合和活化，形成新的联系。因此，创造性思维与传统的思维方式相比，以其突破性、独创性和多向性显示出创新的活力。根据创造性思维过程中是否严格遵循逻辑规则，可以分为直觉思维和逻辑思维两种类型。

1）直觉思维

直觉思维是一种在具有丰富经验和推理判断技巧的基础上，对要解决的问题进行快速推断，领悟事物本质或得出问题答案的思维方式。

直觉思维的基本特征是其产生的突然性、过程的突发性和成果的突破性。在直觉思维的过程中，不仅意识在起作用，潜意识也在发挥着重要的作用。潜意识是在意识层次的控制下，不能靠意志努力来支配的一种意识，但它可以受到外在因素的激发。虽然直觉思维的结论并不是十分可靠的，但是，它在创造性活动中方向的选择、重点的确定、问题关键和实质的辨识、资料的获取、成果价值的判定等方面具有重要的作用，也是产生新构思、新美学的基本途径之一。

2）逻辑思维

逻辑思维是一种严格遵循人们在总结事物活动经验和规律的基础上概括出来的逻辑规律，进行系统的思考，由此及彼地联动推理。逻辑思维有纵向推理、横向推理和逆向推理等几种方式。

纵向推理是指针对某一现象进行纵深思考，探求其原因和本质而得到新的启示。例如，车工在车床上切削工件时由于突然停电，造成硬质合金刀具牢固地黏结在工件上面，通过分析这次偶然的事故所造成刀具与工件黏结的原因，从而发明了"摩擦焊接法"。

横向推理是根据某一现象，联想与其相似或相关的事物，进行"特征转移"而进入新的领域。例如，根据面包多孔松软的特点进行"特征转移"的横向推理，在其他领域开发出泡沫塑料、夹气混凝土和海绵肥皂等不同的产品。

逆向推理是根据某一现象、问题或解法，分析其相反的方面、寻找新的途径。例如，根据气体在压缩过程中会发热的现象，逆向推理到压缩气体变成常压时应该吸热制冷，从而发明了压缩式空调机。

创造性思维是直觉思维和逻辑思维的综合，这两种包括渐变和突变的复杂思维过程互相融合、补充和促进，使设计人员的创造性思维得到更加全面的开发。

4．创新方法简介

在实际的创新设计过程中，由于创造性设计的思维过程复杂，有时发明者本人也说不清楚是具体采用什么方法最后获得成功的，可能是无意识中应用了一种创新方法，也可能是有意识综合应用了几种创新方法。通过对实践和理论的总结，创新方法大致有以下几种。

1）头脑风暴法

该方法是一种发挥集体智慧的方法，是由美国人于 1938 年提出的一种方法。这种方法是先把具体的功能目标告知每个人，经过一定的准备后，大家可以不受任何约束地提出自己的新概念、新方法、新思路、新设想，各抒己见，在较短的时间内可获得大量的设想与方案，经分析讨论，去伪存真、由粗到细，进而找出创新的方法与实施方案，最后由主持人负责完成。该方法要求主持人有较强的业务能力、工作能力和凝聚力。

2）仿生创新法

通过对自然界生物机能的分析和类比来创新设计新机器，这也是一种常用的创新方法。仿人机械手，仿爬行动物的海底机器人，仿动物的四足机器人、多足机器人，就是仿生设计的产物。随着仿生创新法的迅速发展，目前已经形成仿生工程学这一新的学科。使用该方法时，要注意切莫刻意仿真，否则会走入误区。

3）反求设计创新法

反求设计是指在引入别国先进产品的基础上，加以分析、改进、提高，最终创新设计出新产品的过程。日本、韩国经济的迅速发展大多与大量使用反求设计创新法有关。

4）类比求优创新设计法

类比求优是指把同类产品相对比较，研究同类产品的优点，然后集其优点、去其缺点，设计出同类产品中的最优良产品。日本丰田摩托车就是集世界上几十种摩托车的优点而设计成功的性能最好、成本最低的品牌。但这种方法的前期资金投入过大。

5）功能设计创新法

功能设计创新法是传统的设计方法，是一种正向设计法。根据设计要求，在确定功能目标后，再拟定实施技术方案，从中择优设计。

6）移置技术创新设计法

移置技术创新设计法是指把一个领域内的先进技术移植到另一个领域，或把一种产品的先进技术应用到另一种产品中，从而获得新产品。

7）计算机辅助创新法

利用计算机内存储的大量信息进行机械创新设计，这是近期出现的新方法，目前正处于发展和完善之中。

5. 创新方法实例

本实例对新型全自动送筷机采用的创新思维和创新方法做简单的应用，以期对机械创新设计有所启发。

1）设计目的

学生每天到食堂就餐都得从筷筒里胡乱地抓取筷子，这样既不方便又不卫生，久而久之便萌发了设计一种全自动送筷机的灵感。从设想到构思送筷原理、模拟送筷试验，再到产品试制、修改、定型，花费了数月的时间。目前，产品的各项技术指标均达到了设计要求，预计不久将批量投放市场。

2）设计过程

（1）送筷方式的确定

初定的送筷方式（利用功能设计创新法）有三种：朝上垂直送[如图 3-13(a)所示]；水平横向送[如图 3-13(b)所示]；水平竖向送[如图 3-13(c)所示]。

通过反复多次模拟试验发现，朝上垂直送取筷子最为方便，但筷子的水平移动距离长，所需水平推力也大，将导致机器的结构复杂、成本增加。水平横向送筷子，由于筷子尺寸、形状、大小及摆放的不规则，能顺利取出筷子的概率不足 30%。而水平竖向送筷子不仅出筷顺畅，而且在抽出筷子后，在重力作用下筷子会自由下落，省去了机械传动成本，这种方式取筷也比较方便。因此，最终选择了第三种方式。

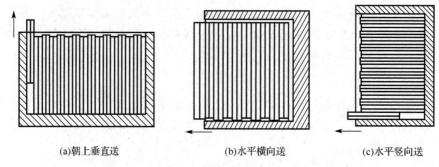

(a)朝上垂直送　　　　　　　(b)水平横向送　　　　　　(c)水平竖向送

图 3-13　送筷方式示意图

（2）出筷机构的选择

可供选择的出筷机构（利用机构组合创新法）有盘形凸轮机构、摆动导杆机构、曲柄摇杆机构、曲柄滑块机构等。通过模拟试验、分析对比，发现盘形凸轮机构虽然结构简单，但由于从动件行程较大（70mm），使机构的总体结构尺寸过大；曲柄摇杆机构和摆动导杆机构不仅平稳性较差，而且占据的空间也大；而曲柄滑块机构占据的空间最小，结构比较简单。因此，最后确定用曲柄滑块机构与移动凸轮组合机构作为出筷的执行结构，如图 3-14 所示。

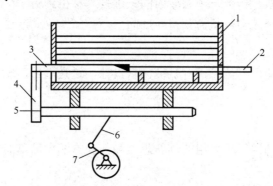

图 3-14　曲柄滑块机构与移动凸轮组合机构简图

1—箱体；2—筷子；3—移动凸轮（推杆）；4—推板；5—滑块；6—连杆；7—曲柄

（3）电动机的选择

通过模拟试验测定推筷子的阻力和最佳的出筷速度，从而确定电动机的功率为 25W，减速电动机的输出转速为 60r/min。

3）工作原理

当曲柄滑块机构运动时，滑块带动移动凸轮（阶梯推杆斜面）反复移动，将筷子水平送出。推出的一截筷子如果未被取走，则移动凸轮空推，已推出的筷子静候抽取。如果推出的筷子被取走，则上方的筷子在重力的作用下会自由下落到箱体底部，被再次推出，如图 3-15 所示。

设计阶梯推杆的目的：一是提高送筷子的效率；二是防止筷子由于摆放不规则，出现机械卡死、架空等现象。初定的推杆只能推一双筷子，不仅效率低，而且经常出现卡死、架空等现象。阶梯推杆推出的 3 双筷子呈并排阶梯状。伸出箱体最长的筷子被取走后，如果上方筷子不能自由下落，则再抽取伸出较短的一双，如果取走后上方的筷子还不能自由下落，则再取走最短的第三双筷子，由于 3 双筷子较宽，因此 3 双都抽走后，上方筷子必然失去支撑而下落到箱体底部。

　　阶梯推杆斜面的作用：一是起振动作用；二是防止筷子未对准出口时被顶断，如图 3-16 所示。

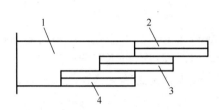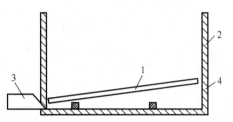

图 3-15　阶梯推杆推筷示意图　　　　　　图 3-16　阶梯推杆斜面作用示意图
1—阶梯推杆；2—推出最长筷；3—推出较短筷；4—推出最短筷　　　1—筷子；2—箱体；3—推杆斜面；4—筷子出口

　　当筷子未对准出口、顶在箱体壁上时，筷子在阶梯推杆的斜面上滑过。经过多次作用，只有当筷子对准出口时才能被顶出。

　　4）主要创新点

　　（1）产品创新

　　该产品在当时属国内外首创，经过市场调查及网上查询，国内外还没有全自动送筷机等自动出筷装置。由于市场容量很大，产品又获得专利权，因此投放市场后将取得良好的社会效益及经济效益。

　　（2）机构创新点

　　将曲柄滑块机构与移动凸轮机构（阶梯推杆斜面）有机组合，能实现多项功能：一是机构组合本身结构非常简单、紧凑，可大幅度降低成本及缩小机器的结构尺寸；二是阶梯推杆可有效地防止筷子被卡住而不能自由下落的现象；三是推杆斜面能有效防止筷子未对准出口而被机器顶断的现象；四是推杆斜面可适用于所有不同横截面的筷子。

3.3.5　反求设计

　　在现代社会中，科技成果的应用已成为推动生产力发展的重要手段。把已有的科技成果加以引进、消化吸收、改进提高，再进行创新设计，进而发展自己的新技术，是学习借鉴、发展自身技术水平的捷径，该过程称为反求工程。反求工程是消化吸收先进技术的一系列工作方法和技术的综合工程，同时通过反求工程在掌握先进技术的过程中创新，是机械创新设计的重要途径之一。

　　发展经济（特别是世界进入知识经济的时代）主要依赖高新科学技术。发展高新科学技术，一是依靠我们自己的科研力量，开发研制新产品；二是引进已有的先进科学技术成果，消化吸收，加以改进提高，也就是现在常说的反求工程。

　　1. 反求设计

　　反求设计是对已有的产品或技术进行分析研究，掌握其功能原理、零部件的设计参数、材料、结构、尺寸、关键技术等指标，再根据现代设计理论与方法，对原产品进行仿造设计、改进设计或创新设计。反求设计已成为世界各国发展科学技术、开发新产品的重要设计方法之一。反求设计中应注意如下问题。

1）探索原产品的设计思想

探索原产品的设计思想是产品改进设计的前提。如某减速器有两个输入轴，一个用电动机驱动，另一个考虑停电情况用柴油机驱动，其设计的指导思想一定是应用在非常重要的场合。

2）探索原产品的原理方案设计

各种产品都是按一定的要求设计的，而满足一定要求的产品可能有多种不同的形式，所以产品的功能目标是产品设计的核心问题，不同的功能目标可引出不同的原理方案，如设计一个夹紧装置时，把功能目标定在机械手段上，则可能设计出螺旋夹紧、凸轮夹紧、连杆机构夹紧、斜面夹紧等原理方案。如把功能目标扩大，则可能出现液压、气动、电磁夹紧等原理方案。探索原产品的原理方案设计，可以了解功能目标的确定原则，这对产品的改进设计有极大的帮助。

3）研究产品的结构设计

产品中零部件的具体结构是产品功能目标的保证，对产品的性能、成本、寿命、可靠性有着极大的影响。

4）对产品的零部件进行测绘

对产品的零部件进行测绘是反求设计中工作量很大的一部分工作。用现代设计方法对所测的零部件进行分析，进而确定反求时的设计方法。

5）对产品的零部件公差与配合公差进行分析

公差的分析是反求设计中的难点之一。通过测量只能得到零部件的加工尺寸，不能获得几何精度的分配。合理设计其几何精度，对提高产品的装配精度和机械性能至关重要。

6）对产品中零部件的材料进行分析

通过零部件的外观比较、质量测量、硬度测量、化学分析、光谱分析、金相分析等手段，对物料的物理成分、化学成分、热处理进行鉴定。参照同类产品的材料牌号，选择满足力学性能和化学性能要求的国产材料代用。

7）对产品的工作性能进行分析

通过分析产品的运动特性、动力特性及其工作特性，了解产品的设计方法，提出改进措施。

8）对产品的造型进行分析

对产品的造型及色彩进行分析，从美学原则、顾客需求心理、商品价值等角度进行造型设计和色彩设计。

9）对产品的维护与管理进行分析

分析产品的维护与管理方式，了解重要零部件及易损的零部件，有助于维修、改进设计和创新设计。

由于已存在真实的东西，因此人的设计方式是从形象思维开始的，用抽象思维去思考。这种思维方式符合大部分人所习惯的形象—抽象—形象的思维方式。对实物有了进一步的了解，并以此为参考，发扬其优点，克服其缺点，再凭借基本知识、思维、洞察力、灵感与丰富的经验，为创新设计提供了良好的环境。因此，反求设计是创新的重要方法之一。

世界各国利用反求工程进行创新设计的实例有很多。日本的 SONY 公司从美国引进在军事领域中应用的晶体管专利技术后，进行反求设计，将其反求结果用于民用，开发出晶体管收音机，并迅速占领了国际市场，获得了显著的经济效益。

日本的本田公司从世界各国引进 500 多种型号的摩托车，对其进行反求设计，综合其优点，研制出耗油少、噪声低、成本低、性能好、造型美的新型本田摩托车，风靡全世界，垄断了国际市场，为日本的出口创汇做出巨大的贡献。

日本的钢铁公司从国外引进高炉、连铸、热轧、冷轧等钢铁技术，几大钢铁公司联合组成了反求工程研究机构，经过消化、吸收、改造和完善，建立了世界一流水平的钢铁工业。在反求工程的基础上，创新设计出国产转炉，并向英美等发达国家出口，使日本一跃成为世界钢铁大国。

2．新产品的引进原则

对于新产品的引进，在实施反求工程时一般要经历以下过程。

1）引进技术的应用过程

学会引进产品或生产设备的技术操作和维修，令其在生产中发挥作用，并创造经济效益。在生产实践中，了解其结构、生产工艺、技术性能、特点及不足之处，做到"知其然"。

2）引进技术的消化过程

对引进产品或生产设备的设计原理、结构、材料、制造工艺、管理方法等内容进行深入的分析研究，用现代的设计理论、设计方法及测试手段对其性能进行计算测定，了解其材料配方、工艺流程、技术标准、质量控制、安全保护等技术条件，特别是要找出它的关键技术，做到"知其所以然"。

3）引进技术的创新过程

在上述基础上，消化、综合引进的技术，采众家之长进行创新设计，开发出具有特色的新产品，最后完成从技术引进到技术输出的过程，创造更大的经济效益。这一过程是反求工程中最重要的环节之一，也是利用反求工程进行创新设计的最后结果阶段。

各国科学技术发展不平衡，经济发展速度的差距很大。一些发达国家在计算机技术、微电子技术、人工智能技术、生命科学技术、信息工程技术、材料科学技术、空间科学技术、制造工程技术等领域处于领先地位。引进发达国家的先进技术为己用，是发展本国经济的最佳途径之一。

在科学技术快速发展的今天，任何一个国家的科学技术都不能全部领先于世界。因此，开展反求工程研究是掌握先进科学技术的重要途径。

3．反求设计方法

1）已知机械设备的反求与创新设计

已知机械设备的反求设计，因存在具体的机器实物，故又称实物的反求设计，也有人称硬件的反求设计，是反求工程中最常用的设计方法之一。

根据反求的目的，机械设备反求设计可分为三种。

（1）整机的反求

整机的反求是指对整台机械设备进行反求设计，如一台发动机、一辆汽车、一台机车、一台机床、整套设备中的某一设备等。一些不发达国家在经济起步阶段常用这种方法，以提高工业发展的速度。

（2）部件反求

反求对象是机械装置中的某一些部件，如机床中的主轴箱、汽车中的后桥、内燃机车中的液力变矩器、飞机中的起落架等部件。反求部件一般是机械中的重点或关键部件，也是各国进行技术控制的部件。如空调、电冰箱中的压缩机，就是产品的关键部件。

（3）零件反求

反求对象是机械中的某些零件，如发动机中的凸轮轴、汽车后桥中的圆锥齿轮、滚动轴承中的滚动体等零件。反求的零件一般是机械中的关键零件，如发动机中的凸轮轴一直是发动机反求设计的重点。

采用哪种反求实物，取决于技术引进国的引进目的、需求、生产水平、科技水平及经济能力。机械设备反求设计主要包括以下方面的主要内容。

（1）零部件的测绘与分析

在进行测绘之前，应备齐、读懂有关资料，为反求设计做前期准备工作，如产品说明书、维修手册、同类产品样本及产品广告等。还要收集与测绘有关的资料，如机器的装配与分解方法、零件的公差及测量、典型零件（齿轮、轴承、螺纹、花键、弹簧等）的画法、标准件的有关资料、制图及国家标准等资料。同时，在进行零部件的测绘之前，首先要明确待反求设备中各零部件的功能，这是测绘过程中进行分析时不可缺少的内容。

（2）尺寸公差的反求设计

机械零件的尺寸公差确定的优劣，直接影响部件的装配和整机的工作性能。反求设计中，因为零件的公差是不能测量的，所以尺寸公差只能通过反求设计来解决。

（3）机械零件材料的反求设计

机械零件材料的选择与热处理方法直接影响零件的强度、刚度、寿命、可靠性等指标，材料的选择是机械设计中的重要问题，主要涉及材料的成分分析、材料的组织结构分析、材料的硬度分析等内容。

（4）关键零件的反求设计

因为机械是可见的实物，容易仿造，所以任何机器中都会有一些关键零件，也就是生产商要控制的技术，这些零件是反求的重点，也是难点。在进行反求设计时，要找出这些关键零件，如发动机中的凸轮轴、纺织机械中的打纬凸轮、高速机械中的轴承、重型减速器中的齿轮等都是反求设计中的关键零件，特别是高速凸轮的反求，要把实测的凸轮廓线坐标值拟合为若干光滑曲线，而且要和其运动规律相一致，难度很大，因此，发动机厂家都把凸轮作为发动机的垄断技术。对机械中关键零件反求成功，技术上就有突破，就会有创新。不同的机械设备，其关键零件不同。关键零件的确定要视具体情况，关键零件的反求都需要较深的专门知识和技术。

（5）机构系统的反求

根据已有的设备，画出其机构系统的运动简图，对其进行运动分析、动力分析及性能分析，并根据分析结果改进机构系统的运动简图，称为反求设计。机构系统的反求设计就属于此类，它是反求设计中的重要创新手段。进行机构系统的反求时，要注意产品的设计策略反求，一般情况下，产品的反求设计策略有：

① 功能不变，降低成本；

② 增加功能，降低成本；

③ 增加功能，成本不变；

④ 减少功能，降低更多的成本；

⑤ 增加功能，增加成本。

2）已知技术资料的反求与创新设计

在技术引进过程中，常把引进的机械设备等实物称为硬件引进，而把与产品生产有关的技术图样、产品样本、专利文献、图片资料、设计说明书、操作说明、维修手册等技术文件的引进称为软件引进。硬件引进模式以应用或扩大生产能力为主要目的，并在此基础上进行仿造、改造或创新设计新产品。软件引进模式则以提高本国的设计、制造、研制能力为主要目的，是为了解决国家建设中亟需的任务的。软件引进模式比硬件引进模式经济，但要求具备现代化的技术条件和高水平的科技人员。

进行技术资料反求设计时，其过程大致如下。

① 论证对引进技术资料进行反求设计的必要性。对引进技术资料进行反求设计要花费大量时间、人力、财力、物力，反求设计之前，要充分论证引进对象的技术先进性、可操作性、市场预测等内容，否则会导致经济损失。

② 根据引进技术资料，论证进行反求设计成功的可能性。并非所有的引进技术资料都能反求成功，因此要进行论证，避免走弯路。

③ 分析原理方案的可行性、技术条件的合理性。

④ 分析零部件设计的正确性、可加工性。

⑤ 分析整机的操作、维修是否安全与方便。

⑥ 分析整机综合性能的优劣。

已知技术资料的反求与创新主要涉及以下几种软件反求设计方法。

（1）图片资料的反求设计

反求图片资料容易获得，通过广告、照片、录像带都可以获得有关产品的外形资料。通过照片等图像资料进行反求设计逐步被采用，并引起世界各国的高度重视。

（2）专利文献的反求设计

专利技术越来越受到人们的重视，专利产品具有新颖性、实用性。使用专利技术发展生产的实例有很多，不论是过期的专利技术，还是受保护的专利技术，都有一定的使用价值，但是没有专利持有人的参与，实施专利很困难，因此，对专利进行深入的分析研究实行反求设计，已成为人们开发新产品的一条途径。

一般情况下，专利技术含说明书摘要（应用场合、技术特性、经济性、构成等）、说明书（主要是专利产品的组成原理）、权利要求书（说明要保护的内容）及附图。对专利文献的反求设计主要依据以下内容。

① 根据说明书摘要判断该专利的实用性和新颖性，决定是否采用该项技术。

② 结合附图阅读说明书，并根据权利要求书判断该专利的关键技术。

③ 分析该专利技术能否产品化。专利只是一种设想、产品的实用新型设计、外观设计或发明，专利并不等于产品设计，并非所有的专利都能产品化。

④ 根据专利文献研究专利持有者的思维方法，以此为基础进行原理方案的反求设计。

⑤ 在原理方案反求设计的基础上，提出改进方案，完成创新设计。

⑥ 进行技术设计，提交技术可行性、市场可行性报告。

（3）已知技术图样的反求设计

引进国外先进产品的图样直接仿造生产，是我国20世纪70年代技术引进的主要方法，这是洋为中用、快速发展本国经济的一种途径。我国的汽车工业、钢铁工业、纺织工业等许多行业都是靠这种技术引进发展起来的。实行改革开放政策以后，提高了企业的自主权，技术引进快速增加，缩小了与发达国家的差距，但世界已进入了代表高科技的知识经济时代，仿造可加快发展速度，但不能领先世界水平，所以要在仿造的基础上创新，研究出更先进的产品返销国外，才能产生更大的经济效益。

4．反求设计与知识产权

科学技术的发展与知识产权的保护密切相关。知识产权是无形资产，具有很大的潜在价值，是客观存在的经济要素，具有有形资产不可替代的价值，甚至具有超乎想象的价值，因此，世界各国都加强了对本国知识产权的保护。

在进行反求设计时，一定要懂知识产权，不要侵害别人的专利权、著作权、商标权等受保护的知识产权，同时也要注意保护自己所创新部分的知识产权。引进技术与知识产权密切相关，而对引进技术的反求设计与知识产权更是密切相关，所以，一定要处理好引进技术与反求设计的知识产权关系。

复习思考题

1．机构和机器的区别是什么？
2．机械设计发展到现在，经历了哪些阶段？
3．机械的现代设计方法与传统设计方法有哪些主要区别？
4．简述机械设计的一般步骤，以身边的产品为例说明一个产品产生的过程。
5．什么是优化设计？优化设计包含哪几个基本概念？
6．简述优化设计的基本过程。
7．创新设计的实质和过程是什么？
8．创新设计包含哪几种基本创新方法？
9．试说明有限元法解题的主要步骤。
10．何为产品的可靠性？如何计算可靠度？
11．零件失效在不同失效期具有哪些特点？
12．可靠性设计与常规静强度设计有何不同？可靠性设计的出发点是什么？
13．机械系统的可靠性与哪些因素有关？机械系统可靠性设计的目的是什么？

参 考 文 献

[1] 张鄂. 现代设计理论与方法[M]. 北京：科学出版社，2007.
[2] 黄雨华. 现代机械设计理论和方法[M]. 沈阳：东北大学出版社，2001.
[3] 姚建华. 机械工程导论[M]. 杭州：浙江科学技术出版社，2009.
[4] 张春林. 机械工程概论[M]. 北京：北京理工大学出版社，2011.
[5] 濮良贵. 机械设计[M]. 北京：高等教育出版社，2013.

第4章 机械制造工艺技术

4.1 机械制造工艺概述

4.1.1 机械制造工艺及其阶段划分

普遍来讲，机械制造是指将毛坯（或材料）和其他辅助材料作为原材料，输入机械系统，经过存储、运输、加工、检验等环节，最后从系统输出符合要求的零件或产品。概括来讲，机械制造就是将原材料转变为各种产品的各种劳动总和。而机械制造工艺是将各种原材料通过改变其形状、尺寸、性能或相对位置，使之成为成品或半成品的方法和过程的总称。机械制造应以机械制造工艺为本。

图 4-1 所示为机械制造工艺流程图，它由原材料和能源的提供、毛坯或零件成形、机械加工、材料改性和处理、装配和包装、质量检测与控制等多个工艺环节组成。按各工艺环节的不同功能，可将机械制造工艺大致分为如下三个阶段。

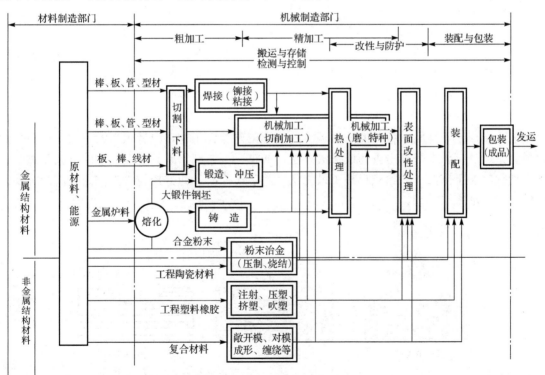

图 4-1 机械制造工艺流程图

（1）毛坯或零件的成形准备阶段

毛坯或零件可用不同的方法获得，获得毛坯或零件的常用方法有原材料（一般指型材、棒、板、管、金属炉料等）的切割、焊接、铸造、锻压、冲压、注塑等。

（2）机械加工阶段

机械加工阶段主要包括以切削加工为核心的机械冷加工技术、机械装配技术（如车削、钻削、铣削、磨削等）和特种加工工艺（如电火花加工、激光加工、超声波加工、电子束加工等）。

（3）表面改性处理阶段

表面改性处理阶段包括热处理、电镀、化学镀、热喷涂、涂装等。

此外，机械制造工艺还应包括机械产品质量检测和控制工艺环节，而检测和控制并不独立地构成工艺过程，它们附属于各个工艺过程而存在，其目的是提高各个工艺过程的技术水平和产品质量。

随着机械制造业的发展，机械制造工艺的内涵不断发生变化，主要体现在：常规工艺不断得到优化并普及；原来十分严格的工艺界限和分工，如下料和加工、毛坯制造和零件加工、粗加工和精加工、冷加工和热加工、成形与改性等工艺在界限上逐渐淡化，在功能上趋于交叉；新型加工方法不断出现和发展，出现了如特种加工技术、快速原型制造技术（3D 打印）、表面覆层技术等加工方法。

4.1.2 机械制造工艺的成形学分类

从成形学的角度出发，机械制造工艺属于成形工艺，即是在成形学的指导下，研究与开发产品制造的技术、方法和程序。按照现代成形学的观点，根据物质的组织方式的不同，可把机械制造的成形方式分为如下三类（如图 4-2 所示）。

（1）受迫成形［如图 4-2(a)所示］

受迫成形是一种液态或固态材料的质量不变的成形工艺，利用材料的可成形性（如塑性等），在特定边界和外力约束下成形的方法，如铸造、锻压、粉末冶金和高分子材料注射成形等工艺方法。受迫成形加工多用于毛坯成形和特种材料成形等。

（2）去除成形［如图 4-2(b)所示］

去除成形是一种固态材料的质量减小的成形工艺，运用物理或者化学的方法，把多余的材料有序地从基体中分离出去而成形的办法，如车、铣、刨、磨、镗及现代的电火花加工、激光切割等加工方法。去除成形加工最先实现数字化控制（如数控技术），是目前最主要的机械制造成形方法之一。

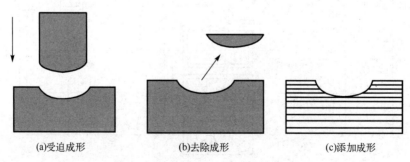

(a)受迫成形　　　(b)去除成形　　　(c)添加成形

图 4-2　机械制造工艺的成形学分类

（3）添加成形［如图 4-2(c)所示］

添加成形是一种材料的质量增大的成形工艺，运用堆积、结合与连接的办法，把材料（气相、液相、固相）有序地合并堆积起来的成形方法，如快速原型制造技术（3D 打印）、表面覆层技术等，传统的焊接、胶接、机械连接也属于这类成形工艺。添加成形加工便于实现自动化，适用于加工复杂的零件。

近年来，出现了一种颇具潜力和发展前景的成形工艺——生长成形。生长成形是一种利用材料的活性进行成形的方法，生物制造中的生物约束生长成形就属于这个范畴，图 4-3 所示为生长成形中的细胞繁殖成形。随着活性材料、仿生学、生物化学、生命科学的快速发展，生长成形工艺将会有更加广阔的应用前景。

图 4-3　生长成形——细胞繁殖成形

4.1.3　机械制造工艺的发展特征

1．数字化

计算机技术的普遍应用推动机械制造工艺朝数字化的方向发展。机械制造工艺的数字化有如下三个组成部分。

（1）设计环节数字化

利用计算机的强大计算功能，模拟机械制造的过程和零件的使用情况，以此对零件结构和工艺进行合理化设计和改进，大大地缩短了设计周期。此外，还可利用数字化传输和处理系统，将设计数据直接应用到生产过程中，保证了生产的准确性。

（2）生产过程数字化

利用计算机实现生产流程全部自动化，将整个生产系统和物料运输系统结合起来，完成机械制造的整个生产过程。

（3）生产过程管理数字化

数字信号是生产和管理的重要基础，利用数字信号的传输和处理，管理者可实现对整个生产过程甚至整个企业的全面管理，并且能够将内外部的信息结合起来，为企业的长远发展做出正确的决策。

2．智能化

智能化是 21 世纪机械制造工艺技术发展的主要方向，遍布生产制造的各个环节。在机械制造过程中，通过智能化技术将系统整合并模拟人类的智能化活动，取代传统制造系统中的脑力劳动部分，实现自动化监测过程，并可自动优化参数，使机械运行始终处于最佳状态，提高产品的质量和生产效率，同时又可降低成本，减小工人的劳动强度。

3．精密化

精密化对机械制造尖端技术的发展起着非常重要的作用。20世纪所谓的超精密加工使误差降低到10μm，随后达到1μm，进而是0.1μm，20世纪末达到了0.01μm，如今已经达到了1nm。未来随着纳米技术的不断发展，机械制造工艺将进入纳米时代，而超精密加工水平也成为衡量一个国家制造工业水平的重要指标。

4．集成化

集成化是机械制造高度自动化的产物。机械制造工艺由原来的分散型逐级加工转化为连续性的集成化加工。现阶段，机械制造工艺集成化主要是设备、技术的集成，即利用机电一体化技术，一次性完成某个零部件的生产；而未来的集成化将是整个成品的集成化生产，即使产品的设计、生产、装配、成品检验、出厂的全过程都在一个自动化系统内完成。

5．网络化

网络通信技术的迅速发展和普及为企业的生产、经营等活动带来了新的变革，零件制造、产品设计、产品销售与市场开拓都可在异地或者异国进行。同时网络通信技术的发展也加快了技术信息的交流，加强了企业之间产品开发的合作和经营管理模式的学习，在一定程度上推动企业向竞争与合作并存的方向发展。

6．绿色化

21世纪的主题词是"环境保护"，绿色化是时代的趋势。在传统机械制造工艺中，毛坯尺寸大，大部分能量由于机械加工过程中的摩擦挤压被转化为内能及其他形式的能量而消耗，这不仅导致了机械磨损严重、加工效率低，还造成了能源、资源浪费和环境污染。绿色制造工艺就是针对以上这些问题，在机械制造过程中，通过提高毛坯质量、适当利用可再生资源、使用绿色设备等措施，实现资源节约、能源节约、环境保护的目的。

4.1.4　机械制造工艺中的新技术

1．自动化技术

自动化技术是集机械制造数字化、智能化、集成化于一体的技术。目前，机械制造工艺领域已逐渐实现自动化制造单元，即应用单台或者多台数控机床、加工中心等，实现小型化、灵活化的自动运作，既可支持自动化生产过程，也可有效控制成本，提高劳动生产效率。而自动化制造系统则是由若干数控机床、加工中心，自动物料运储、检测装置等组成的，在计算机的支配与控制作用下，将原本单一化的制造环节连接起来，形成一个强大、完备的储运系统，使材料采购、加工制造、零件装配及检验成品等各道工序均在自动化过程中完成。

2．激光加工技术

激光加工技术是机械制造绿色化的一个重要体现，它是利用激光束与物质相互作用的特性对材料（包括金属与非金属）进行切割、焊接、表面处理、打孔、微加工等的一门技术。目前，使用较成熟的激光加工技术主要包括激光快速成形技术、激光焊接技术、激光打孔技术、激光切割技术等。该技术广泛应用于汽车、电子、电器、航空、冶金、机械制造等国民经济重要部门，在提高产品质量、提高劳动生产率、提高自动化程度、无污染、减少材料消耗等方面起着举足轻重的作用。

3. 高精度技术

高精度技术体现了机械制造技术的精密化，其中主要涉及微型机械、超精密切削技术、研磨加工技术及复合加工技术等多方面。当前，纳米技术正逐渐在纳米材料制备、纳米尺度加工等方面获得广泛应用，而机械制造工艺的高精度技术也朝着纳米技术方向发展。因此，纳米技术与微型机械的发展必将成为高精度技术今后发展的关键技术。

此外，传统技术是机械制造新工艺的基础，因此在继承与发展传统技术的基础上全面应用高新技术，极大提高机械制造的效率与质量水平，必将成为今后发展的趋势。

4.2　受迫成形加工工艺（$\Delta m = 0$）

4.2.1　铸造成形

将液态金属浇注到具有与零件形状、尺寸相适应的铸型型腔中，待其冷却凝固后获得毛坯或零件的方法，称为铸造（Metal Casting），它是毛坯或零件成形的重要方法。

铸造在工业生产中应用广泛，机械零件中铸件所占的比重非常大，如在机床和内燃机产品中，铸件占总质量的70%～90%，在拖拉机和农用机械中占50%～70%。

在铸造过程中，金属材料是液态一次成形的，因而具有很多优点。

（1）适应性广泛。工业上常用的金属材料（如铸铁、碳素钢、合金钢、非铁合金等）均可在液态下成形，特别是对于不宜压力加工或焊接成形的材料，铸造具有特殊的优势。并且铸件的大小、形状几乎不受限制，质量可从零点几克到数百吨，壁厚可从 1mm 到 1000mm。

（2）可以铸造形状复杂的零件。具有复杂内腔的毛坯或零件，如复杂箱体、机床床身、阀体、泵体、缸体等都能成形。

（3）生产成本较低。铸造用原材料大都来源广泛、价格低廉。铸件与最终零件的形状相似，尺寸相近，加工余量小，因而可减小切削加工量。

铸造成形也存在缺点，如：生产工序较多，生产过程中废品率较高；铸件内部常出现缩孔、缩松、气孔等缺陷，导致铸件的某些力学性能较低；铸件表面粗糙，尺寸精度不高；工作环境较差，工人的劳动强度大等。但随着特种铸造方法的发展，铸件质量有了很大的提高，工作环境也有了改善。

从造型方法来分，铸造可分为砂型铸造和特种铸造两大类。

1. 砂型铸造

砂型铸造（Sand Casting）是在砂型中生产铸件的方法。型（芯）砂通常是由硅砂、粘土或粘接材料和水按一定比例混制而成的。砂型铸造是实际生产中应用最广泛的一种铸造方法，其基本工艺过程如图 4-4 所示。

砂型铸造是传统的铸造方法，它适用于各种形状、大小、批量及各种常用合金的生产。

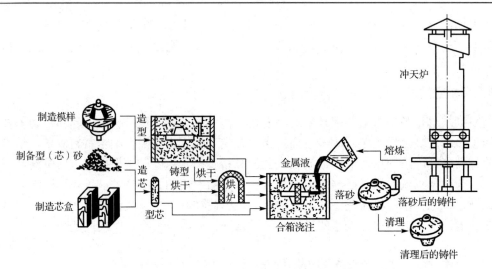

图4-4　砂型铸造工艺过程

制造砂型的工艺过程称为造型。造型是砂型铸造最基本的工序之一，通常分为手工造型和机器造型两大类。

（1）手工造型

手工造型（Hand Molding）时，填砂、紧实和起模都由手工来完成。操作方便灵活，适应性强，但生产率低，劳动强度大，铸件质量不易保证，故只适用于单件或小批量生产。

（2）机器造型

机器造型（Machine Molding）用机器来完成填砂、紧实和起模等造型操作过程，是现代化铸造车间的基本造型方法。与手工造型相比，机器造型可以提高生产率和铸型质量，减小劳动强度。但设备及工装模具投资较大，生产准备周期较长，主要用于成批及大量生产。

2．特种铸造

生产中采用的铸型用砂较少或不用砂，使用特殊工艺装备进行铸造的方法，统称为特种铸造（Special Casting），如熔模铸造、金属型铸造、压力铸造、低压铸造、离心铸造、陶瓷型铸造和实型铸造等。与砂型铸造相比，特种铸造具有铸件精度和表面质量高、内在性能好、原材料消耗低、工作环境好等优点。每种特种铸造方法均有其优越之处和适用的场合。

1）熔模铸造

熔模铸造（Fusible Pattern Molding）是用易熔材料制成模样，然后在模样上涂挂耐火材料，经硬化之后，再将模样熔化排出型外，从而获得无分型面的铸型。由于模样一般采用蜡质材料来制造，因此又将熔模铸造称为"失蜡铸造"。

（1）熔模铸造工艺过程

熔模铸造工艺过程如图4-5所示，包括蜡模制造、结壳、脱蜡、焙烧和浇注等过程。

① 蜡模制造。若干蜡模粘合在一个浇注系统下，构成的蜡模组如图4-5(f)所示，以便一次浇出多个铸件。

② 结壳。把蜡模组放入粘结剂与硅粉配制的涂料里浸润，使涂料均匀地覆盖在蜡模表层，然后在上面均匀地撒一层硅砂，再放入硬化剂中硬化。如此反复 4～6 次，最后在蜡模组外表面形成由多层耐火材料组成的坚硬的型壳，如图4-5(g)所示。

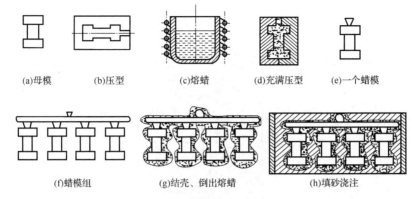

图 4-5　熔模铸造工艺过程

③ 脱蜡。通常将附有型壳的蜡模组浸入 85～95℃ 的热水中，使蜡料熔化并从型壳中脱除，形成形腔。

④ 焙烧和浇注。型壳在浇注前，必须在 800～950℃ 下进行焙烧，以彻底去除残蜡和水分。为了防止型壳在浇注时变形或破裂，可将型壳排列于砂箱中，周围用砂填紧，如图 4-5(h) 所示。焙烧通常趁热（600～700℃）进行浇注，以提高充型能力。

待铸件冷却凝固后，将型壳打碎取出铸件，切除浇口，清理毛刺。

（2）熔模铸造的特点和应用

熔模铸造的特点如下。

① 铸件精度高、表面质量好，是少、无切削加工工艺的重要方法之一，其尺寸精度可达 IT11～IT14，表面粗糙度 R_a 为 1.6～12.5μm。如熔模铸造的涡轮发动机叶片，铸件精度已达到无加工余量的要求。

② 可制造形状复杂的铸件，其最小壁厚可达 0.3mm，最小铸出孔径为 0.5mm。对由几个零件组合成的复杂部件，可用熔模铸造一次铸出。

③ 铸造合金种类不受限制，对于高熔点和难切削合金，更具显著的优越性。

④ 生产批量基本不受限制，既可成批、大批量生产，又可单件、小批量生产。

但熔模铸造也存在工序繁杂、生产周期长、原辅材料费用比砂型铸造高等缺点，生产成本较高。另外，受蜡模与型壳强度、刚度的限制，铸件不宜太大太长，一般限于 25kg 以下。

熔模铸造主要用于生产汽轮机及燃汽轮机的叶片、泵的叶轮、切削刀具，以及飞机、汽车、拖拉机、风动工具和机床上的小型零件。

2）金属型铸造

金属型铸造（Gravity Die Casting）是将液态金属浇入金属型内，以获得铸件的铸造方法。由于金属型可重复使用，因此又称永久型铸造。

金属型的结构有整体式、水平分型式、垂直分型式和复合分型式几种。图 4-6 所示为铸造铝活塞的金属型铸造垂直分型示意图。该金属型由左半型 1 和右半型 2 组成，采用垂直分型，活塞的内腔由组合式型芯构成。铸件冷却凝固后，先取出中间型芯 4，再取出左、右两侧型芯 3，然后沿水平方向拔出左、右销孔型芯 5，最后分开左、右两个半型，即可取出铸件。

金属型铸造的特点如下。

（1）有较高的尺寸精度（IT12～IT16）和较小的表面粗糙度（R_a 为 6.3～12.5μm），机械加工余量小。

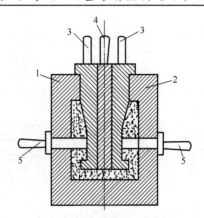

图 4-6　金属型铸造示意图

1—左半型；2—右半型；3—左、右两侧型芯；4—中间型芯；5—左、右销孔型芯

（2）金属型的导热性好，冷却速度快，铸件的晶粒较细，力学性能好。

（3）可实现"一型多铸"，提高劳动生产率，且节约造型材料，可减轻环境污染，改善劳动条件。

但金属铸型的制造成本高，不宜生产大型、形状复杂和薄壁铸件。由于冷却速度快，铸铁件表面易产生白口，使切削加工困难。受金属型材料熔点的限制，熔点高的合金不适宜用金属型铸造。

金属型铸造主要用于铜合金、铝合金等非铁金属铸件的大批量生产，如活塞、连杆、气缸盖等。铸铁件的金属型铸造目前也有所发展，但其尺寸限制在 300mm 以内，质量不超过 8kg，如电熨斗底板等。

3）压力铸造

压力铸造（Pressure Die Casting）是将熔融的金属在高压下快速压入金属铸型中，并在压力下凝固，以获得铸件的方法。高压和高速是压力铸造区别于一般金属型铸造的两大特征。

（1）压铸工艺过程

压力铸造通常在压铸机上完成。压铸机分为立式和卧式两种。图 4-7 所示为立式压铸机工作过程示意图。合型后，用定量勺将金属注入压室中，压射活塞向下推进，将金属液压入铸型，金属凝固后，压射活塞退回，下活塞上移顶出余料，动型移开，取出铸件。

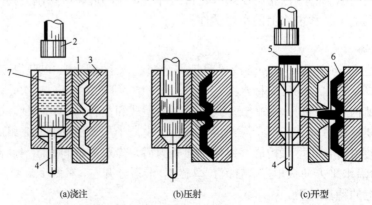

(a)浇注　　　　　(b)压射　　　　　(c)开型

图 4-7　立式压铸机工作过程示意图

1—定型；2—压射活塞；3—动型；4—下活塞；5—余料；6—压铸件；7—压室

（2）压力铸造的特点

① 压铸件尺寸精度高，表面质量好，尺寸公差等级为 IT11～IT13，表面粗糙度 R_a 为 1.6～6.3μm，可不经机械加工直接使用。

② 可以压铸壁薄、形状复杂及具有很小孔和螺纹的铸件。

③ 压铸件的强度和表面硬度较高。

④ 生产率高，可实现半自动化及自动化生产。

但压铸也存在一些不足。由于充型速度快，因此型腔中的气体难以排出，在压铸件皮下易产生气孔，金属凝固快，易产生缩孔和缩松。设备投资大，铸型制造周期长，造价高，不宜小批量生产。

压力铸造应用广泛，可用于生产锌合金、铝合金、镁合金和铜合金等铸件。在压铸件产量中，占比最大的是铝合金压铸件，为 30%～50%。应用压铸件最多的是汽车、拖拉机制造业，其次为仪表和电子仪器工业。

4）低压铸造

低压铸造（Low-Pressure Die Casting）是液体金属在压力作用下由下而上充填型腔，以形成铸件的一种方法。由于所用的压强较小（0.02～0.06MPa），因此称为低压铸造。

（1）低压铸造装置和工艺过程

低压铸造装置如图4-8(a)所示。其下部是一个密闭的保温坩埚炉，用于存储熔炼好的金属液。坩埚炉的顶部紧固着铸型（通常为金属型，也可为砂型），垂直的升液管使金属液与朝下的浇注系统相通。

铸型在浇注前必须加热到工作温度，并在型腔内喷刷涂料。压铸时，先缓慢地向坩埚炉内通入干燥的压缩空气，金属液受气体压力的作用，由下而上沿着升液管和浇注系统充满型腔，如图 4-8(b)所示。这时将气压上升到规定的工作压力，使金属液在压力下结晶。在铸件凝固后，使坩埚炉内与大气相通，金属液的压力恢复到大气压，于是升液管和浇注系统中尚未凝固的金属液因重力作用而流回到坩埚炉中，升起铸型，取出铸件，如图 4-8(c)所示。

（2）低压铸造的特点及应用

低压铸造的特点如下。

① 浇注时的压力和速度可以调节，故可适用于不同的铸型，如金属型、砂型等，铸造各种合金及各种大小的铸件。

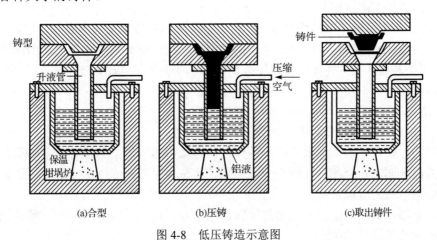

图 4-8　低压铸造示意图

② 采用底注式充型，金属液充型平稳型壁和型芯的冲刷，提高了铸件的合格率。

③ 铸件在压力下结晶，铸件组织致密，对于大型薄壁件的铸造尤为有利。无飞溅现象，可避免卷入气体，铸件轮廓清晰，表面光洁，力学性能较好。

④ 省去补缩冒口，金属利用率提高到90%～98%。

⑤ 劳动强度低，劳动环境好，设备简易，易实现机械化和自动化。

低压铸造目前广泛应用于铝合金铸件的生产，如汽车发动机缸体、缸盖、活塞、叶轮等，还可用于铸造各种铜合金铸件（如螺旋桨等）及球墨铸铁曲轴等。

5）离心铸造

离心铸造（True Centrifugal Casting）是指将熔融金属浇入旋转的铸型中，使液体金属在离心力作用下充填铸型并凝固成形的一种铸造方法。

（1）离心铸造类型及工艺

为使铸型旋转，离心铸造必须在离心铸造机上进行。根据铸型旋转轴空间位置的不同，离心铸造机通常可分为立式和卧式两大类，如图4-9所示。卧式离心铸造适用于生产长度较大的套筒、管类铸件，是常用的离心铸造方法。立式离心铸造主要用于高度小于直径的圆环类铸件。

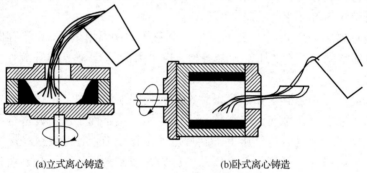

(a)立式离心铸造　　　　　　　　　　(b)卧式离心铸造

图4-9　离心铸造机原理图

（2）离心铸造的特点及应用

离心铸造的特点如下。

① 不用型芯即可铸出中空铸件。液体金属能在铸型中形成中空的自由表面，大大简化了套筒、管类铸件的生产过程。

② 可以提高金属液充填铸型的能力。由于金属液体旋转时产生离心力作用，因此一些流动性较差的台金和薄壁铸件可用离心铸造法生产，形成轮廓清晰、表面光洁的铸件。

③ 改善了补缩条件。气体和非金属夹杂物易于从金属中排出，产生缩孔、缩松、气孔和夹渣等缺陷的比例很小。

④ 无浇注系统和冒口，节约金属。

⑤ 便于铸造"双金属"铸件，如钢套镶铜轴承等。

离心铸造也存在不足。由于离心力的作用，金属中的气体、熔渣等夹杂物因密度小而集中在铸件的内表面上，因此内孔的尺寸不精确，质量也较差，必须增大机械加工余量；铸件易产生成分偏析和密度偏析。

目前，离心铸造已广泛用于制造铸铁管、气缸套、铜套、双金属轴承、特殊钢的无缝管坯、造纸机滚筒等铸件的生产。

除以上常见铸造方式外，铸造还有陶瓷型铸造、实型铸造、磁型铸造等方式。

4.2.2　压力加工

金属塑性成形是利用金属材料所具有的塑性变形规律，在外力作用下通过塑性变形，获得具有一定形状、尺寸和力学性能的零件或毛坯的加工方法。由于外力多数情况下是以压力的形式出现的，因此也称为金属压力加工（Mechanical Working of Metal）。

金属塑性成形的基本生产方式有自由锻造、模型锻造、板料冲压、挤压、拉拔、轧制等。

由于各类钢和非铁金属都具有一定的塑性，因此它们可以在冷态或热态下进行压力加工。加工后的零件或毛坯组织细密，比同材质的铸件力学性能好，对于承受冲击或交变应力的重要零件（如机床主轴、齿轮、曲轴、连杆等），都应采用锻件毛坯加工。所以塑性成形加工在机械制造、军工、航空、轻工、家用电器等行业得到了广泛应用。例如，飞机上的塑性成形零件约占 85%；汽车、拖拉机上的锻件占 60%～80%。

压力加工的不足之处是不能加工脆性材料和形状特别复杂或体积特别大的零件或毛坯。

将金属坯料放在上、下砧铁或锻模之间，使之受到冲击力或压力而变形的加工方法称为锻造（Forging）。锻造是金属零件的重要成形方法，可以分为自由锻造和模型锻造两种类型。下面介绍几种金属塑性成形。

1．自由锻造

自由锻造（Open Die Forging）是利用冲击力或压力，使金属在上、下砧铁之间产生塑性变形，从而获得所需形状、尺寸及内部质量的锻件的一种加工方法。自由锻造时，除与上、下砧铁接触的金属部分受到约束外，盒属坯料朝其他各个方向均能自由变形流动，不受外部的限制，故无法精确控制变形的发展。

自由锻造分为手工锻造和机器锻造两种。手工锻造只能生产小型锻件，生产率较低；机器锻造是自由锻造的主要方法。

自由锻造的特点主要如下。

① 所用的工具简单，具有很强的通用性，主要有铁砧、大锤、手锤、夹钳、冲子、錾子和型锤等。

② 自由锻造准备周期短，应用广泛。

③ 锻造的质量范围可从 1kg 到 300t。对于大型锻件，自由锻造是唯一的加工方法，如水轮机主轴、多拐曲轴、大型连杆、重要的齿轮等零件在工作时都承受很大的载荷，要求具有较高的力学性能，因此常采用自由锻造生产毛坯。

④ 自由锻件的形状与尺寸主要靠人工操作来控制，所以锻件的精度较低，加工余量大，操作中劳动强度大，生产率低。

因此，自由锻造主要应用于单件、小批量生产，大型锻件的生产、修配、新产品的试制等。

2．模型锻造

模型锻造（Die Forging，简称模锻）是使金属坯料在冲击力或压力的作用下，在锻模模膛内变形，从而获得锻件的工艺方法。模型锻造生产广泛应用于机械制造业和国防工业。

与自由锻造相比，模型锻造的主要特点如下。

① 锻件的尺寸和精度比较大，机械加工余量较小，材料利用率高。

② 可以锻造形状较复杂的锻件。

③ 锻件内部流线分布合理，操作方便，劳动强度低，生产率高。

④ 模型锻造生产由于受模锻设备吨位的限制，锻件质量不能太大，一般在 150kg 以下。

⑤ 制造锻模成本很高，所以模型锻造不适用于单件、小批量生产，而适用于中小型锻件的大批量生产。

模锻按使用的设备不同，可分为锤上模锻、压力机上模锻、胎模锻等。

3. 板料冲压

板料冲压（Slumping）是金属塑性加工的基本方法，它是通过装在压力机上的模具对板料施压，使之产生分离或变形，从而获得一定形状、尺寸和性能的零件或毛坯的加工方法。因为通常在常温条件下加工，故又称为冷冲压，只有当板料厚度超过 8mm 或材料塑性较差时才采用热冲压。

板料冲压与其他加工方法相比具有以下特点。

① 冲压件尺寸精度高，表面光洁，质量稳定，互换性好，一般不再进行机械加工即可装配使用。

② 生产率高，操作简便，成本低，工艺过程易实现机械化和自动化。

③ 可利用塑性变形的冷变形强化提高零件的力学性能，在材料消耗少的情况下获得强度高、刚度大、质量小的零件。

④ 冲压模具结构较复杂，加工精度高，制造成本高，因此板料冲压加工一般适用于大批量生产。

由于冲压加工具有上述特点，因此其应用范围极广，几乎在一切制造金属成品的工业部门中都被广泛采用，尤其在现代汽车、拖拉机、家用电器、导弹、兵器及日用品生产中占有重要地位。

板料冲压所用的原材料，特别是制造中空的杯状产品，必须具有足够的塑性。常用的金属板料有低碳钢、高塑性的合金钢、不锈钢、铜合金、铝合金、镁合金等。非金属材料中的石棉板、硬橡胶、皮革、绝缘纸等也广泛采用冲压成形。

冲压生产的基本工序有分离工序和变形工序两大类。分离工序是使坯料的一部分与另一部分相互分离的工序，如落料、冲孔、切断和修整等；变形工序是使坯料的一部分与另一部分产生位移而不破裂的工序，如拉伸、弯曲、翻边、成形等。

4.2.3　粉末冶金

粉末冶金（Powder Metallurgy）是用金属粉末或金属粉末与非金属粉末的混合物作为原料，经过压制、烧结及后续处理等工序，制造某些金属制品或金属材料的工艺技术。

粉末冶金是先将均匀混合的粉料压制成形，借助粉末原子间的吸引力与机械咬合作用，使制品结合成为具有一定强度的整体，然后在高温下烧结，高温下原子活动能力增强，使粉末间接触面积增大，进一步提高了粉末冶金制品的强度。

1. 粉末冶金的特点

① 粉末冶金制品种类繁多，主要有难熔金属及其合金（如钨、钨-钼合金），组元彼此不熔合、熔点悬殊的烧结合金（如钨-铜的电触点材料），难熔金属及其碳化物的粉末制品（如

硬质合金），金属与陶瓷材料的粉末制品（如金属陶瓷），含油轴承和摩擦零件及其他多孔性制品等。以上种类的制品，用其他工业方法是不能制造的，只能用粉末冶金法制造。

②　粉末冶金法可直接制造出尺寸准确、表面光洁的零件，是一种少/无切削的生产工艺，既节约材料，又可省去或大大缩短切削加工工时，显著降低生产成本。还有一些机械结构零件（如齿轮、凸轮等），虽然可用铸、锻、冲压及机加工等工艺方法制造，但用粉末冶金法制造更加经济，因此，粉末冶金在工业上得到了广泛应用。

③　粉末冶金也存在一定的局限性。由于制品内部总有孔隙，普通粉末冶金制品的强度比相应的锻件或铸件要低 20%～30%。此外，由于成形过程中粉末的流动性远不如液态金属，因此对产品的结构形状有一定的限制。压制成形所需的压强高，因而制品一般小于 10kg。

④　压模成本高，一般只适用于成批或大量生产。

2．粉末冶金工艺过程

1）粉末的制取

粉末冶金工艺过程的第一步就是制取粉末（Powder）。粉末冶金成形的粉末可以是纯金属、非金属或化合物。粉末的一个重要特点是它的表面积与体积之比很大，如 $1m^3$ 的金属可制成约 $2×10^5$ 个直径为 $1\mu m$ 的球形颗粒，其表面积约为 $6×10^6 m^2$，可见所需能量是很大的。常用的制粉方法有机械方法、物理方法和化学方法等。

2）粉末制品的成形

（1）粉末预处理

粉末成形前需要进行一定的准备，即粉末退火、筛分、混合、制粒、加润滑剂。

（2）压制成形

对装入模具型腔的粉料施压，使粉料集聚成有一定密度、形状和尺寸的压坯。

（3）烧结

烧结是将压坯按一定的规范加热到规定温度并保温一段时间，使压坯获得一定的物理力学性能的工序，是粉末冶金的关键工序之一。

（4）后处理

金属粉末压坯烧结后的进一步处理，称为后处理。后处理的种类很多，一般根据产品的要求来决定，常用的几种后处理方法有浸渗、表面冷挤压、切削加工、热处理、表面保护处理等。

4.2.4　高分子材料塑性成形

高分子材料也称为聚合物材料，是以树脂为主要成分，加入能够改善其加工和使用性能的添加剂，在一定温度、压力和溶剂的作用下，塑制成设计要求的形状，并且能够在常温常压下保持其形状的一类材料。高分子材料按特性，可分为橡胶、纤维、塑料、高分子胶黏剂、高分子涂料和高分子基复合材料等。

随着工业技术的发展和人民生活水平的提高，人们对塑料产品种类和质量的需求也越来越高。高分子材料是通过制造成各种制品来实现其使用价值的，因此从应用角度来讲，以对高分子材料赋予形状为主要目的的成形加工技术有着重要的意义。高分子材料的主要成形方法有注射成形、挤出成形、吹塑成形、压延成形等，下面介绍其中几种。

1．注射成形

注射成形是目前塑料加工中最普遍采用的方法之一，可用来生产空间几何形状非常复杂的塑料制件。由于它具有应用面广、成形周期短、花色品种多、制件尺寸稳定、产品效率高、模具服役条件好、塑料尺寸精密度高、生产操作容易、可实现机械化和自动化等诸方面的优点，因此，在整个塑料制件生产行业中，注射成形占有非常重要的地位。目前，除少数几种塑料品种外，几乎所有的塑料（即全部热塑性塑料和部分热固性塑料）都可以采用注射成形。

注射成形技术的发展主流一般以多种方式的组合为基础，具有如下技术特征：

① 以组合不同材料为特征的注射成形方法，如镶嵌成形、夹心成形、多材质复合成形、多色复合成形等；

② 以组合惰性气体为特征的注射成形方法，如气体辅助注射成形、微孔泡沫塑料注射成形等；

③ 以组成化学反应过程为特征的注射成形方法，如反应注射成形、注射涂装成形等；

④ 以组合压缩或压制过程为特征的注射成形方法，如注射压缩成形、注射压制成形、表面贴合成形等；

⑤ 以组合混合混配为特征的注射成形方法，如直接（混配）注射成形等；

⑥ 以组合取向或延伸过程为特征的注射成形方法，如磁场成形、注拉吹成形、剪切场控制取向成形、推拉成形、层间正交成形等；

⑦ 以组合模具移动或加热等过程为特征的注射成形方法，如自切浇口成形、模具滑合成形、热流道模具成形等。

2．挤出成形

挤出成形主要利用螺杆旋转加压方式，连续地将塑化好的成形物料从挤出机的机筒中挤入机头，熔融物料通过机头口模成形为与口模形状相仿的型坯，用牵引装置将成形制品连续地从模具中拉出，同时进行冷却定型，制得所需形状的制品。

挤出成形主要包括加料、塑化、成形、定型等过程。要获得外观和内在质量均优良的型材制品，是与原材料配方、挤出设备水平、机头模具设计与加工精度、型材断面结构设计及挤出成形工艺条件等分不开的。挤出成形工艺参数的控制包括成形温度、挤出机工作压力、螺杆转速、挤出速度、牵引速度、排气、加料速度及冷却定型等。挤出成形工艺条件又随着挤出机的结构、塑料品种、制品类型、产品的质量要求等的改变而改变。

挤出成形工艺的特点如下。

① 连续成形，产量大，生产率高。

② 制品外形简单，是断面形状不变的连续型材。

③ 制品质量均匀密实，尺寸准确较好。

④ 适应性很强，几乎适用于除 PTFE 外的所有热塑性塑料，只要改变机头口模，就可改变制品形状。可用来塑化、造粒、染色、共混改性，也可同其他方法混合成形，此外，还可作为压延成形的供料。

3．其他塑性成形

1）吹塑成形技术

吹塑，这里主要指中空吹塑（又称吹塑模塑），是借助气体压力使闭合在模具中的热熔型坯吹胀形成中空制品的方法，是第三种最常用的塑料加工方法，同时也是发展得较快的一种塑料成形方法。吹塑用的模具只有阴模（凹模），与注射成形相比，其设备造价较低，适应性较强，可成形性能好（如低应力），可成形具有复杂起伏曲线（形状）的制品。

2）高温吹塑成形技术

在过去的 10 年间主要吹塑成形加工处于低温的挤出吹塑成形。近年来，吹塑制品采用了高耐热热塑性塑料，如 PPS、PEEK 等，吹塑成形加工温度为 250～350℃，因此需要采用高温进气吹塑成形方法。为此，吹塑成形机和模具的冷却装置需要能够适应高温和低温冷却的频繁交替（热胀冷缩），这也是高温吹塑成形技术的关键。

3）多层吹塑成形技术

多层吹塑成形工艺常用于加工防渗透性容器，特别是大型容器，其改进工艺是增设一个阀门系统，在连续挤出过程中可更换塑料原料，因而可交替生产出硬质和软质制品。生产大型制件如燃油箱或汽车外结构板材时，在冷却过程中需减小模腔内压力以调整加工循环周期。解决方法是先将熔料存储在挤出螺杆前端的熔槽中，再在相当高速下挤出型坯，以最大限度减小型坯壁厚的变化，从而确保消除垂缩和挤出膨胀现象。

汽车用大型吹塑零部件的广泛应用，促进了多层吹塑成形加工技术的发展。为了满足汽车燃料油箱、筒等技术要求，必须采用多层不同材质的吹塑成形，一般为 4～6 层，如主材内、外层采用超高分子量 PE 占 40%，阻隔层占 3%，黏结层为改性 PE，占 2%，回收层占 40%。多层复合采用的材质不同，外观、性能也不尽相同。

4）吹塑发泡技术

吹塑发泡技术也是一门新兴的工艺，它的基本过程与普通塑料的中空吹塑成形相似，主要包括：用挤出法或注射法生产预成形坯件；将未发泡或少量发泡（注射法）、已发泡（挤出法）的坯件放入中空成形模具，进一步加热使坯件变软并完成发泡；通过压缩空气吹胀成形；冷却定型，开模取出制件。加拿大的一个公司使用氮气作为中空吹塑发泡剂，生产出低发泡中空吹塑制件，并使用专门设计的螺杆来定量控制氮气的注入。日本的一些公司共同开发了一种将吹塑成形与发泡成形相结合的结皮发泡成形技术，它的关键工艺是在外皮树脂（型坯）未冷却固化时，就立即将发泡泡沫注入该中空体内，再用蒸汽将此发泡泡沫加热，使发泡泡沫相互合并，并同时使此泡沫与外皮树脂的内面融合，冷却后即为结皮发泡成形品，该制品具有重量小、刚性强、隔热性好等优点。

5）塑料激光塑性成形

（1）塑料激光塑性成形机理与金属激光塑性成形机理相同，并且都向吸收激光能量的一面弯曲。

（2）聚乙烯塑料的拉伸屈服应力和弯曲强度在加热温度达到 60℃时下降，在温度达到 160℃之前，拉伸屈服应力和弯曲强度变化不大。

（3）材料表面温度必须在材料结晶融解温度以下进行加工，才能保证激光塑性成形不降低材料的机械性能。

（4）设计不同的激光扫描路径和涂料的涂抹方法、位置，可以制造各种形状的塑料零件。

6）半结晶塑料激光焊接技术

迄今为止，除无定形热塑性塑料[如聚碳酸酯（PC）或聚甲基丙烯酸甲酯（PMMA）]

外，激光焊只能用于连接相似的热塑性塑料。然而德国亚琛工业大学塑料加工研究所（IKV）完成了一项研究项目，其初步结果表明，通过使用激光传输焊接和隔层薄膜的方法，也可以将聚酰胺-12（PA-16）焊接到热塑性塑料上，如聚丙烯（PP）、聚乙烯（PE）、对苯二甲酸丁二醇酯（PBT）（也就是半结晶聚合物）。事实上，这种隔层膜技术是以两个制品之间连接区中放置的吸收薄膜为基础的。激光束使吸收膜熔化，通过热传导，两个制品焊接完成。

7）激光烧结技术

激光烧结技术可在 CAD 造型的基础上对塑料零件直接进行加工，节省了生产模具的成本，是一种很有潜力的节省模具和存货成本的技术。它能帮助公司突破设计，为大规模生产做好准备。

这种由德国公司提供的 EOS 系统（激光烧结系统），可将聚酰胺粉末加工成原型的内饰件、发动机零件等。生产出的零部件，如进气歧管、门内板、仪表板、车内通风管和车灯外壳等的强度足以满足试验车辆在跑道上进行测试的要求，比注塑技术更能降低开发和制造成本。

4.3　去除成形加工工艺（$\Delta m < 0$）

4.3.1　切削加工

1. 金属切削基础知识

1）金属切削加工基本概念

金属切削加工是指利用刀具和工件做相对运动，从毛坯（铸件、锻件、条料等）上切去多余的金属，以获得尺寸精度、形状精度、位置精度和表面粗糙度完全符合图纸要求的机器零件。

在日常生产生活中，很多零件都是通过金属切削加工来完成的，如图 4-10 所示。

图 4-10　机械加工零件示例

2）切削运动

切削运动是指在切削加工中刀具与工件的相对运动，也称为表面成形运动。切削运动可分为主运动和进给运动。主运动（速度用 v_c 表示）是使工件与刀具产生相对运动以进行切削的基本运动，其速度最高，消耗的功率也最大。在切削运动中，只有一个主运动，它可以由工件或者刀具完成，可以是旋转运动或者直线运动。进给运动（速度用 f 或 v_f 表示）是不断地把被切削层投入切削，使加工连续进行。一般进给运动的速度较低，可由一个或多个运动组成，可以是连续或者间断的。图 4-11 所示为常见切削加工的切削运动。

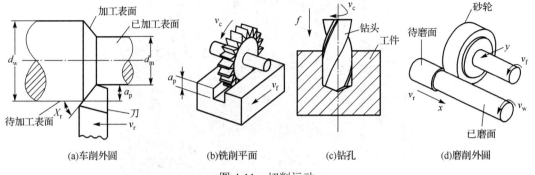

图 4-11　切削运动

3）切削刀具

（1）刀具材料

机械加工的实质就是用比工件材料硬的刀具，切除工件表面多余的材料。刀具工作时除要承受很大的力外，还要承受与工件和切屑间强烈摩擦而产生的高温。刀具材料一般应满足以下基本要求。

① 硬度和耐磨性。刀具材料的硬度应比工件材料的硬度高，材料硬度越高，耐磨性也越好，可保证刀具有足够寿命。

② 强度和韧性。刀具材料必须有足够的强度和韧性，以便在承受振动和冲击时不产生崩刃和折断。

③ 耐热性。刀具材料应在高温下保持硬度、耐磨性、强度和韧性的性能，以保证在高温下能正常切削。

④ 工艺性。为便于制造成形，刀具材料应具备较好的可加工性。

⑤ 经济性。刀具材料的价格应低廉，便于推广。

常用刀具材料主要有碳素工具钢、合金工具钢、高速钢、硬质合金、陶瓷、金刚石、立方氮化硼等，其中使用最广泛的是高速钢和硬质合金。

高速钢是含有 W、Mo、Cr、V 等元素较多的合金工具钢。高速钢是一种综合性能好、应用广泛的刀具材料，特别适用于制造结构复杂的成形刀具、钻头、滚刀、拉刀和螺纹刀具等。但由于高速钢的硬度、耐磨性、耐热性不及硬质合金，因此只适用于制造中、低速切削的各种刀具。图 4-12 所示为常见高速钢刀具。

硬质合金是由高硬度的难熔金属碳化物（如 WC、TiC、TaC、NbC 等）和金属黏结剂（如 Co、Ni、Mo 等）经粉末冶金方法制成的。硬质合金的硬度（特别是高温硬度）、耐磨性、耐热性都高于高速钢，硬质合金在 800～1000℃ 范围内仍能进行切削，其切削性能优于高速钢，刀具耐用度也比高速钢高几倍到几十倍。但硬质合金较脆，抗弯强度低，韧性也很低，比较常见的是将硬质合金做成各种刀片，焊接或夹持在刀杆上。图 4-13 为硬质合金刀具。

现代生产中还经常会用到涂层刀具，即在强度和韧性较好的硬质合金或高速钢基体表面上涂覆一薄层耐磨性好的难熔金属或非金属化合物。涂层刀具表面硬度高、耐磨性好、化学性能稳定、耐热耐氧化、摩擦系数小，切削时寿命可比未涂层刀具提高 3～5 倍，切削速度和工件加工精度均可提高。

图 4-12　常见高速钢刀具

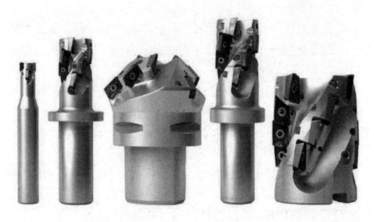

图 4-13　硬质合金刀具

（2）刀具切削部分的组成

金属切削刀具的种类很多，但它们参加切削的部分具有相同的几何特征。下面以外圆车刀为例，对刀具的几何参数进行定义。如图 4-14 所示，车刀由切削部分和刀柄两部分组成，切削部分由三个刀面、两条切削刃和一个刀尖组成。

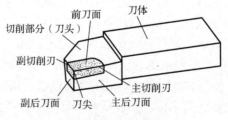

图 4-14　车刀的组成

前刀面（A_γ）：切削过程中切屑流出所经过的刀具表面。

主后刀面（A_α）：切削过程中与工件过渡表面相对的刀具表面。

副后刀面（A'_γ）：切削过程中与工件已加工表面相对的刀具表面。

主切削刃（s）：前刀面与主后刀面的交线，它担负主要的切削工作。

副切削刃（s'）：前刀面与副后刀面的交线，它配合主切削刃完成切削工作。

刀尖：主切削刃与副切削刃连接处的一小段切削刃。

2．金属切削原理

金属切削就是用刀具把工件表面上多余的金属切掉，以获得需要的工件形状、尺寸和位置的加工过程。切削过程的实质是工件表层材料在刀具前刀面的挤压下产生塑性变形，最后变成切屑的复杂过程，如图 4-15 所示。

图 4-15　金属切削过程

在金属切削过程中，工件和刀具间有强烈的挤压和摩擦作用，会产生切削热和切削温度。切削热由切屑、工件、刀具及周围的介质传导出去。切削温度一般指切屑与前刀面接触区域的平均温度。当工件的温度升高时，就会降低工件加工精度。当刀具温度升高时，会加剧刀具的磨损。精密加工时，应充分使用切削液，以有效降低切削温度。

3．金属切削机床

机床是制造机器的机器，又称工作母机，金属切削机床是用切削或磨削的加工方法加工各种金属工件，使之获得所要求的尺寸、形状和位置精度及表面质量的机床。

1）金属切削机床的分类与型号编制

（1）金属切削机床的分类

机床的传统分类方法，主要是按加工性质和所用的刀具进行分类的。根据国家制定的机床型号编制方法，目前将机床分为 11 大类：车床、钻床、镗床、磨床、齿轮加工机床、螺纹加工机床、铣床、刨插床、拉床、锯床和其他机床。在每一类机床中，又按工艺范围、布局形式和结构，分为若干组及若干系（系列）。

在上述基本分类方法的基础上，同类型机床还可根据机床的其他特征进一步区分。

按应用范围（通用性程度）又可分为通用机床、专门化机床和专用机床。

通用机床：它可用于多种零件不同工序的加工，加工范围较广，通用性较强。这种机床主要适用于单件、小批量生产，如卧式车床、万能升降台铣床等。

专门化机床：它的工艺范围较窄，专门用于某一类或几类零件某一道（或几道）特定工序的加工，如丝杆车床、曲轴主轴颈车床、凸轮轴凸轮车床等。

专用机床：它的工艺范围最窄，只能用于某一种零件某一道特定工序的加工，适用于大批量生产，如机床导轨的专用磨床和各种组合机床等。

按工作精度又可分为普通精度机床、精密机床和高精度机床。

一般情况下，机床根据加工性质分类，再用机床的某些特点加以进一步描述，如高精度万能外圆磨床、立式钻床等。

（2）机床型号的编制

机床型号是机床产品的代号，用以简明地表示机床的类型、通用和结构特性、主要技术参数等。GB/T 15375—2008 规定：机床的型号由汉语拼音字母和阿拉伯数字按一定规律排列组成，适用于各类通用机床和专用机床（组合机床除外）。

通用机床型号的表示方法如下：

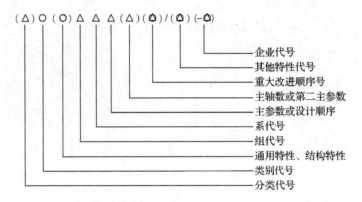

注：△表示阿拉伯数字；〇表示大写的汉语拼音字母；括号中表示可选项，当无内容时不表示，有内容时不带括号；❂表示大写的汉语拼音字母，或阿拉伯数字，或两者兼有。

机床的类别代号用大写的汉语拼音字母表示，如表 4-1 所示。若每类又有分类，则在类别代号之前用阿拉伯数字表示。

表 4-1　普通机床类别代号

类　别	车床	钻床	镗床	磨床			齿轮加工机床	螺纹加工机床	铣床	刨插床	拉床	锯床	其他机床
代　号	C	Z	T	M	2M	3M	Y	S	X	B	L	G	Q
读　音	车	钻	镗	磨	2磨	3磨	牙	丝	铣	刨	拉	割	其

机床其他通用特性、结构特性代号和组系代号的详细情况可查阅 GB/T 15375—2008，如型号 CM6140 表示最大加工工件直径为 400mm 的精密卧式车床。

2）典型切削机床及加工工艺

（1）车床与车削加工

① 车床

车床主要用于加工各种回转表面，如内外圆柱面、圆锥面、回转成形面、螺纹面和回转体的端面等，是生产中应用最广泛的一种机床。

车床按结构和用途的不同，可分为卧式车床、立式车床、转塔车床、单轴（或多轴）自动车床和半自动车床、仿形车床、多刀车床、专门化车床（如曲轴车床、凸轮轴车床）等。

其中卧式车床应用最广。卧式车床的组成如图 4-16 所示。加工时，车床的主运动是工件的旋转，进给运动是刀具的横向或纵向移动。

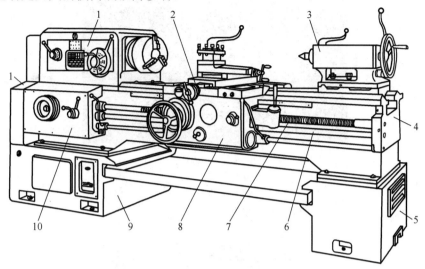

图 4-16　卧式车床

1—主轴箱；2—刀架；3—尾座；4—床身；5、9—床腿；6—光杆；

7—丝杠；8—溜板箱；10—进给箱；11—挂轮变速机构

② 车刀与车削加工

车床上主要使用各种车刀、各种孔加工刀具（如钻头、扩孔钻、铰刀等）和螺纹刀具（板牙、丝锥等）进行加工，图 4-17 所示为常见焊接车刀及其加工表面。

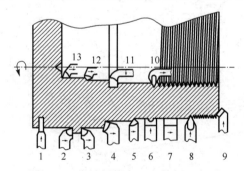

图 4-17　常见焊接车刀及其加工表面

1—切断刀；2、3—90°偏刀；4—弯头刀；5—直头刀；6—成形车刀；7—宽刃精车刀；

8、10—螺纹车刀；9—端面车刀；11—内槽车刀；12—通孔车刀；13—盲孔车刀

现在生产中更多采用机夹可转位式车刀，这类刀具不经过焊接，刀具寿命高，同时刀柄可重复使用，生产成本低，如图 4-18 所示。

（2）铣床与铣削加工

铣床主要用于加工各种平面、斜面、沟槽、台阶、齿轮、凸轮等表面。由于铣刀加工时有多个刀齿同时参加切削，因此生产率较高。

铣床主要有升降台式铣床、工具铣床、龙门铣床、仿形铣床和各种专门化铣床（如花键铣床、曲轴铣床）等，其中应用最广的是升降台式铣床。万能升降台式铣床的主要结构如

图 4-18　机夹可转位式车刀

图 4-19 所示，其主运动是刀具的旋转运动，进给运动是工作台在水平和垂直任一方向上的移动。铣刀与铣床加工的典型表面如图 4-20 所示。

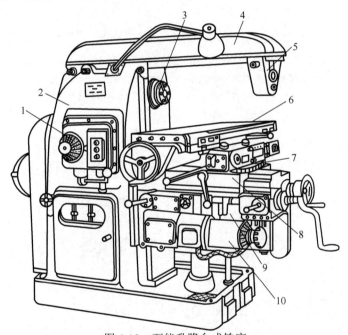

图 4-19　万能升降台式铣床

1—主轴变速机构；2—床身；3—主轴；4—横梁；5—刀杆支架；6—工作台；

7—回转盘；8—横滑板；9—升降台；10—进给变速机构

（3）钻床与钻削加工

钻床主要用来进行钻孔和扩孔加工，也可以进行铰孔、攻螺纹、锪凸台端面和锪沉头孔等。钻床分为台式钻床、立式钻床、摇臂钻床、深孔钻床、中心孔钻床等，应用最广泛的是立式钻床、摇臂钻床。

图 4-21 所示为摇臂钻床，主轴箱装在机床摇臂上，并可沿摇臂的导轨水平移动，摇臂可沿立柱做垂直升降运动，还可以绕立柱轴线回转，以方便加工不同高度和不同位置的工件。工作时钻头的旋转运动为主运动，刀具的轴向移动为进给运动。

钻床常见加工如图 4-22 所示。

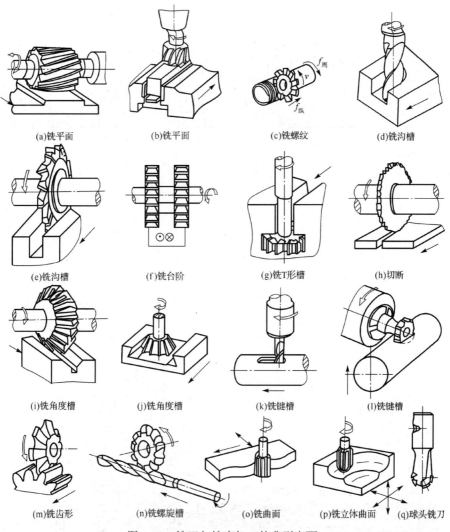

(a)铣平面　　(b)铣平面　　(c)铣螺纹　　(d)铣沟槽

(e)铣沟槽　　(f)铣台阶　　(g)铣T形槽　　(h)切断

(i)铣角度槽　　(j)铣角度槽　　(k)铣键槽　　(l)铣键槽

(m)铣齿形　　(n)铣螺旋槽　　(o)铣曲面　　(p)铣立体曲面　　(q)球头铣刀

图 4-20　铣刀与铣床加工的典型表面

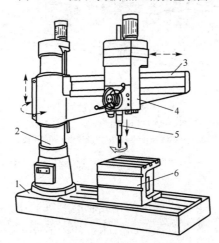

图 4-21　摇臂钻床

1—底座；2—立柱；3—摇臂；4—主轴箱；5—主轴；6—工作台

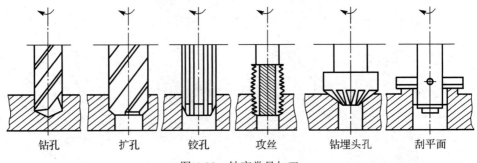

钻孔　　　　扩孔　　　　铰孔　　　　攻丝　　　　钻埋头孔　　　刮平面

图 4-22　钻床常见加工

（4）镗床与镗削加工

镗床的主要工作是用镗刀镗孔，适合加工各种大型箱体、床身、机壳、机架等工件。镗床的主要类型有卧式镗床、坐标镗床、金刚镗床等，其中以卧式镗床应用最广泛，其主要结构如图 4-23 所示。卧式镗床的主要运动有：镗杆或平旋盘的旋转主运动；镗杆的轴向进给运动；主轴箱的垂直进给运动（加工端面）；工作台的纵向、横向进给运动；平旋盘上的径向刀架进给运动（加工端面）。且工作台还能沿上滑座的圆轨道在水平面内转动，以适应加工互相成一定角度的平面和孔。

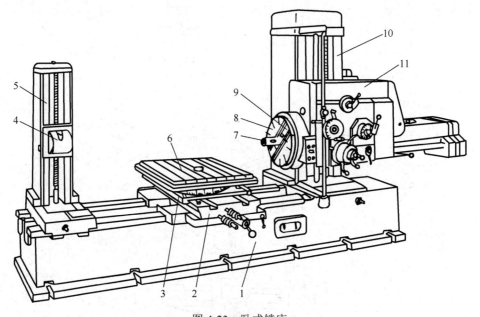

图 4-23　卧式镗床

1—床身；2—下滑座；3—上滑座；4—后支架；5—后立柱；6—工作台；
7—镗轴；8—平旋盘；9—径向刀架；10—前立柱；11—主轴箱

镗床还可用来钻孔、扩孔、铰孔、车螺纹、铣平面等加工，其典型加工方法如图 4-24 所示。

（5）磨床与磨削加工

磨床是用磨料或磨具（砂轮、砂带、油石或研磨料等）作为工具对工件表面进行磨削加工的机床。磨床的种类很多，常见的有平面磨床、外圆磨床、内圆磨床、万能磨床、无心磨床、各种工具磨床和各种专门化磨床（如曲轴磨床、螺纹磨床、导轨磨床）等。此外，还有研磨机、珩磨机和超精加工机床等。图 4-25 所示为万能外圆磨床，用于磨削内、外旋转表面。

其中砂轮高速旋转为主运动，进给运动有工件的纵向进给运动和周向的旋转进给运动，另外还有砂轮架间歇进行的横向切入进给运动。

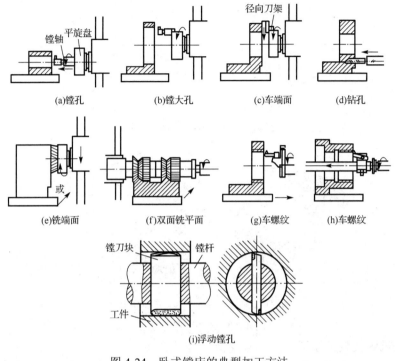

图 4-24　卧式镗床的典型加工方法

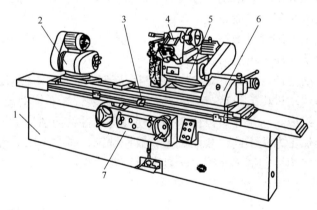

图 4-25　万能外圆磨床

1—床身；2—工作头架；3—工作台；4—内圆磨具；5—砂轮架；6—尾座；7—液压控制箱

（6）齿轮加工机床与齿形加工

加工齿轮齿形的机床称为齿轮加工机床。按照加工原理的不同，齿形加工可以分为成形法和展成法两大类：成形法利用与被切齿槽形状相符的成形铣刀，在齿坯上切出齿形，一般在普通铣床上进行，如图 4-26 所示；展成法是利用两齿轮啮合（或齿轮齿条啮合）原理，将其中的一个齿轮（或齿条）开出刀刃，在啮合的过程中对齿坯进行加工，常用机床有滚齿机、插齿机、刨齿机、剃齿机、珩齿机、磨齿机等。图 4-26 所示为滚齿加工，滚齿机主要用于滚切直齿和斜齿圆柱齿轮及蜗轮。图 4-27 所示为滚齿和插齿加工。

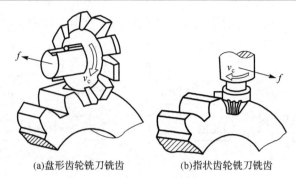

(a)盘形齿轮铣刀铣齿　　　　　　(b)指状齿轮铣刀铣齿

图 4-26　直齿圆柱齿轮的成形铣削

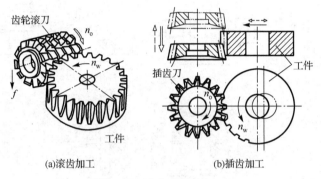

(a)滚齿加工　　　　　　　　　　(b)插齿加工

图 4-27　滚齿和插齿加工

（7）数控机床及数控加工

数字控制机床简称数控机床，是一种装有程序控制系统的自动化机床。数控机床一般由计算机数控系统和机床两部分组成。

计算机数控（CNC）装置是数控机床的核心，它根据输入数据插补出理想的运动轨迹，然后输出到执行部件从而加工出所需要的零件。

机床是数控机床的主体，主要由支承件（床身、底座、立柱）、主运动部件、进给运动部件（工作台及相应的传动机构）、特殊部件（如自动刀具装置）和辅助装置（如排屑、冷却、润滑和夹紧装置等）组成。它是在数控机床上自动地完成各种切削加工的机械部分。

按照数控机床的加工方法不同，数控机床有数控铣床、数控车床、数控磨床、数控齿轮加工机床、加工中心和柔性制造单元等。一般来说，普通机床可以进行的加工，数控机床均可进行。图 4-28 所示为生产中常用的数控机床。

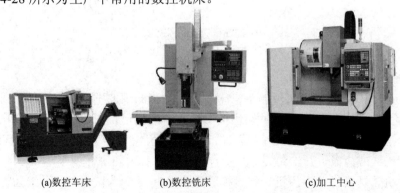

(a)数控车床　　　　　　(b)数控铣床　　　　　　(c)加工中心

图 4-28　生产中常用的数控机床

数控机床在加工零件时，不需要像普通机床一样经常调整，它主要取决于加工程序，因此适用于加工零件品种不断更换的场合；数控机床定位精度高，当采用同样的加工程序和加工装备加工相同零件时，刀具走刀轨迹完全相同，所以加工质量稳定；数控机床加工前需调整好，加工时，操作者只需输入程序，装卸工件，准备好刀具后，加工在密封状态下自动连续进行，生产率高，工人省力且安全；在数控机床上加工零件，可以精确预估加工时间，加工所需的刀具和夹具可实现规范化管理，能实现加工信息的标准化，当其和计算机辅助设计与制造有机结合时，可实现现代化集成制造。

4.3.2　特种加工去除工艺

特种加工是指传统切削加工以外的加工方法。由于特种加工主要不是依靠机械能、切削力进行加工的，因此可以用软的工具（甚至不用工具）加工硬的工件，可以用来加工各种难加工材料、复杂表面和有某些特殊要求的零件。

常见的特种加工方法有电火花加工、超声加工、激光加工、电子束与离子束加工等。

1．电火花加工

电火花加工是在加工时将工具和工件浸在工作液中，分别连接不同电极，两电极间不断产生脉冲性的火花放电，利用其电蚀作用将工件表面材料去除。因为在放电过程中有火花产生，故称之为电火花加工，又称放电加工、电蚀加工和电脉冲加工。

1）电火花加工基本原理

图 4-29 所示为电火花加工原理图。工作时，工具电极和工件电极均浸泡在工作液中，工具电极缓慢下降与工件电极保持一定的放电间隙。整个电火花加工过程一般可分为 4 个连续的加工阶段。

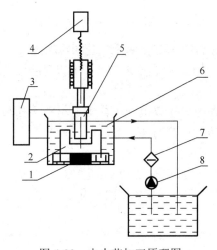

图 4-29　电火花加工原理图

1—工作台；2—工件；3—脉冲电源；4—自动进给调节装置；5—工具电极；6—工作液；7—过滤器；8—工作液泵

① 因工具电极和工件电极微观表面不平，两极间介质有杂质，在电场作用下极间介质电离、击穿，从而形成放电通道。

② 放电通道形成后，两极表面形成瞬时高温（5000℃以上的温度），使极间介质热分解，金属材料熔化，甚至沸腾和汽化，从而迅速热膨胀。

③ 热膨胀产生很高的瞬时压力，通道中心和其他部位的压力差使熔化或汽化的金属材料被抛出。

④ 当脉冲电压结束时，脉冲电流迅速降为零，极间介质消除电离。

由于电火花加工是脉冲放电，因此其加工表面由无数个脉冲放电小凹坑所组成，工具的轮廓和截面形状就在工件上形成。

2）电火花加工的基本工艺

影响电火花加工的因素主要有下列几项。

（1）极性效应。在电火花加工中，无论是工具电极还是工件电极，都会产生电蚀，但由于正负极性不同，蚀除量也不同，这种现象即为极性效应。将工件接阳极为正极性加工，将工件接阴极为负极性加工。在脉冲放电初期，由于电子的质量小、惯性小，很快就能获得高速度而轰击阳极，因此阳极的蚀除量比阴极大。随着放电时间的延长，离子速度变大，由于离子的质量大，轰击阴极产生的动能也大，因此阴极的蚀除量将大于阳极。控制脉冲宽度就可以控制两极的蚀除量大小。一般窄脉宽时，选择正极性加工，精加工时常用；长脉宽时，选择负极性加工，粗加工和半精加工时常用。

（2）工作液。应能压缩放电通道的区域，提高放电的能量密度，并能加剧放电时流体动力过程，加速蚀除物的排出。工作液还应加速极间介质的冷却和消电离过程，防止电弧放电。常用的工作液有煤油、去离子水和乳化液等。

（3）电极材料。必须是导电材料，要求在加工过程中损耗小、稳定、机械加工性好，常用的材料有紫铜、石墨、铸铁、钢和黄铜等。蚀除量与工具电极和工件材料的热学常数有关，如熔点、沸点、热导率和比热容等。熔点、沸点越高，热导率越大，则蚀除量越小；比热容越大，则耐蚀性越好。

3）电火花加工的类型

按工具电极和工件相对运动的方式和用途不同，电火花加工大致可分为电火花穿孔成形加工、电火花线切割加工、电火花磨削和镗磨、电火花回转加工、电火花高速小孔加工、电火花表面强化和刻字六大类，其中以电火花穿孔成形加工和电火花线切割加工应用得最为广泛。

（1）电火花穿孔成形加工

电火花穿孔成形加工是利用火花放电使工件表面材料不断被蚀除，在工件上复制出工具电极的形状，从而达到成形加工目的的加工方法。

电火花穿孔成形加工的应用主要有穿孔加工和型腔加工。穿孔加工主要用于冲模（凹模）、型孔零件、小孔、小异形孔和深孔加工；型腔加工主要用于加工型腔模（锻模、塑料模、压铸模）、型腔零件。电火花加工零件如图4-30所示。

（2）电火花线切割加工

电火花线切割加工是用连续移动的钼丝或铜丝（工具）作为工具电极，工件为阳极，两极通以直流高频脉冲电源，利用数控技术，就可以切割成形各种二维或三维形状工件。

按电极丝移动的方向和速度大小，电火花线切割加工机床可分为两大类，即往复高速走丝（快走丝）机床和单向低速走丝（慢走丝）机床。快走丝线切割机床的电极丝绕在卷丝筒上，并通过上下导丝轮形成锯弓状，当电动机带动卷丝筒正、反转时，卷丝筒装在走丝溜板上一起在 x 方向做往复移动，从而使电极丝周期往复移动，走丝速度一般为 $8\sim10\mathrm{m/s}$。加工时，电极丝与工作台垂直或倾斜一定角度，工作台在水平面内按既定轨迹移动。快走丝是我国独创的电火花线切割加工模式。电极丝使用一段时间后要更换新丝，以免因损耗丝断而影响工作。低速走丝线切割机床是以成卷铜丝作为电极丝，经张紧机构和导丝轮形成锯弓状，电极丝走丝平稳无振动，单向走丝速度为 2～8m/min，电极丝为一次性使用。慢走丝时，电极丝损耗小，加工精度高，是线切割机床的发展方向。电火花慢走丝线切割机床如图 4-31 所示。

图 4-30　电火花加工零件

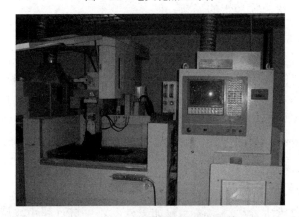

图 4-31　电火花慢走丝线切割机床

现在的电火花线切割机床（无论是快走丝还是慢走丝）都具有四坐标数控功能，因此可以加工复杂的直纹表面和各种锥面。切线割零件示例如图 4-32 所示。

(a)啮合的齿轮　　　　　　　　　(b)上下不同图形零件

图 4-32　线切割零件示例

电火花加工可以加工所有导电材料。在加工时工件几乎不受力，可以加工刚性很差的工件，同时可以在一次装夹中进行粗精加工，能加工精密、微细的零件，只能加工金属导电材料，不易加工不导电的非金属材料。

2．超声加工

超声加工是利用工具做超声（频率在 16000Hz 以上）振动，通过工件与工具之间的磨料悬浮液而进行的加工。

超声加工不仅能加工硬质合金、淬火钢等脆硬金属材料，而且更适合加工玻璃、陶瓷、半导体锗和硅片等不导电的非金属脆硬材料，还可以用于清洗、焊接和探伤等工作。

1）超声加工设备

主要由超声波发生器、超声频振动系统、磨料悬浮液系统和机床本体等组成。超声波发生器是将 50Hz 的工频交流电转变为有一定功率的超声频振荡，一般为 16000～25000Hz。超声振动系统主要由换能器、变幅杆和工具所组成，换能器的作用是把超声频振荡转换成机械振动，一般利用磁致伸缩效应或压电效应来实现，由于振幅太小，可通过变幅杆放大，工具是变幅杆的负载，其形状为欲加工的形状。

2）超声加工的特点

（1）适用于加工各种脆硬金属材料和非金属材料，如硬质合金、淬火钢、金刚石、石墨和陶瓷等。被加工材料的脆性越大，越容易加工，材料越硬或强度、韧性越大，则越难加工。

（2）加工过程受力小，热影响区小，可加工薄壁、窄缝和薄片等易变形零件。

（3）被加工表面无残余应力，无破坏层，加工精度较高，表面粗糙度较小。

（4）可加工各种复杂形状的型孔、型腔和型面，还可进行套料、切割和雕刻。

（5）生产率较低。

3）超声加工方法的应用

超声加工的应用范围十分广泛。除一般加工外，还可进行超声波旋转加工，这时用烧结金刚石材料制成的工具绕其本身轴线高速旋转，因此除超声撞击作用外，尚有工具回转的切削作用，易成功地用于加工小深孔、小孔槽等，加工精度大大提高，生产率较高。此外，还有超声波机械复合加工、超声波焊接和涂覆、超声清洗等。

3．激光加工

激光加工是利用激光的能量，经过透镜聚焦后在焦点上达到很高的能量密度，靠光热效应来进行加工的。

激光加工不需要加工工具、加工速度快、表面变形小，可以加工各种材料。激光加工可以进行打孔、切割、电子器件的微调、焊接、热处理及激光存储等。

1）激光加工的原理

某些具有亚稳态能级的物质，在一定外来光子能量的激发下会吸收光能，使处于高能级原子的数目大于低能级原子的数目——粒子数反转，此时若有一束光照射该物质，光子的能量恰好等于这两个能级相对应的差，这时就会产生受激辐射，输出大量的光能，这就是激光。激光具有强度高、单色性好、相干性好和方向性好的特性。

能量密度极高的激光束照射工件的被加工部位，使其材料瞬间熔化或蒸发，并在冲击波作用下，将熔融物质喷射出去，从而可以对工件进行穿孔、蚀刻、切割，或采用较小能量密度，使加工区域材料熔融黏合或改性，可以对工件进行焊接或热处理。激光加工原理如图 4-33 所示。

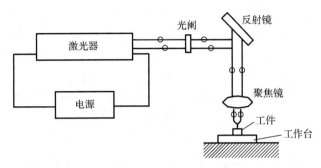

图 4-33　激光加工原理

2）激光加工设备

主要有激光器、电源、光学系统和机械系统等。激光器的作用是把电能转化为光能，产生所需要的激光束。电源为激光器提供所需的能量，有连续和脉冲两种。光学系统的作用是把激光聚焦在加工工件上。

3）激光加工的特点和应用

① 聚焦后，激光加工的功率密度可高达 $10^8 \sim 10^{10}\text{W/cm}^2$，光能转化为热能，几乎可以熔化、汽化任何材料，如陶瓷、玻璃、宝石、金刚石等各种金属和非金属材料都能加工。

② 激光光斑大小可以聚焦到微米级，输出功率可以调节，因此可用于精密微细加工。

③ 加工所用工具是激光束，是非接触加工，所以没有明显的机械力，没有工具损耗问题。加工速度快，热影响区小，容易实现加工过程自动化，还能通过透明体进行加工，如对真空管内部进行焊接加工等。

④ 激光加工是一种瞬时、局部熔化、汽化的热加工，影响因素有很多，因此，精微加工时，精度（尤其是重复精度）和表面粗糙度不易保证，必须进行反复试验，寻找合理的参数，才能达到一定的加工要求。由于光的反射作用，对于表面光泽或透明材料的加工，必须预先进行色化或打毛处理，使更多的光能被吸收后转化为热能用于加工。

⑤ 加工速度快，效率高。

⑥ 价格比较昂贵。

4．电子束与离子束加工

电子束与离子束加工是近年来得到较大发展的新兴特种加工。它们在精密微细加工方面，尤其是在微电子学领域中得到了较多的应用。电子束加工主要用于打孔、焊接等热加工和电子束光刻化学加工。离子束加工则主要用于离子刻蚀、离子镀膜和离子注入等表面加工。近期发展起来的亚微米和纳米加工技术，即主要是用电子束与离子束加工的。

1）电子束加工

电子束加工是在真空条件下，利用聚焦后能量密度极高（$10^6 \sim 10^9\text{W/cm}^2$）的电子束，以极高的速度冲击到工件表面的极小面积上，在极短的时间（几分之一微秒）内，其能量的大部分转化为热能，使被冲击部分的工件材料达到几千摄氏度以上的高温，从而引起材料的局部熔化和汽化，被真空系统抽走。

控制电子束能量密度的大小和能量注入的时间，就可以达到不同的加工目的。如果只使材料局部加热，就可以进行电子束热处理；使材料局部熔化就可以进行电子束焊接；提高电子束能量密度，使材料熔化和汽化，就可以进行打孔和切割等工作；利用能量密度较低的电子束轰击高分子材料时产生化学变化的原理，即可进行电子束光刻加工。

电子束可用来在不锈钢、耐热钢、合金钢、陶瓷、玻璃和宝石等材料上打圆孔、异形孔和车槽，最小孔径或缝宽可达 0.02～0.03mm。电子束还可用来焊接难熔金属、化学性能活泼的金属及一般金属。另外，电子束还可用于微细加工的光刻中。

2）离子束加工

离子束加工的原理和电子束加工的原理类似，也是在真空条件下，将离子源产生的离子束经过加速聚焦，使之撞击工件表面。不同的是离子带正电荷，其质量是电子的数千、数万倍，所以一旦离子加速到较高速度，离子束就比电子束具有更大的撞击动能。离子束加工是靠微观的机械撞击能量，而不是靠动能转化成热能来加工的。

离子束加工被认为是最有前途的超精密加工微细加工方法之一，其应用范围很广。离子束去除加工可用于非球面透镜的成形、金刚石刀具和压头的刃磨、集成电路芯片图形的曝光和刻蚀。离子束镀膜加工是一种干式镀，比蒸镀有更高的附着力，效率也高。离子束注入加工可用于半导体材料掺杂、高速钢或硬质合金刀具材料切削刃表面改性等。

4.4　添加成形加工工艺（$\Delta m>0$）

4.4.1　增材制造与3D打印

增材制造（Additive Manufacturing，AM）技术是集计算机学、光学、材料学及其他学科于一体并且将零件的三维 CAD 模型通过制造设备堆积成具有一定结构和功能的零件或原型的一种先进制造技术，是将零件以微元叠加方式逐渐累积生长出来的。在制造过程中，将零件三维实体模型数据经计算机处理，控制材料的累积过程，形成所要的零件。20 世纪 80 年代以来，增材制造取得了快速发展。快速原型制造、增材制造、实体自由制造、3D 打印技术等叫法分别从不同侧面表达了该制造技术的特点。

相对于材料去除技术，增材制造技术采用材料逐渐累加的方法，是一种"自上而下"的制造方法。增材制造不需要传统的刀具、夹具及多道加工工序，可以制造出任意复杂形状的三维实体，使得产品设计、制造的周期大大缩短，被视为"一项将要改变世界的技术"。

当前，世界各国都将增材制造技术作为未来产业发展新的增长点，纷纷制定相关的国家战略，力争抢占未来增材制造技术的制高点。目前，ASTM F42（美国材料与试验协会增材制造技术委员会）和 ISO/TC 261（国际标准化组织增材制造技术委员会）在术语和定义、文件格式、工艺和材料分类，以及材料特性及测试方法等方面，发布了近 20 项技术标准，40 余项标准即将完成。

自 1986 年查尔斯·赫尔研制出第一台商用快速成形机后，经过 30 多年的发展，主流的成形工艺有光固化成形法（Stereo Lithography Apparatus，SLA）、选择性激光烧结（Selective Laser Sintering，SLS，又称为激光选区烧结法）、分层实体制造（Laminated Object Manufacturing，LOM，又称为层叠制造法）、熔融沉积成形（Fused Deposition Modeling，FDM，又称为熔化堆积造型法）。

1．光固化成形法（SLA）

SLA 工艺过程如图 4-34 所示，树脂槽中装满液态光敏树脂，激光器按照零件截面分层信息进行扫描，被扫描的光敏树脂区域发生聚合反应，固化形成零件截面对应的薄层。工作台下移一个层厚，继续进行下一层的扫描，新固化的树脂附着在前一层上，并用刮板将树脂刮平，再进行下一层的扫描和固化，重复过程直至三维造型完成。

SLA 是当前增材制造方法中最成熟的方法之一，材料利用率高，性能可靠。通过 CAD 建模可形成任意形状的零件，精度可达到 0.1mm，可直接为试验提供试样。不足之处在于，SLA 使用的是精密设备，设备费用和树脂材料价格较高；树脂成形收缩会导致精度下降，树脂具有一定的毒性，不利于环保。

2．选择性激光烧结（SLS）

SLS 工艺由美国得克萨斯大学奥斯汀分校的 C.R.Deckard 于 1989 年研制成功。

SLS 烧结过程：先用铺粉棍将粉末材料（金属材料或非金属材料）平铺在已成形的零件表面，并加热至刚好低于该粉末烧结点的温度，控制激光按照该层截面轮廓进行扫描，使熔化的粉末进行烧结，与成形金属粘结在一起。工作台下移一层厚度，铺粉棍重新铺粉，继续下一层截面轮廓的扫描过程，层层叠加，最终完成三维轮廓造型。

SLS 工艺材料适应性广，可针对塑料、陶瓷、蜡等材料根据不同需要进行加工；成形过程中，烧结的粉末熔入造型充当自然支撑，可成形悬臂、内空等复杂结构；材料利用率为 100%。缺点是工艺精度不高，主要依赖于材料种类和粒径、产品的形状和复杂程度，一般能达到 ±(0.05～2.5)mm 的公差；由于成形表面是粉粒状的，因此表面粗糙度不好，不宜做薄壁件；同时，粉末容易在烧结过程中挥发异味。SLS 加工工艺原理图如图 4-35 所示。

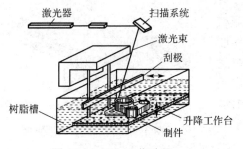

图 4-34　SLA 工艺过程

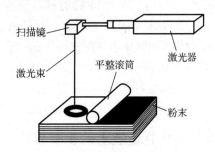

图 4-35　SLS 加工工艺原理图

3．分层实体制造（LOM）

分层实体制造又称层片叠加制造，由美国 Helisys 公司于 1986 年研制成功。

LOM 工艺：激光首先切割出工艺边框和原型边缘轮廓，然后将不属于原型的材料切割成网状；由于片状材料单面涂有热熔胶，通过热辊加热将片状材料与先前的层片粘结在一起；然后，上方的激光和刀具利用 CAD 分层截面数据，将片状材料切割成对应的零件轮廓；随后铺上新的片状材料，又通过热辊碾压与先前材料粘结在一起，进行激光切割，一直重复至整个工件完成。LOM 工艺原理如图 4-36 所示。

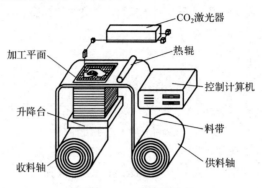

图 4-36　LOM 工艺原理

LOM 工艺采用激光或刀片对片状材料进行切割，与传统整体切削不同的是将零部件模型分割为多层，逐层进行切削。LOM 的关键工艺是激光强度与切割速度的配合，从而得到所需的切口深度。

LOM 适用于大中小型产品的概念验证模型和功能测试用原型件，尤其是激光立体固化难以制作的大型零件和厚壁样件，具有尺寸精度高、成形时间短、寿命长、机械性能良好的特点。缺点在于去除模型废料时剥离费时较多。当前普遍用的材料是纸盒 PVC，其适用面较窄。

4．熔融沉积成形（FDM）

FDM 是当前应用最广泛的一种工艺，3D 打印机普遍采用这种工艺。

FDM 加热头把热熔性材料（ABS 树脂、尼龙、蜡等）加热到临界状态，使其呈现半流体状态，然后加热头会在软件控制下沿 CAD 确定的二维几何轨迹运动，同时喷头将半流动状态的材料挤压出来，材料瞬时凝固成有轮廓形状的薄层。熔融沉积成形原理如图 4-37 所示。

这个过程与二维打印机的打印过程很相似，只不过从打印头出来的不是油墨，而是 ABS 树脂等材料的熔融物。同时由于 3D 打印机的打印头或底座能够在垂直方向移动，因此它能让材料逐层进行快速累积，并且每层都是 CAD 模型确定的轨迹打印出确定的形状，所以最终能够打印出设计好的三维物体。

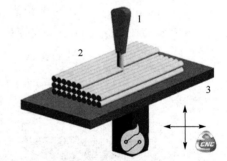

图 4-37　熔融沉积成形原理

4.4.2　增材制造技术的发展趋势

增材制造技术的优点很多，能够很好地弥补传统减材制造技术的缺点，在军工、微电子、微机械等多个领域具有广泛的应用前景和巨大的市场潜力，因而是未来高新技术的发展方向之一。随着各类高新技术和增材制造技术的融合与交叉，增材制造技术呈现出如下发展趋势。

1．产品尺寸向极限发展，"大""小"颠覆想象

随着增材制造技术应用领域的扩展，其产品尺寸正走向两个极端。

一方面往"大"处跨，从小饰品、鞋子、家具到建筑物，尺寸不断被刷新，特别是汽车

制造、航空航天等领域对大尺寸精密构件的需求较大，如 2016 年珠海航展上西安铂力特增材技术股份有限公司展示的一款 3D 打印航空发动机中空叶片，总高度达 933mm。

另一方面向"小"处走，可达到微米、纳米水平，在强度、硬度不变的情况下，大大减小产品的体积和质量，如哈佛大学和伊利诺伊大学的研究员 3D 打印出比沙粒还小的纳米级锂电池，其能够提供的能量却不少于一块普通的手机电池。

未来，增材制造的产品尺寸将不断延伸，从大得不可思议到小得瞠目结舌，"只有想不到的，没有做不到"。

2．增材制造生产模式和互联网云平台下的共享与融合

发挥并利用全社会智力和生产资源是未来社会形态变革的方向，增材制造正是促进这一社会模式形成的技术动力。新一代生产模式趋向于集散制造发展，实现工艺、数据、报价统一，形成众创、众包、众筹的运作方式。因此，未来增材制造技术的发展需要技术和管理的集成创新，需要开展制造学科与管理学科交叉融合的研究和应用实践。

3．增材制造与减材制造相互融合，共同满足生产需要

增材制造由于每单位产品成本较高，较高的单价对制造数量与应用领域有较大的牵制作用，减材制造产品由于单价较低，适合大范围批量生产。那么在将产品进行合理切分规划的基础上，充分将增材制造复杂部分与减材制造相对简单部分相融合，一方面使产品整体在一定程度上做到了减重、减时与个性定制，另一方面在产品成本方面得到了很好的中和，使批量生产成为可能。增材制造技术与减材制造技术相互融合，减小产品制造工艺的复杂性，降低生产成本，同样是增材制造技术未来的发展趋势之一。

4．产品的成形精度和表面质量进一步提高

产品的成形精度和表面质量是制造技术的研究重点，影响增材制造的成形精度和表面质量的因素贯穿着整个制造过程：前处理中零件 CAD 模型的数据转换、成形方向的选择和切片处理，堆积成形过程中加工策略的规划、工艺参数的选取，后处理中支撑结构的去除和表面处理等多方面制约着产品的成形精度和表面质量，因此提高成形精度和表面质量是增材制造技术发展的必然趋势。

4.4.3　结合加工

结合加工成形工艺包括表面涂覆、表面化学热处理及连接成形等工艺。

1．表面涂覆

表面涂覆是在基质表面上形成一种膜层，以改善表面性能的技术。涂覆层的化学成分、组织结构可以和基质材料完全不同，它以满足表面性能、涂覆层与基质材料的结合强度能适应工况要求、经济性好、环保性好为准则。涂覆层的厚度可以是几毫米，也可以是几微米。通常在基质零件表面预留加工余量，以实现表面具有工况需要的涂覆层厚度。表面涂覆与表面改性和表面处理相比，由于它的约束条件少，而且技术类型和材料的选择空间很大，因此属于表面涂覆类的表面工程技术非常多，而且应用得最为广泛。这一类表面工程技术主要包括电镀、电刷镀、化学镀、物理气相沉积、化学气相沉积、热喷涂、堆焊、激光束或电子束表面熔覆、热浸镀等。其中，每种表面工程技术又分为许多分支。

图 4-38 所示为电刷镀工艺原理示意图。将表面处理好的工件与专用的直流电源的负极连接作为阴极，镀笔与电源的正极连接作为阳极，电刷镀时，使棉花包套中浸满电镀液的镀笔以一定的相对运动速度及适当的压力在被镀工件表面上移动，在镀笔与被镀工件接触的部分，镀液中的金属离子在电场力的作用下扩散到工件表面，在表面获得电子，被还原成金属原子而沉积在工件表面形成镀层。因在电刷镀过程中阴、阳极处在动态条件下，故镀层是一个断续的电结晶过程。

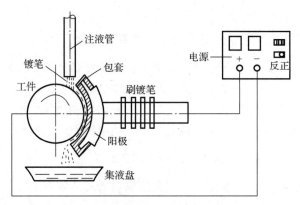

图 4-38   电刷镀工艺原理示意图

热喷涂的原理及过程如图 4-39 所示。

从喷涂材料进入热源，到形成涂层，要连续经历以下阶段。

① 材料被加热熔化。对于线（棒）材，当其端部进入热源高温区域时即被加热熔化，形成熔滴；对于粉末，进入高温区域后在行进的过程中即被加热软化或熔化。

② 熔滴雾化。在外加压缩气流或热源自身射流的作用下，使熔滴脱离线材料并将其雾化成细微的微粒向前喷射，而粉末则被气流或热源射流推动而高速向前喷射。

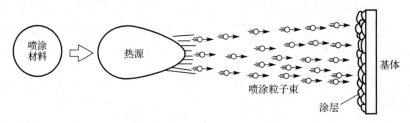

图 4-39   热喷涂的原理及过程

2. 表面化学热处理

表面化学热处理是将工件放入一定的化学介质中，经过加热保温，使介质中分解产生一种或几种元素的活性原子，被工件表面吸收，并向表层一定深度扩散，从而改变其表层化学成分、组织和性能的一种热处理工艺方法。通过表面化学热处理，可以提高工件表层的硬度、耐磨性和疲劳强度，也可以提高工件表层的耐蚀性及抗氧化性等。

表面化学热处理的基本工艺过程包括分解、吸收和扩散三步，即渗入的介质在高温下分解出渗入元素的活性原子；渗入的活性原子被钢件表面吸收；被吸收的活性原子由钢件表面层逐渐向内层扩散，形成一定厚度的扩散层。

生产中常用的表面化学热处理方法有渗碳、渗氮（氮化）、碳氮共渗（氰化）、渗硼、渗金属（如渗铝、渗铬）等。

图 4-40 所示为井式气体渗碳电阻炉结构示意图。气体渗碳用的渗碳介质多为碳氢化合物（如煤气、天然气等）气体介质，以及煤油、丙酮、丙烷、丁烷等易汽化分解的液体介质。渗碳介质在高温下分解出活性的碳原子，渗入工件。工件的渗碳层深度取决于渗碳温度、活性的碳原子浓度和渗碳时间。渗碳层深度一般为 0.2～2.0mm，表面层含碳量可提高到 0.85%～1%。渗碳层深度由工件的工作条件及截面尺寸而定。渗碳层太厚，会使冲击韧性降低；渗碳层太薄，容易引起表面疲劳剥落。渗碳后的工件必须进行淬火和低温回火才能有效地发挥渗碳的作用。气体渗碳的生产效率较高，渗碳过程容易控制，渗碳层质量较好，易于实现自动化生产，应用得最为广泛。

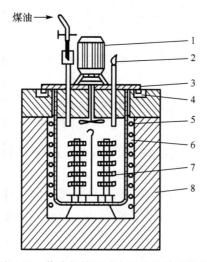

图 4-40　井式气体渗碳电阻炉结构示意图

1—风扇发动机；2—废气火焰；3—炉盖；4—砂封；5—电阻丝；6—耐热罐；7—工件；8—炉体

3．连接成形

在制造金属结构和机器的过程中，经常要把两个或两个以上的构件组合起来，而构件之间的组合必须通过一定的连接方式才能成为完整的产品。金属的连接有很多方法，按拆卸时是否损坏被连接件，可分为可拆连接和不可拆连接。

可拆连接是指不必损坏被连接件或起连接作用的连接件就可以完成拆卸，如键连接和螺纹连接，只需将键打出或将螺母松开抽出螺栓，就可以完成拆卸。螺纹连接是应用最广泛的一种可拆连接。

不可拆连接是指必须损坏被连接件或起连接作用的连接件才能完成拆卸，如焊接和铆接。焊接是通过加热或加压（或两者并用），在用或不用填充材料的条件下，使两个分离表面的原子达到晶格距离从而形成冶金结合，而获得不可拆卸接头的工艺过程。焊接是一种永久性连接材料的工艺方法。焊条电弧焊的焊接过程如图 4-41 所示。电弧在焊条与被焊工件之间燃烧，电弧热使工件和焊芯同时熔化形成熔池，同时也使焊条的药皮熔化和分解。药皮熔化后，与液态金属发生物理化学反应，所形成的熔渣不断从熔池中浮起；药皮受热分解产生大量的二氧化碳、一氧化碳和氢等保护气体，围绕在电弧周围，熔渣和气体能防止空气中氧和氮的侵入，起保护熔化金属的作用。随着电弧向前移动，工件焊接区域和焊条不断熔化汇成新的熔池。原来的熔池则不断冷却凝固，构成连续的焊缝。覆盖在焊缝表面的熔渣也逐渐凝固成固态渣壳。这层熔渣和渣壳对焊缝质量和减缓金属的冷却速度有着重要的作用。

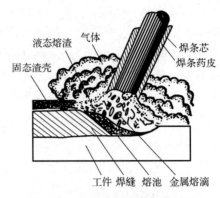

图 4-41 焊条电弧焊的焊接过程

复习思考题

1. 手工造型和机器造型各自的特点是什么？适用于何种制造场合？
2. 什么是熔模铸造？试述其工艺过程。
3. 金属型铸造有何优越性？为什么金属型铸造未能取代砂型铸造？
4. 压力铸造有何优缺点？它与熔模铸造的适用范围有何不同？
5. 低压铸造的工作原理与压力铸造的有何不同？
6. 锻造主要分为哪两种？适用范围如何？
7. 板料冲压有哪些特点？主要的冲压工序有哪些？
8. 通过对粉末冶金制品制造工艺过程的了解，你认为粉末冶金制品主要存在哪些缺陷？
9. 高分子材料主要的成形技术有哪些？
10. 常用的刀具材料有哪些？各用在哪些场合？
11. 外圆和平面一般用什么方法进行加工？
12. 钻削和镗削加工孔有何区别？
13. 数控加工有哪些特点？

参 考 文 献

[1] 陈家元. 机械制造工艺发展现状与未来发展趋势[J]. 机械研究及应用，2011（1）：121-122.

[2] 马利杰. 先进制造技术[M]. 北京：北京师范大学出版社，2011.

[3] 刘永贤，蔡光起. 机械工程概论[M]. 北京：机械工业出版社，2010.

[4] 许本枢. 机械制造概论[M]. 北京：机械工业出版社，2000.

[5] 曾晓. 绿色机械制造工艺技术应用的探讨[J]. 科技信息，2013（35）：62-63.

[6] 王德文，王鹏. 浅谈机械制造工艺的新技术的应用与发展[J]. 科技创新导报，2013（24）：60-61.

[7] 佟济. 机械制造工艺发展现状分析[J]. 机电信息，2011（15）：102-103.

[8]　汤酞则. 材料成形工艺基础[M]. 长沙：中南大学出版社，2003.

[9]　刘建华. 材料成型工艺基础[M]. 西安：西安电子科技大学出版社，2007.

[10]　余世浩，杨梅. 材料成型[M]. 北京：清华大学出版社，2012.

[11]　吴智华，杨其. 高分子材料成型工艺学[M]. 成都：四川大学出版社，2006.

[12]　王贵成. 机械制造学[M]. 北京：机械工业出版社，2001.

[13]　刘贯军，郭晓琴. 机械工程材料与成型技术[M]. 北京：电子工业出版社，2011.

[14]　倪晓丹，杨继荣，熊运昌. 机械制造技术基础[M]. 2 版. 北京：清华大学出版社，2014.

第5章　机电一体化与机械制造自动化技术

5.1　机电一体化技术及实例

5.1.1　概述

1. 机电一体化的基本概念

1）机电一体化的含义

"机电一体化"（mechatronics）一词起源于日本，1971 年日本杂志《机械设计》的副刊上提出了 mechatronics，它是由英文机械学（mechanics）的前半部分与电子学（electronics）的后半部分组合而成的，意思是机械技术与电子技术的有机结合。这一名称已经得到包括我国在内的世界各国的普遍认可，我国的工程技术人员习惯上把它译为机电一体化技术，机电一体化技术又称为机械电子技术。可以说，机电一体化技术是机械技术（机械学、机构学）、微电子技术（半导体技术、计算机技术）和信息技术（系统软件、应用软件）相互交叉、融合（有机结合）的产物（如图 5-1 所示）。

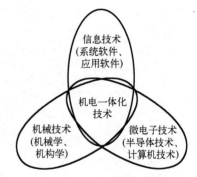

目前，关于"机电一体化"尚无统一的定义。较为普遍的提法是日本机械振兴协会经济研究所对机电一体化概念所提出的解释："机电一体化是指在机械的主功能、动力功能、信息功能和控制功能上引进微电子技术，并将机械装置与电子装置用相关软件有机结合而构成系统的总称。"

图 5-1　机电一体化技术与其他技术的关系

随着科学技术的发展，"机电一体化"不断被赋予新的内涵，但目前一般可认为"机电一体化"是微电子技术向机械工业渗透过程中逐步形成的一个新概念，是从系统的观点出发，将机械技术、微电子技术、信息技术等多门技术学科在系统工程的基础上相互渗透、有机结合而形成和发展起来的一门边缘技术学科。

2）机电一体化的内容

机电一体化包含技术和产品两个方面的内容，首先是指机电一体化技术，其次是指机电一体化产品。机电一体化技术是指包括技术基础、技术原理在内的使机电一体化产品得以实现、使用和发展的技术。机电一体化产品是指随着机械系统和微电子系统的有机结合，被赋予新的功能和性能的新产品。

机电一体化技术在制造业的应用从一般的数控机床、加工中心和机械手发展到智能机器人、柔性制造系统（FMS）、无人生产车间和将设计、制造、销售、管理集于一体的计算机集成制造系统（CIMS），并扩展到目前的汽车、电站、仪表、化工、通信、冶金等行业。此外，对传统机电设备的改造也属于机电一体化的范畴。机电一体化产品涉及工业生产、科学研究、人民生活、医疗卫生等各个领域，如：集成电路自动生产线、激光切割设备、印刷设备、家用电器、汽车电子化、微型机械、飞机、雷达、医学仪器、环境监测等。

2．机电一体化的特点

机电一体化技术以机械技术为基础，引入计算机控制、传感器检测等技术，以实现自动化和智能化。机电一体化系统与传统的机械系统或者机械电气化系统相比，主要有以下特点。

1）综合性与系统性

机电一体化是一门跨学科的综合性边缘学科，而机电一体化技术则是交叉型技术，它是机械技术、电子技术、伺服控制技术、信息技术和检测技术等多种技术相互交叉融合而成的新兴技术。其各个组成部分在相互配合时彼此之间有着严格的要求。多种技术的综合应用，使机电一体化技术及产品更具有综合性、系统性、完整性和科学性。

2）层次多，覆盖面广

机电一体化技术是综合性技术，它所覆盖的技术门类多，包括机械技术、电子技术、信息技术、计算机技术、控制技术和检测技术等学科，这使得机电一体化产品或系统包含多种不同的学科，具有覆盖面广的特点；同时，由于不同的应用场合使用的系统不同，因此机电一体化技术在开发和使用上存在简繁并举、高低级并存的多层次性。

3）体积小，重量轻，结构简化，方便操作

为了实现各个动作的协调性和运动要求，机械产品通常使用诸如连杆机构和凸轮机构等来实现复杂的合成运动。而机电一体化技术利用控制器将不同机构的运动改用多台电动机分别驱动，应用检测和智能判断等方式，融入各种控制算法来实现多台电动机的协调工作，使机械结构得到了最大程度的简化。机电一体化产品具有体积小、重量轻等特点。由于引入了智能化控制技术，操作人员可通过预设的程序控制系统进行工作，摆脱了以往必须按规定操作程序或节拍频繁紧张地进行单调重复操作的工作方式。智能技术的引入使系统具备了容错性，甚至可实现操作全自动化，如数控机床、工业机器人等，这使机械操作变得更为简单、可靠、人性化。

4）高速度，高精度

机电一体化技术的应用使机械传动部件最大化地减少，同时通过对少量的传动部件采用高精度设计和制造，使得机械系统具有更高的精度和更小的累积误差；机电一体化产品采用了各种先进控制技术、高精度传感器检测技术和高速度计算机控制技术等，使系统具有自行诊断、校正和补偿等功能，获得了前所未有的精度。现代电子技术和电动机控制技术的应用及机械系统的最小化，使机电一体化系统具备高速度的特性。

5）高可靠性，高稳定性

机电一体化系统应用了非接触传感器检测、无刷电动机驱动和简化的机械系统，使其具有更高的可靠性；计算机在线监测、误差补偿和校正等技术则提高了系统的稳定性。

6）柔性化和智能化

在传统的机械系统或机械电气化系统（应用继电器接触器控制电路进行逻辑控制）中，在系统功能确定后，如果要求改变其运动方式或者功能，需要在硬件方面重新设计和制造。而机电一体化系统由于采用了软件代替硬件的方式，仅需要在软件上重新设计就可实现新的运动和功能（可编程技术），具有很强的扩展性（柔性化）；同时计算机软件的深入使用，使系统具有自动监测、故障判断、误差补偿和校正等智能化特性。

3．机电一体化技术与其他技术的区别

综上所述，机电一体化技术有着自身的显著特点和技术范畴，为了正确理解和恰当运用机电一体化技术，我们必须认识机电一体化技术与其他技术之间的区别。

1）与传统机电技术的区别

传统机电技术的操作控制主要通过具有电磁特性的各种电器来实现，如继电器、接触器等，在设计中不考虑或很少考虑彼此间的内在联系，并且机械本体和电气驱动界限分明，整个装置是刚性的，不涉及软件和计算机控制。机电一体化技术以计算机为控制中心，在设计过程中强调机械部件和电气部件间的相互作用与影响，整个装置在计算机控制下具有一定的智能性。

2）与并行工程的区别

机电一体化技术将机械技术、微电子技术、计算机技术、控制技术和检测技术在设计与制造阶段就有机地结合在一起，十分注意机械和其他部件之间的相互作用。而并行工程则将上述各种技术尽量在各自范围内齐头并进，只是在不同技术的内部进行设计制造，最后通过简单叠加完成整体装置。

3）与自动控制技术的区别

自动控制技术的侧重点是讨论控制原理、控制规律、分析方法和自动系统的构造等。机电一体化技术将自动控制原理及方法作为重要支撑技术，将自控部件作为重要控制部件，应用自控原理和方法，对机电一体化装置进行系统分析和性能测算。

4）与计算机应用技术的区别

机电一体化技术只将计算机作为核心部件应用，目的是提高和改善系统性能。计算机在机电一体化系统中的应用仅仅是计算机应用技术中的一部分，它还可以在办公、管理及图像处理等方面得到广泛应用。机电一体化技术研究的是机电一体化系统，而不是计算机应用本身。

4．机电一体化技术的应用与发展趋势

现代高新技术（如微电子技术、生物技术、新材料技术、新能源技术、空间技术、海洋开发技术、光纤通信技术及现代医学等）的发展需要具有智能化、自动化和柔性化的机械设备，机电一体化技术正是在这种巨大需求的推动下产生的新兴技术。微电子技术、微型计算机技术使信息与智能和机械装置与动力设备有机结合，使得产品结构和生产系统发生了质的飞跃。机电一体化产品除具有高精度、高可靠性、快速响应等功能外，还将逐步实现自适应、自控制、自组织、自管理等功能。

　　由于机电一体化技术对现代工业和技术的发展具有巨大的推动力,因此世界各国均将其作为工业技术发展的重要战略之一。从 20 世纪 70 年代起,在发达国家兴起了机电一体化热,而在 20 世纪 90 年代,我国也把机电一体化技术列为重点发展的十大高新技术产业之一。

　　机电一体化是集机械、电子、光学、控制、计算机、信息等多学科的交叉综合技术。机电一体化技术是其他高新技术发展的基础,机电一体化的发展又依赖于其他相关技术的发展和进步。因此,机电一体化的发展趋势主要表现在:智能化、模块化、网络化、微型化、绿色化、系统化等方向。可以预测,随着信息技术、材料技术、生物技术等新兴学科的高速发展,在数控机床、机器人、微型机械、家用智能设备、医疗设备、现代制造系统等领域,机电一体化技术将得到更加蓬勃的发展。

　　(1)智能化。智能化是 21 世纪机电一体化技术发展的一个重要发展方向。人工智能在机电一体化建设者的研究中日益得到重视,机器人与数控机床的智能化就是重要应用。这里所说的"智能化"是对机器行为的描述,是在控制理论的基础上,吸收人工智能、运筹学、计算机科学、模糊数学、心理学、生理学和混沌动力学等新思想、新方法,模拟人类智能,使它具有判断推理、逻辑思维、自主决策等能力,以得到更高的控制目标。诚然,使机电一体化产品具有与人完全相同的智能是不可能的,也是不必要的。但是,高性能、高速度的微处理器使机电一体化产品赋有低级智能或人的部分智能,则是完全可能而必要的。

　　(2)模块化。模块化是一项重要而艰巨的工程。由于机电一体化产品种类和生产厂家繁多,研制和开发具有标准机械接口、电气接口、动力接口、环境接口的机电一体化产品单元是一项十分复杂但又非常重要的事。如研制集减速、智能调速、电机于一体的动力单元,具有视觉、图像处理、识别和测距等功能的控制单元,以及各种能完成典型操作的机械装置。这样,可利用标准单元迅速开发出新产品,同时可以扩大生产规模,这需要制定各项标准,以便各部件、单元的匹配和接口。由于利益冲突,很难制定国际或国内这方面的标准,但可以通过组建一些大企业逐渐形成。显然,根据电气产品的标准化、系列化带来的好处可以肯定,无论是对生产标准机电一体化单元的企业,还是对生产机电一体化产品的企业,模块化将给机电一体化企业带来美好的前程。

　　(3)网络化。网络技术的兴起和飞速发展给科学技术、工业生产、政治、军事、教育及人们的日常生活都带来了巨大的变革。各种网络将全球经济、生产连成一片,企业间的竞争也将全球化。机电一体化新产品一旦研制出来,只要其功能独到、质量可靠,很快就会畅销全球。由于网络的普及,基于网络的各种远程控制和监视技术方兴未艾,而远程控制的终端设备本身就是机电一体化产品。现场总线和局域网技术使得家用电器网络化已成大势,利用家庭网络将各种家用电器连接成以计算机为中心的计算机集成家电系统(Computer Integrated Appliance System,CIAS),可使人们在家里分享各种高技术带来的便利与快乐。因此,机电一体化产品无疑将朝着网络化方向发展。

　　(4)微型化。微型化兴起于 20 世纪 80 年代末,指的是机电一体化向微型机器和微观领域发展的趋势。国外称其为微电子机械系统(MEMS),泛指几何尺寸不超过 $1cm^3$ 的机电一体化产品,并向微米、纳米级发展。微机电一体化产品体积小、耗能少、运动灵活,在生物医疗、军事、信息等方面具有不可比拟的优势。微机电一体化发展的瓶颈在于微机械技术,微机电一体化产品的加工采用精细加工技术,即超精密技术,它包括光刻技术和蚀刻技术两类。

　　(5)绿色化。绿色化主要是指使用时不污染生态环境、可回收利用、无公害。工业的发展给人们带来了巨大的变化。一方面，物质丰富，生活舒适；另一方面，资源减少，生态遭受到严重的污染。于是，人们呼吁保护环境资源，绿色产品应运而生，绿色化成为时代趋势。绿色产品在其设计、制造、使用和销毁的生命周期中，符合特定的环境保护和人类的健康要求，对生态环境无害或危害极小，资源利用率最高。

（6）系统化。系统化的表现特征之一就是系统体系结构进一步采用开放式和模式化的总线结构。系统可以灵活组态，进行任意剪裁和组合，同时寻求实现多子系统协调控制和综合管理。表现之二是通信功能的大大加强，特别是"人格化"发展引人注目，即未来的机电一体化更加注重产品与人的关系。机电一体化的"人格化"有两层含义。一是机电一体化产品的最终使用对象是人，如何赋予机电一体化产品以人的智能、情感、人性显得越来越重要，特别是对家用机器人，其高层境界就是人机一体化。二是模仿生物机理，研制各种机电一体化产品。

5.1.2　机电一体化技术的理论基础与关键技术

机电一体化技术是在传统技术的基础上由多种技术学科相互交叉、渗透而形成的一门综合边缘性技术学科，是多学科技术的综合应用，是技术密集型的系统工程。系统论、信息论、控制论的建立，微电子技术、计算机技术的迅猛发展引起了科学技术的又一次革命，在机械工程领域催生出机电一体化。如果说系统论、信息论、控制论是机电一体化技术的理论基础，那么微电子技术、精密机械技术等就是它的技术基础，为机电一体化技术的进步与发展提供了前提条件。

1．机电一体化理论基础

系统论、信息论、控制论是机电一体化技术的理论基础，是机电一体化技术的方法论。开展机电一体化技术研究时，无论是在工程的构思、规划、设计方面，还是在它的实施或实现方面，都不能只着眼于机械或电子，不能只看到传感器或计算机，而是要用系统的观点合理解决信息流与控制机制问题，有效地综合各有关技术，才能形成所需要的系统或产品。给定机电一体化系统的目的与规格后，机电一体化技术人员利用机电一体化技术进行设计、制造的整个过程称为机电一体化工程。只有实施机电一体化工程才能获得新型的机电一体化产品。

系统工程是系统科学的一个工作领域，而系统科学本身是一门关于"针对目的要求而进行合理的方法学处理"的边缘学科。系统工程的概念不仅包括"系统"，即具有特定功能的、相互之间具有有机联系的众多要素所构成的一个整体，也包括"工程"，即产生一定效能的方法。机电一体化技术是系统工程科学在机械电子工程中的具体应用。具体地讲，就是以机械电子系统或产品为对象，以数学方法和计算机等为工具，对系统的构成要素、组织结构、信息交换和反馈控制等功能进行分析、设计、制造和服务，从而达到最优设计、最优控制和最优管理的目标，以便充分发挥人力、物力和财力，通过各种组织管理技术，使局部与整体之间协调配合，实现系统的综合最优化。机电一体化系统是一个包括物质流、能量流和信息流的系统，而有效地利用各种信号所携带的丰富信息资源，则有赖于信号处理和信号识别技术。考察所有机电一体化产品，就会看到准确的信息获取、处理、利用在系统中所起的实质性作用。

将工程控制论应用于机械工程技术而派生的机械控制工程，为机械技术引入了崭新的理论、思想和语言，把机械设计技术由原来静态的、孤立的传统设计思想引向动态的、系统的设计环境，使科学的辩证法在机械技术中得以体现，为机械设计技术提供了丰富的现代设计方法。

2．机电一体化关键技术

机电一体化技术是多种学科交叉融合而产生的综合性技术，所涉及的技术领域非常广泛，其技术体系主要包括机械技术、检测传感技术、伺服驱动技术、计算机与信息处理技术、自动控制技术和系统总体技术等。而现代的机电一体化产品还包含光、声、化学、生物等技术的应用。要深入进行机电一体化研究及产品开发，就必须了解并掌握这些技术。

1）机械技术

机械技术是关于机械机构及利用机构传递运动的技术。机械技术是机电一体化的基础，机电一体化产品中的主功能和构造功能往往是以机械技术为主实现的。随着高新技术被引入机械行业，机械技术面临着挑战和变革。在机电一体化产品中，它不再是单一地完成系统间的连接，而是要优化设计系统结构、质量、体积、刚性和寿命等参数对机电一体化系统的综合影响。机械技术的着眼点在于如何与机电一体化技术相适应，随着新机构、新原理、新材料、新工艺等的不断出现，现代设计方法不断发展和完善，利用其他这些高新技术来更新概念，实现结构上、材料上、性能上及功能上的变更，以满足机电一体化产品对机械部分提出的结构更新颖、质量更轻、体积更小、精度更高、刚度更大、动态性能更好、功能更多等要求。特别是那些关键零部件，如导轨、滚珠丝杠、轴承、传动部件等的材料、精度对机电一体化产品的性能、控制精度的影响很大。

在制造过程的机电一体化系统中，经典的机械理论与工艺应借助计算机辅助技术，同时采用人工智能与专家系统等，形成新一代的机械制造技术。这里原有的机械技术以知识和技能的形式存在，是任何其他技术都无法替代的，如计算机辅助工艺规程编制（CAPP）是目前CAD/CAM 系统研究的瓶颈，其关键问题在于如何将各行业、企业、技术人员中的标准、习惯和经验进行表达与陈述，从而实现计算机的自动工艺设计管理。

机电一体化系统的机械系统在计算机控制系统的控制下，完成一定的机械运动，实现一定的功能，主要包括传动机构、支承机构、执行机构三部分。

（1）传动机构

传动机构是将原动机和执行机构联系起来，传递运动和力（力矩）或改变运动形式的机构。一般是将原动机的高转速和小扭矩转换成执行机构所需要的较低速度和较大的力（力矩）。常见的传动机构有齿轮传动、螺旋传动、带传动、链传动、曲柄连杆机构等。不同的机械系统，其传动机构可以相同或类似，它是各种不同机械系统具有的共性部分。图 5-2 所示为常用的传动机构。

（2）支承机构

支承机构是连接和支承机器的各组成部分，承受工作外载荷和整个机器质量的装置。它是机器的基础部分，一般指导轨、轴承等。支承机构的变形、振动和稳定性直接影响机械系统的可靠性和安全性。

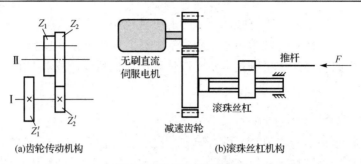

图 5-2　常用的传动机构

（3）执行机构

执行机构是完成机械系统预定功能的组成部分。机械系统的种类不同，其执行机构的结构和工作原理就不同。执行机构是一个机械系统区别于另一个机械系统的最具有特色的部分之一。

通常，机电一体化系统的机械部分还包括机座、支架、壳体等辅助部件。

2）计算机与信息处理技术

信息处理技术主要包括信息的输入、输出、变换、存储、运算和决策分析等技术。在机电一体化系统中，信息处理及控制系统接收传感与检测系统反馈的信息，并对其进行相应的处理、运算和决策，以对产品的运行施以相应的控制。在信息处理的过程中，信号的分析与处理是否准确、可靠，会直接影响机电一体化系统的性能。实现信息处理的硬件主要是计算机，因而信息处理技术与计算机技术是密切相关的。计算机技术包括计算机硬件和软件技术、网络与通信技术、数据库技术等。机电一体化系统主要采用工业控制机进行信息处理，常用的工业控制机主要有可编程控制器（PLC），单、多回路调节器，单片微控器，总线式工业控制机，分布式计算机测控系统等。信息处理的发展方向是提高信息处理的速度、可靠性和智能化程度。人工智能技术、专家系统技术、神经网络技术等都属于计算机与信息处理技术的范畴。

在机电一体化产品中，计算机与信息处理装置指挥整个产品的运行。信息处理是否正确、及时，会直接影响产品工作的质量和效率。因此，计算机及信息处理技术已成为促进机电一体化技术和产品发展的最活跃的要素之一。

3）自动控制技术

自动控制技术就是在没有人参与的情况下，通过控制器使被控对象或过程自动地按照预先设定的规律运行。自动控制技术的范围很广，包括自动控制理论、控制系统设计、系统仿真、现场调试、可靠运行等从理论到实践的整个过程，即机电一体化的系统设计在基本控制理论指导下，对具体控制装置和控制系统进行设计；对设计后的系统进行仿真和现场调试；最后使研制的系统可靠地投入运行。由于被控对象种类繁多，因此控制技术的内容极其丰富，包括高精度定位控制、速度控制、自适应控制及自诊断、校正、补偿、示教再现、检索等控制技术。

机电一体化系统中的自动控制技术主要包括位置控制、速度控制、最优控制、模糊控制、自适应控制等。以传递函数为基础，研究单输入、单输出一类线性自动控制系统分析与设计问题的古典控制技术发展得较早，且已日臻成熟。现代控制技术主要以状态空间法为基础，研究多输入、多输出、参变量、非线性、高精度、高效能等控制系统的分析和设计问题。

自动控制技术的难点在于自动控制理论的工程化与实用化,这是由于现实世界中的被控对象往往与理论上的控制模型之间存在较大差距,因此从控制设计到控制实施往往要经过多次反复调试与修改,才能获得比较满意的结果。随着微型计算机的广泛应用,自动控制技术越来越多地与计算机控制技术联系在一起,成为机电一体化中十分重要的关键技术。

4)传感检测技术

传感检测技术是将所测得的各种参量(如位移、位置、速度、加速度、力、温度、酸度和其他形式的信号等)转换为统一规格的电信号并输入信息处理系统,并由此产生相应的控制信号,以决定执行机构的运动形式和动作幅度。传感检测技术是实现自动控制、自动调节的关键环节,也是机电一体化系统不可缺少的关键技术之一,其水平高低在很大程度上影响和决定着系统的功能。其水平越高,系统的自动化程度就越高。在一套完整的机电一体化系统中,如果不能利用传感检测技术对被控对象的各项参数进行及时准确的检测并转换成易于传输和处理的信号,就无法获得我们所需要的用于系统控制的信息,进而整个系统就无法正常有效地工作。

传感与检测装置是系统的感受器官,它与信息系统的输入端相连并将检测到的信号传输到信息处理部分。传感器是传感与检测装置的关键元件。传感器是将被测量(包括各种物理量、化学量和生物量等)变换成系统可识别的、与被测量有确定对应关系的有用电信号的一种装置。在机械电子产品中,工作过程的各种参数、状态等都要通过传感器进行接收,并通过相应的信号检测装置进行测量,然后送入信息处理装置并反馈给控制装置,以实现产品工作过程的自动控制。现代工程技术要求传感器能快速、精确地获取信息,并能禁受各种严酷环境的考验。与计算机技术相比,传感器的发展显得缓慢,难以满足技术发展的要求。不少机电一体化装置不能达到满意的效果或无法实现设计的关键原因在于没有合适的传感器。传感器检测的精度、灵敏度和可靠性将直接影响机电一体化系统或产品的性能,它是机电系统达到高水平的保证。因此大力开展传感器的研究,对于机电一体化技术的发展具有十分重要的意义,目前,传感器的发展正进入集成化、智能化阶段。传感器技术本身是一门多学科、知识密集的应用技术,传感原理、传感材料及加工制造装配技术是传感器开发的三个重要方向。

5)伺服驱动技术

伺服驱动技术是直接执行操作的技术,在控制指令的指挥下控制驱动元件,使机械的运动部件按照指令的要求进行运动,并具有良好的动态性能。伺服系统是实现电信号到机械动作的转换装置或部件,对系统的动态性能、控制质量和功能具有决定性的影响。伺服驱动技术主要是指机电一体化产品中的执行元件和驱动装置设计中的技术问题,它涉及设备执行操作的技术,对所加工产品的质量具有直接的影响。机电一体化产品中的伺服驱动执行元件包括电动、气动、液压等各种类型,其中电动式执行元件居多。其驱动装置主要是指各种电动机的驱动电源电路,目前多采用电力电子器件及集成化的功能电路。在机电一体化系统中,通常微型计算机通过接口电路与驱动装置相连接,控制执行元件的运动,执行元件通过机械接口与机械传动和执行机构相连,带动工作机械做回转、直线及其他各种复杂的运动。

常见的伺服驱动有电液马达、脉冲油缸、步进电机、直流伺服电机和交流伺服电机等。

随着变频技术的发展，交流伺服驱动技术取得突破性进展，为机电一体化系统提供了高质量的伺服驱动单元，极大地促进了机电一体化技术的发展。

6）系统总体技术

机电一体化技术并不是几种技术的简单叠加，而是通过系统总体的设计使它们成为一个有机整体。如果整个系统不能很好地协调，即使各个组成要素的性能和可靠性很好，但如果整个系统不能很好地协调，系统也很难正常运行。系统总体技术就用来解决系统的性能优化问题和组成要素之间的有机联系问题。

系统总体技术是一种从整体目标出发，用系统工程的观点和方法将总体分解成相互有机联系的若干功能单元，并以功能单元为子系统继续分解，直至找出能够完成各个功能的可能技术方案，再把功能与技术方案组合成方案组进行分析、评价，综合优选出适宜的功能技术方案的综合应用技术。系统总体技术除考虑优化设计外，还应该考虑可靠性设计、标准化设计、系列化设计、造型设计等。系统总体技术包括的内容有很多，如接口转换、软件开发、微机应用技术、控制系统的成套性和成套设备自动化技术等。

机电一体化系统的各功能单元通过接口连接成一个有机的整体。接口技术是系统总体技术的关键环节，是实现系统各部分有机连接的保证。接口主要包括电气接口、机械接口、人机接口、软件接口。电气接口实现系统间的信号联系；机械接口则完成机械与机械部分、机械与电气装置部分的连接；人机接口提供人与系统间的交互界面；软件接口提供软件代码共享与复用。从系统外部看，输入/输出是系统与人、环境或其他系统之间的接口；从系统内部看，机电一体化系统是通过许多接口将各组成要素的输入/输出联系成一体的系统。因此，各要素及各子系统之间的接口性能就成为综合系统性能好坏的决定性因素。

系统总体技术是最能体现机电一体化设计特点的技术之一，其原理和方法还在不断地发展和完善之中。

5.1.3　机电一体化系统的构成与分类

1．机电一体化系统的构成

传统的机械产品一般由动力源、传动机构和工作机构等组成。机电一体化系统是在传统机械产品的基础上发展起来的，是机械与电子、信息技术结合的产物，它除包含传统机械产品的组成部分外，还包含与电子技术和信息技术相关的组成要素，从而组成一个功能完善的柔性自动化的机电一体化系统。一般而言，一个较完善的机电一体化系统包括以下五大基本要素：机械本体、检测传感部分、电子控制单元（计算机）、执行机构和动力与驱动部分，各要素之间通过接口相互联系（如图5-3所示），实现运动传递、信息控制、能量转换，从而形成一个有机融合的完整系统。

机电一体化系统的五大要素可以归纳为：动力、机构、执行器、计算机和传感器。从仿生学观点来看，类似于人体的构造和功能，如图5-4所示。构成人体的五大要素分别是头脑、五官、手脚、内脏、骨骼和肌肉。内脏建立了用能量来维持人的生命和活动条件（动力）；五官接收外界的信息（传感器）；手脚作用于外界（执行器）；头脑集中处理和协调全部信息，并对其他要素和它们之间的连接进行有机的统一控制（计算机）；骨骼和肌肉用来把人体连成一体，并规定其运动（机构）。显然，无论是人还是机电一体化系统，其五大要素本身的性能及其融合、协调得越好，则整个系统越优，其最终目标是具有人工智能的灵巧机器。

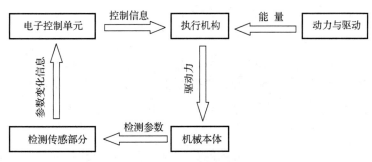

图 5-3　机电一体化系统的组成要素

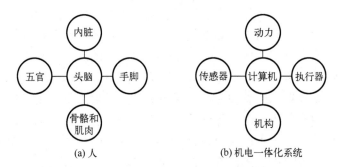

图 5-4　人和机电一体化系统的组成要素

1）机械本体

机电一体化系统的机械本体包括机架、机械连接、机械传动等。所有的机电一体化系统都含有机械部分，它是机电一体化系统的基础，起着支撑系统中其他功能单元、传递运动和动力的作用。与纯粹的机械产品相比，由于机电一体化系统的技术性能得到提高、功能得到增强，因此机械本体要在机械结构、材料、加工工艺性及几何尺寸等方面适应产品高效率、多功能、高可靠性和节能、小型、轻量、美观等要求。

2）检测传感部分

检测传感部分包括各种传感器及其信号检测电路，检测传感部分的功能是对机电一体化系统运行工作过程中所需要的本身和外界环境的各种有关参数及状态进行检测，然后生成相应的可识别信号，传输到信息处理单元，经过分析、处理后产生相应的控制信息，并向执行器发出相应的控制指令。其功能一般由专门的传感器及转换电路完成，对其要求是体积小、便于安装与连接、检测精度高、抗干扰等。

3）控制及信息单元

控制及信息单元又称电子控制单元（Electrical Control Unit，ECU），是机电一体化系统的核心，它的功能是将来自各传感器的检测信息和外部输入命令进行集中、存储、分析、加工，根据信息处理结果，按照一定的程序和节奏发出相应的指令，控制整个系统有目的地运行。控制及信息单元一般由计算机、可编程控制器（PLC）、变频器、数控装置及逻辑电路、A/D 转换器与 D/A 转换器、I/O 接口和计算机外部设备等组成。机电一体化系统对控制和信息处理单元的基本要求是：提高信息处理速度、可靠性，增强抗干扰能力，完善系统自诊断功能，实现信息处理的智能化和小型化、轻量化、标准化等。

4）执行机构

执行机构的功能是根据电子控制单元的控制信息和指令,驱动机械部件完成要求的动作。执行机构是运动部件，一般采用机械、电磁、电液等机构。根据机电一体化系统的匹配性要求，执行机构需要考虑改善系统的动态、静态性能，如提高刚性、减小质量和保持适当的阻尼，应尽量考虑组件化、标准化和系列化，以提高系统的整体可靠性。

5）动力与驱动

动力与驱动部分是机电一体化产品的能量供应部分，其功能是按照系统控制要求，为系统提供能量和动力，使系统正常运行。提供能量的形式包括电能、气能和液压能，以电能为主。除要求可靠性好外，机电一体化产品还要求动力源的效率高，即用尽可能小的动力输入获得尽可能大的功率输出。驱动部分的功能是在控制信息的作用下提供动力，驱动各执行机构完成各种动作和功能。机电一体化系统一方面要求驱动的高效率和快速响应特性，另一方面要求对水、油、温度、尘埃等外部环境具有适应性和可靠性。随着电力电子技术的高速发展，高性能的步进驱动、直流伺服和交流伺服等驱动方式被大量应用于机电一体化系统。

通常将以上这五部分称为机电一体化系统的五大组成要素。机电一体化系统的五大组成要素和它们内部各环节之间均遵循接口耦合、运动传递、信息控制、能量转换的"四大原则"。它们之间并非彼此无关或简单拼凑、叠加在一起，工作中它们各司其职，互相补充、互相协调，共同完成所规定的功能，即在机械本体的支持下，由传感器检测产品的运行状态及环境变化，将信息反馈给电子控制单元，电子控制单元对各种信息进行处理，并按要求控制执行器的运动，执行器的能源则由动力与驱动部分提供。在结构上，各组成要素通过各种接口及相关软件有机地结合在一起，构成一个内部合理匹配、外部效能最佳的完整产品。

2. 机电一体化系统的分类

机电一体化系统（产品）的应用范围非常广泛，几乎涉及人们生产生活的所有领域。机电一体化产品种类繁多，且仍在不断发展，分类标准也各异，目前大致可有以下几种分类方法。

1）按产品功能分类

机电一体化产品按功能可分为以下几类。

（1）数控机械类：数控机械类产品的特点是执行机构为机械装置，主要有数控机床、工业机器人、发动机控制系统及自动洗衣机等产品。

（2）电子设备类：电子设备类产品的特点是执行机构为电子装置，主要有电火花加工机床、线切割加工机床、超声波缝纫机及激光测量仪等产品。

（3）机电结合类：机电结合类产品的特点是执行机构为机械和电子装置的有机结合，主要有 CT 扫描仪、自动售货机、自动探伤机等产品。

（4）电液伺服类：电液伺服类产品的特点是执行机构为液压驱动的机械装置，控制机构为接收电信号的液压伺服阀的主要产品是机电一体化的伺服装置。

（5）信息控制类：信息控制类产品的特点是执行机构的动作完全由所接收的信息控制，主要有磁盘存储器、复印机、传真机及录音机等产品。

2）按机电结合程度和形式分类

机电一体化产品还可根据机电技术的结合程度，分为功能附加型、功能替代型和机电融合型三类。

（1）功能附加型：在原有机械产品的基础上，采用微电子技术使产品功能增加和增强，性能得到适当的提高，如经济型数控机床、数显量具、全自动洗衣机等。

（2）功能替代型：采用微电子技术及装置取代原产品中的机械控制功能、信息处理功能或主功能，使产品结构简化、性能提高、柔性增加，如自动照相机、电子石英表、线切割加工机床等。

（3）机电融合型：根据产品的功能和性能要求及技术规范，采用专门设计的或具有特定用途的集成电路来实现产品中的控制和信息处理等功能，因而使产品结构更加紧凑，设计更加灵活，成本进一步降低。复印机、摄像机、数控机床等都是这一类机电一体化产品。

3）按产品用途分类

机电一体化产品按用途分类，可分为产业机械类、信息机械类、民生机械等机电一体化产品。

（1）产业机械类：用于生产过程的电子控制机械，如数控机床、数控锻压设备、微机控制的焊接设备、工业机器人、电子控制的食品包装机械、塑料成形机械、皮革机械、纺织机械及自动导引车系统（Automatic Guide Vehicle System，AGVS）等。

（2）信息机械类：用于信息处理、存储等的电子机械产品，如电报传真机、电子打字机、自动绘图机、磁盘存储器、办公室自动化设备等。

（3）民生机械：用于人民生活领域的电子机械产品或机械电子产品，如收录机、电冰箱、录像机、影碟机、全自动洗衣机、电子照相机、数码照相机、手机、汽车电子化产品和医疗器械等。

5.1.4　典型的机电一体化系统实例

机电一体化系统（产品）种类繁多，已被广泛应用于航天工程、交通运输、采矿冶金、纺织印染、造纸印刷、食品加工、物流储配、家用电器、医疗器械等各个行业，可以说不胜枚举。为了更好地理解机电一体化系统（产品），本节以数控机床和工业机器人这两个典型的机电一体化系统为例做简单介绍。

1．数控机床

数字控制（Numerical Control，NC）技术是指采用数字化信息进行控制的技术。用数字化信息对机床的运动及其加工过程进行控制的机床，称作数控机床，它是数字控制技术与机床相结合的产物。数控机床是典型的机电一体化产品，是集现代机械制造技术、自动控制技术、检测技术、计算机信息技术于一体的高效率、高精度、高柔性和高自动化的现代机械加工设备。数控机床种类很多，几乎各类机床都有成功的数控产品。常见的典型数控机床有数控车床、数控铣床、加工中心、数控钻-镗床、数控磨床、数控电加工机床及一些特殊类型的数控机床。数控机床是发展新兴高新技术产业和尖端工业的使能技术与最基本的装备之一。目前，世界各国的信息产业、生物产业、航空航天等国防工业都广泛采用数控技术，以提高制造能力和水平，提高对市场的适应能力和竞争能力。

1）数控机床的构成

数控机床同其他机电一体化产品一样，也是由机械本体、动力与驱动部分、电子控制单元、检测传感部分和执行机器（伺服系统）构成的。

（1）机械本体

机械本体为数控机床的主体，是用于完成各种切削加工的机械部分。

（2）动力与驱动部分

动力与驱动部分是为数控机床提供动力的部分，主要使用电能。

（3）电子控制单元

电子控制单元的核心是计算机数控装置，它把接收到的各种数字信息经过译码、运算和逻辑处理，生成各种指令信息并输出给伺服系统，使机床按规定的动作进行加工。这部分还包括相应的外围设备，如显示器、打印机等。

（4）检测传感部分

检测传感部分主要对工作台的直线位移和回转工作台的角位移进行检测，将检测结果送入计算机，或用于位置显示，或用于反馈控制。

（5）执行机构（伺服系统）

执行机构用来驱动机床上的移动部件做相应的运动，并对其定位精度和速度进行控制。例如，许多数控机床的走刀运动就是利用伺服电机驱动滚珠丝杠来完成的。

2）数控机床的工作原理

在普通机床上加工零件，是由操作者根据零件图纸的要求，不断改变刀具与工件之间相对运动轨迹，由刀具对工件进行切削而加工出要求的零件的。而在数控机床上加工零件时，则是将被加工零件的加工顺序、工艺参数和机床运动要求用数控语言编写加工程序，然后输入到计算机数控（CNC）装置，CNC 装置对加工程序进行一系列处理后，向伺服系统发出执行指令，由伺服系统驱动机床移动部件运动，从而自动完成零件的加工。图 5-5 所示为数控机床加工零件的工作过程。

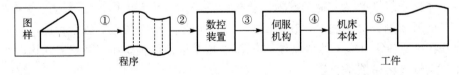

图 5-5　数控机床加工零件的工作过程

3）数控机床的特点

数控机床综合了微电子技术、计算机应用技术、自动控制技术及精密机床设计与制造技术，具有专用机床的高效率、精密机床的高精度和通用机床的高柔性等显著特点，适用于多变、复杂、精密零件的高效、自动化加工。具体说来，其特点可以概括为以下几个方面。

（1）柔性自动化，具有广泛的适应性

由于采用数控程序控制，加工中多采用通用型工装，只要改变数控程序，就可以实现对新零件的自动化加工，因此能适应当前市场竞争中对产品不断更新换代的要求，解决了多品种、中小批量生产的自动化问题。

（2）加工精度高，质量稳定

数控机床集中采用了提高加工精度和保证质量稳定性的多种技术措施：第一，数控机床由数控程序自动控制进行加工，在工作过程中，一般不需要人工干预，这就消除了操作者人为产生的失误或误差；第二，数控机床的机械结构是按照精密机床的要求进行设计和制造的，采用了滚珠丝杠、滚动导轨等高精度传动部件，而且刚度大、热稳定性和抗震性能好；第三，数控机床大多采用具有检测反馈的闭环或半闭环控制，具有误差修正或补偿功能，可以进一步提高精度和稳定性；第四，数控加工中心具有刀库和自动换刀装置，可以在一次装夹后，完成工件的多面和多工序加工，最大限度地减小了装夹误差的影响。

（3）生产效率高

数控机床能最大限度地缩短零件加工所需的机动时间与辅助时间，显著提高生产效率。第一，数控机床的进给运动和多数主运动都采用无级调速，且调速范围大，因此，每一道工序都能选择最佳的切削速度和进给速度；第二，良好的结构刚度和抗震性能允许机床采用大切削用量和进行强力切削；第三，一般不需要停机对工件进行检测，从而有效地缩短了机床加工中的停机时间；第四，机床移动部件在定位中都采用自动加/减速措施，因此可以选用很高的空行程运动速度，大大缩短了辅助运动时间；第五，加工中心可以采用自动换刀和自动交换工作台等措施，工件一次装夹，可以进行多面和多工序加工，大大缩短了工件装夹、对刀等辅助时间；第六，加工工序集中，可以减少零件的周转，减小了设备台数及厂房面积，给生产调度管理带来极大方便。

（4）能实现复杂零件的加工

由于数控机床采用计算机插补和多坐标联动控制技术，因此可以实现任意的轨迹运动和加工出任何复杂形状的空间曲面，可以方便地完成如螺旋桨、汽轮机叶片、汽车外形冲压用模具等具有各种复杂曲面类零件的加工。

（5）减小劳动强度，改善劳动条件

由于数控机床的操作者主要利用操作面板对机床的自动加工进行操作，因此大大减小了操作者的劳动强度，改善了生产条件，并且可以一个人轻松地管理多台机床。

（6）有利于现代化生产与管理

采用数控机床进行加工，能够方便、精确地计算出零件的加工工时或进行自动加工统计，能够精确地计算生产和加工费用，有利于生产过程的科学管理。数控机床是计算机辅助设计与制造、群控或分布式控制、柔性制造系统、计算机集成制造系统等先进制造系统的基础。

2．工业机器人

工业机器人（Industrial Robot）是一种能模拟人的手、臂的部分动作，按照预定的程序、轨迹及其他要求，实现抓取、搬运工件或操纵工具的自动化装置，它综合了精密机械技术、微电子技术、检测传感技术、自动控制技术等领域的最新成果。工业机器人应用情况是一个国家工业自动化水平的重要标志。工业机器人并不是在简单意义上代替人工的劳动，而是综合了人的特长和机器特长的一种拟人的电子机械装置，既有人对环境状态的快速反应和分析判断能力，又有机器可长时间持续工作、精度高、抗恶劣环境的能力。从某种意义上说，它也是机器进化过程的产物，是工业及非产业界的重要生产和服务性设备，也是先进制造技术领域不可缺少的自动化设备。工业机器人就是面向工业领域的多关节机械手或多自由度机器人，一般用于机械制造业中以代替人完成具有大批量、高质量要求的工作。例如，在汽车制造、摩托车制造、舰船制造、某些家电产品生产、化工等行业自动化生产线中，完成点焊、弧焊、喷漆、切割、电子装配，以及物流系统的搬运、包装、码垛等作业。随着制造业的不断发展，工业机器人的研究和应用水平已经成为衡量一个国家制造业及其工业自动化水平的标志之一。目前，工业机器人被广泛应用于工业生产中代替人做某些单调、频繁和重复的长时间作业，或是危险、恶劣环境下的作业，例如，在冲压、压力铸造、热处理、焊接、涂装、塑料制品成形、机械加工和简单装配等工序上，以及在原子能工业等部门中，完成对人体有害物料的搬运或工艺操作。

1）工业机器人的构成

图 5-6 所示为一个典型的工业机器人。从图中可知，工业机器人一般都由执行系统、驱动系统、控制系统、传感系统等几部分组成。

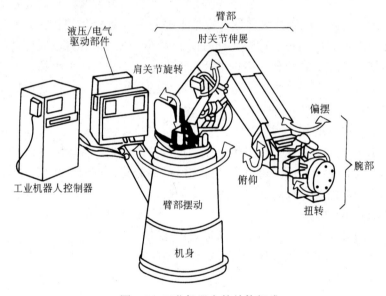

图 5-6　工业机器人的结构组成

（1）执行系统

执行系统是工业机器人完成摄取工具（或工件）实现所需各种运动的机构部件，又称操作机，通常包括：手部、腕部、臂部、机身、机座及行走机构等。

（2）驱动系统

驱动系统是向执行系统的各个运动部件提供动力的装置。按照采用的动力源不同，驱动系统分为液压驱动、气压驱动、电动驱动三种基本驱动类型。

（3）控制系统

控制系统是工业机器人的指挥系统，它控制驱动系统，让执行机构按照规定的要求进行工作。它类似于人的大脑，控制着机器人的全部动作，工业机器人功能的强弱及性能的优劣主要取决于控制系统。一个良好的控制系统要有灵活、方便的操作方式，以及多种形式的运动控制方式和安全可靠性。

（4）传感系统

为了使工业机器人正常工作，必须与周围环境保持密切联系，除关节伺服驱动系统的位置传感器（称作内部传感器）外，还要配备视觉、力觉、触觉、接近觉等多种类型的传感器（称作外部传感器）及传感信号的采集处理系统。

2）工业机器人的工作原理

工业机器人的工作原理是一个比较复杂的问题。简单地说，机器人的原理就是模仿人的各种肢体动作、思维方式和控制决策能力。从控制的角度，机器人可以通过如下 4 种方式达到这一目标。

（1）"示教再现"方式

它通过"示教盒"或人"手把手"两种方式教机械手如何动作，控制器将示教过程记忆下来，然后工业机器人按照记忆周而复始地重复示教动作，如喷涂机器人。

（2）"可编程控制"方式

工作人员事先根据工业机器人的工作任务和运动轨迹编制控制程序，然后将控制程序输入工业机器人的控制器，启动控制程序，工业机器人按照程序所规定的动作一步一步地去完成，如果任务变更，只需修改或重新编写控制程序，非常灵活方便。大多数工业机器人都是按照前两种方式工作的。

（3）"遥控"方式

由人用有线或无线遥控器控制工业机器人在人难以到达或危险的场所完成某项任务，如防爆排险机器人、军用机器人、在有核辐射和化学污染环境中工作的机器人等。

（4）"自主控制"方式

是工业机器人控制中高级、复杂的控制方式，它要求工业机器人在复杂的非结构化环境中具有识别环境和自主决策的能力，也就是要具有人的某些智能行为。

3）工业机器人的特点

相比于传统的工业设备，工业机器人有众多的优势和显著的特点，比如机器人具有可编程、拟人化、通用性、交叉性等特点。

（1）可编程

生产自动化的进一步发展是柔性自动化。工业机器人可随其工作环境变化的需要而再编程，因此它在小批量、多品种、具有均衡高效率的柔性制造过程中能发挥很好的功用，是柔性制造系统中的一个重要组成部分。

（2）拟人化

工业机器人在机械结构上有类似人的行走、腰转、大臂、小臂、手腕、手爪等部分，在控制上有计算机。此外，智能化工业机器人还有许多类似人类的"生物传感器"，如皮肤型接触传感器、力传感器、负载传感器、视觉传感器、声觉传感器、语言功能传感器等。传感器提高了工业机器人对周围环境的自适应能力。

（3）通用性

除专门设计的专用的工业机器人外，一般工业机器人在执行不同的作业任务时具有较好的通用性。比如，更换工业机器人手部末端操作器（手爪、工具等）便可执行不同的作业任务。

（4）交叉性

工业机器人技术涉及的学科相当广泛，归纳起来是机械学和微电子学的结合——机电一体化技术。第三代智能机器人不仅具有获取外部环境信息的各种传感器，而且具有记忆能力、语言理解能力、图像识别能力、推理判断能力等人工智能，这些都是微电子技术的应用，特别是与计算机技术的应用密切相关。因此，机器人技术的发展必将带动其他技术的发展，机器人技术的发展和应用水平也可以验证一个国家科学技术和工业技术的发展水平。

5.2　机械制造自动化技术及实例

5.2.1　概述

1. 机械制造自动化的基本概念

1）机械化与自动化

人在生产过程中的劳动包括基本体力劳动、辅助体力劳动、脑力劳动三部分。基本体力劳动是指直接改变生产对象的形态、性能和位置等方面的劳动，如具体的加工；辅助体力劳动是指完成基本体力劳动所必须做的其他辅助性工作，如工件的装卸、检验、刀具更换、工件输送、工艺规程设计等；脑力劳动是指决定生产方法、选择生产工具、质量检验及生产管理工作等。

制造过程中原来由人力所承担的劳动由机械及其驱动的能源（如各种机械能、水力、电力、热能等）所代替的过程，称为机械化。例如，自动走刀代替手动走刀，称为走刀机械化；皮带输送机代替人工搬运工件，称为工件输送机械化；气动卡具代替手工操作卡具夹紧工件，称为工件夹紧机械化。机械化生产时，人和机器构成了人机生产系统，需要工人操作看管机器，整个生产在很大程度上仍受操作者的影响。

在机器代替人完成基本劳动的同时，人对机器的操纵看管、对工件的装卸和检验等辅助劳动也由机器代替，并由自动控制系统或计算机代替人的部分脑力劳动的过程，称为自动化。基本劳动机械化加上辅助劳动机械化，再加上自动控制系统所构成的有机集合体，就是一个自动化生产系统。

2）制造自动化的三个层次

在机械制造过程中，可以把制造自动化分为三个层次。

（1）工序自动化

工序是指一个（或一组）工人，在一台机床（或一个工作地点）对同一工件（或同时对几个工件）所连续完成的那部分工艺过程。任何制造过程都是由若干工艺过程组成的，在一个工艺过程中又包含若干工序，而一个工序又包含着若干基本动作，如传动动作、上下料动作、换刀动作、切削动作及检验动作等。此外，还有操纵和管理这些基本动作的操纵动作，如开动和关闭传动机构的动作等。这些动作可以手动来完成，也可以用机器来完成。

在一个工序中，若所有的基本动作均实现了机械化，且若干辅助动作也实现了自动化，而工人要做的工作只是对这一工序做总的操纵和监督，则称为工序自动化，所构成的集合体通常称为自动机。这种初级层次的单机自动化是机械制造工艺过程自动化的基础。

（2）自动生产线

一个工艺过程（如加工工艺过程）中，如果不仅每个工序都实现了自动化，而且把它们有机地联系起来，使得整个工艺过程（包括加工、工序间的检验和输送）都自动进行，而工人只需对整个工艺过程进行总操纵和监督，这就形成了某一种加工工艺的自动生产线，实现了一个工艺过程自动化。所构成的集合体称为自动生产线，它是实现机械制造自动化的中级层次。

（3）自动化机械制造系统

一个零部件（或产品）的制造包括若干工艺过程，如果不仅每个工艺过程都自动化了，各工艺过程之间的联系也自动化，即从原材料到最终成品的全过程都不需要人工干预，则形成了制造过程的自动化，所构成的集合体称为自动化制造系统。机械制造自动化的高级阶段就是自动化车间甚至自动化工厂。

自动化机械制造系统是由经营管理、生产过程、机床设备、控制装置及工作人员所组成的自动化有机集合体。它把工作人员与原材料、能源及其装置、运输装置、机床、工夹具等物质硬件有机地连成一体，同时向这个生产集合体输入生产计划、生产图纸、技术要求和生产工艺等信息软件，系统自动制造出符合要求的各种机械产品。

自动化机械制造系统要综合解决系统的物质流自动化与信息流自动化及其优化的问题。

（1）物质流自动化。采用各种自动化设备和控制装置，使与生产有关的采购供应→仓库存储→运送→毛坯加工→机械加工→表面处理及热处理→装配→检验试车→成品存储及产品出厂的全过程和运输实现自动化。

（2）信息流自动化。采用计算机及各种信息软件和自动控制装置，使与生产技术管理和经营管理有关的工作，如需求预测→订货→设计→生产计划→工艺计划→调度→加工计划→生产管理→销售管理等信息流通及信息处理实现自动化。

2．机械制造自动化技术的主要内容

一般来讲，机械制造主要由毛坯制备、物料储运、机械加工、装配、辅助过程、质量控制、热处理和系统控制等过程组成。本部分所涉及的是狭义的机械制造过程，主要是指机械加工过程及与此紧密相关的物料储运、质量控制、装配等过程。因此机械制造过程中的自动化技术的主要内容如下。

① 机械加工自动化技术：包括上下料、装夹、换刀、加工、零件校验等环节的自动化技术。

② 物料储运自动化技术：包括工件、刀具和其他物料的储运自动化技术。

③ 装配自动化技术：包括零部件供应和装配过程等自动化技术。

④ 质量控制自动化技术：包括零件检测、产品检测和刀具检测等自动化技术。

总之，制造自动化就是在制造过程的所有环节中都采用自动化技术，实现机械制造全过程的自动化。

3. 机械制造自动化的意义

随着全球经济一体化的深入发展及制造业产品竞争战略的不断发展，相应的制造理念和模式不断创新。面对新形势、新格局，机械制造自动化技术发展和广泛应用对机械行业产生越来越大的影响。概括而言，实现机械制造自动化具有如下作用。

1）提高生产率

生产率是指在一定的时间范围内生产总量的大小。采用自动化技术可以大幅缩短产品制造过程中的辅助时间，从而提高生产率。

2）缩短生产周期

机械生产按照产品特点可分为：大批生产，多品种、中小批生产，单件生产。在现代机械制造企业中，单件、小批量的生产约占 85%。而在多品种、中小批生产中，被加工零件处于储运、等待加工的时间约占 95%，而有效的加工时间仅占 1.5%，图 5-7 所示为采用或不采用自动化技术的加工时间对比图。采用自动化技术后可以有效缩短零件 98.5%的无效时间，从而有效缩短生产周期。

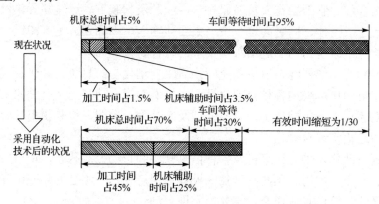

图 5-7　采用或不采用自动化技术的加工时间对比图

3）提高产品质量

由于自动化系统中广泛采用各种高精度的加工设备和自动检测设备，保证零部件的加工、装配精度，因此可以有效地提高产品的质量。

4）提高经济效益

采用自动化技术后可减小占地面积、减少直接生产工人的数量、降低废品率、提高投入产出比，因而有效提高经济效益。

5）降低劳动强度

采用自动化技术后，让机器去完成绝大部分笨重、艰苦、烦琐甚至对人体有害的工作，从而降低了工人的劳动强度。

6）有利于产品更新

采用现代制造技术使得变更制造对象更容易，适应的范围也较宽，十分有利于产品的更新。

7）提高劳动者的素质

制造自动化技术要求操作者具有较高的业务素质和严谨的工作态度，无形中提高了劳动者的素质，特别是采用小组化工作方式对劳动者的素质要求更高。

8）带动相关技术的发展

实现机械制造自动化可以带动自动检测技术、自动化控制技术、产品设计与制造技术、系统工程技术等相关技术的发展。

9）体现国家的科技水平

自 1870 年以来，机械制造自动化技术和设备基本都首先出现在美国，这与美国高度发达的科技水平密切相关。

4. 机械制造自动化的发展趋势

随着科学技术的飞速发展和社会的不断进步，先进的生产模式对机械制造自动化技术提出了多种不同的要求，这些要求同时决定了机械制造自动化技术的发展趋势。目前机械制造自动化技术正在向敏捷化、网络化、虚拟化、智能化、全球化、绿色化的方向发展。

1）制造敏捷化

敏捷化制造环境和制造过程是新世纪制造活动的必然趋势，其核心是使企业对市场竞争做出快速响应，利用企业内外各方面的优势形成动态联盟，缩短产品开发周期，尽快抢占市场。

2）制造网络化

基于 Internet/Intranet 的制造已成为当今制造业的重要发展趋势，包括企业制造环境的网络化和企业与企业之间的网络化。通过制造环境的网络化，实现制造过程的集成，实现企业的经营管理、工程设计和制造控制等各子系统的集成；通过企业与企业间的网络化，可实现异地制造、远程协调作业。

3）制造虚拟化

制造虚拟化包括设计过程的拟实技术和加工制造过程的虚拟技术。前者面向产品的结构和性能的分析，以优化产品本身性能和成本为目标；后者面向产品生产过程的模拟和检验，检验产品的可加工性、加工工艺的合理性。制造虚拟化的核心是计算机仿真，通过仿真来模拟真实系统，发现设计与生产中可避免的缺陷和错误，保证产品的制造过程一次成功。

4）制造智能化

智能制造技术的宗旨在于扩大、延伸及部分取代人类在制造过程中的脑力劳动，以实现优化的制造过程。智能制造包含智能计算机、智能机器人、智能加工设备、智能生产线等。智能制造系统是制造系统发展的最高阶段，即从柔性制造系统、集成制造系统向智能制造系统发展。

5）制造全球化

制造网络化和敏捷化策略的实施，促进了制造全球化的研究和发展。这其中包括市场的国际化，目前产品销售的全球网络正在形成，随着产品设计和开发的国际合作及产品制造的跨国化，制造企业在世界范围内的重组与集成，制造资源的跨地区、跨国家的协调、共享和优化利用，全球制造的体系结构将会形成。

6）制造绿色化

制造业是创造人类财富的支柱产业，同时是环境污染的主要源头，因而产生了绿色制造的新概念。绿色制造是一种综合考虑环境影响和资源效率的现代制造模式，其目标是使产品在从设计、制造、包装、运输、使用到报废处理的整个产品生命周期中，对环境的影响最小、资源利用效率最高。绿色制造已成为全球可持续发展战略对制造业的具体要求和体现。

5.2.2　机械制造自动化系统的构成与分类

1. 机械制造自动化系统的构成

从系统的观点来看，一般的机械制造自动化系统主要由以下 4 部分构成：加工系统、物料储运系统、刀具准备与储运系统、控制与管理系统。

1）加工系统

加工系统在机械制造过程中占重要地位，实现自动化可缩短辅助时间、提高生产率、改善工人的劳动条件、减小工人的劳动强度，也是建立自动生产线的前提条件。加工系统自动化是实现机械制造自动化的基础，主要包括工件的切削加工、排屑、清洗和测量的自动化设备与机构。

自动化加工系统是指实现了机床加工循环自动化，并实现了装卸工件等辅助工作自动化的设备。其在加工过程中能够高效、精密、可靠地自动进行加工，且能够进一步集中工序和具有一定柔性。一般情况下，只实现了加工循环自动化的设备称为半自动化加工设备；只有既实现了加工过程自动化，又具有自动装卸工件等能力的设备，才称为自动化加工设备。机床加工过程自动化的主要内容是加工循环自动化，其他内容则根据机床的加工要求的不同而有一定差异。自动化水平较高的机床包含的内容则更多。

实现加工设备自动化的方法主要有以下几种（图 5-8 所示为加工设备自动化的主要内容）。

（1）通过对半自动化加工设备配置自动上下料装置，以实现加工设备的完全自动化；

（2）将通用加工设备运用电气控制技术、数控技术等进行自动化改装；

（3）根据加工工件的特点和工艺要求设计制造专用的自动化加工设备，如组合机床、其他专用自动化机床等；

（4）采用数控加工设备，包括数控机床、加工中心等。

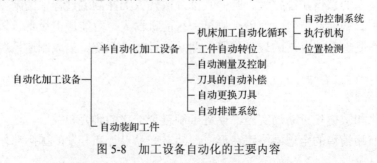

图 5-8　加工设备自动化的主要内容

目前，各机械制造工厂里拥有大量的各类通用机床，对这类机床进行自动化改装，用以实现单机自动化是提高劳动生产率的途径之一。由于通用机床在设计时并未考虑进行自动化改装的需要，因此在改装时常常受到若干具体条件的限制，给改装带来一定的困难。所以进行机床自动化改装时，必须重视以下几点：①被改装的机床必须保证具有足够的精度和刚度；②改装和添置的自动化机构和控制系统必须可靠稳定；③尽可能减小改装工作量，保留机床的原有结构，充分发挥机床原有的性能，减小投资。

2）物料储运系统

物料储运系统是自动化制造系统的重要组成部分，一个工件从毛坯到成品的整个生产过程中，只有相当短的一部分时间用于机床的切削加工，而大部分时间则消耗于物料的储运过程。合理地选择物料储运系统，可以大大缩短物料的运送时间，提高整个制造系统的柔性和效率。

物料运储系统主要完成两种不同的工作：一是零件毛坯、原材料、工具和配套件等由外界搬运进系统，以及将加工好的成品及工具换下来从系统中搬运走；二是零件、工具和配套件等在系统内部的搬运和存储。物料储运系统主要包括物料运输和物料存储两个方面的内容，如图 5-9 所示。物料运输装置一般包含传送带、运输小车、机器人及机械手、自重传送料道等，物料存储设备主要有工件装卸站、托盘缓冲站、立体仓库等几个组成部分，主要用来完成工件、刀具、托盘及其他辅助设备与材料的装卸、运输和存储工作。

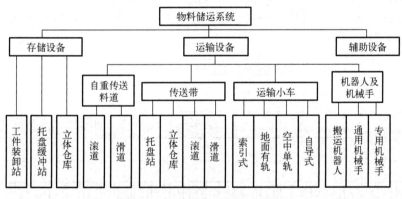

图 5-9　物料储运系统组成设备

3）刀具准备与储运系统

刀具准备与储运系统为各加工设备及时提供所需要的刀具，从而实现刀具供给自动化，使自动化制造系统的自动化程度进一步提高。刀具准备与储运系统主要包括：刀具组装台、刀具预调仪、中央刀库、机床刀库、刀具装卸站输送装置和刀具交换机构、刀具计算机管理系统等。图 5-10 所示为刀具准备与储运系统的示意图。

4）控制与管理系统

控制与管理系统实质上是实现加工过程、物料流动过程的控制、协调、调度、监测和管理的信息流系统。控制与管理系统由计算机、工业控制机、可编程控制器、通信网络、数据库和相应的控制与管理软件构成，是机械制造自动化系统的神经中枢，也是各子系统之间的联系纽带。

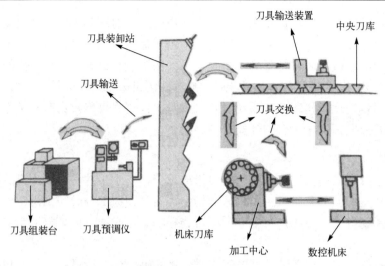

图 5-10　刀具准备与储运系统的示意图

2．机械制造自动化系统的分类

对机械制造自动化系统的分类目前还没有统一的方式。综合国内外各种资料，大致可按下面几种方式来对机械制造自动化进行分类。

① 按制造过程分类可分为毛坯制备过程自动化、热处理过程自动化、储运过程自动化、机械加工过程自动化、装配过程自动化、辅助过程自动化、质量控制过程自动化和系统控制过程自动化，如图 5-11 所示。

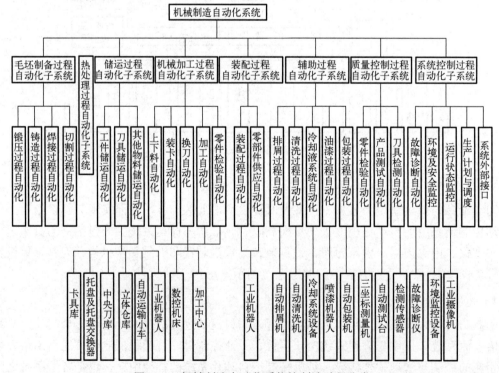

图 5-11　机械制造自动化系统按制造过程分类

② 按设备分类可分为局部动作自动化、单机自动化、刚性自动化、刚性综合自动化、柔性制造单元、柔性制造系统。

③ 按控制方式分类可分为机械控制自动化、机电液控制自动化、数字控制自动化、计算机控制自动化、智能控制自动化。

④ 按生产批量分类可分为大批量生产自动化、中等批量生产自动化、单件小批量生产自动化。

5.2.3　机械制造自动化的途径

产品对象（包括产品的结构、材质、重量、性能、质量等）决定着自动装置和自动化方案的内容；生产纲领的大小影响着自动化方案的完善程度、性能和效果；产品零件决定着自动化的复杂程度；设备投资和人员构成决定着自动化的水平。因此，要根据不同情况，采用不同的加工方法。

1．单件小批量生产机械化及自动化的途径

据统计，在机械产品的数量中，单件生产占 30%，小批量生产占 50%，因此，解决单件小批量生产的自动化有很大的意义。而在单件小批量生产中，往往辅助工时所占的比例较大，所以仅从采用先进的工艺方法来缩短加工时间这个角度并不能有效地提高生产率。在这种情况下，只有使机械加工循环中各个单元动作及循环外的辅助工作实现机械化、自动化，才能同时缩短加工时间和辅助时间，有效提高生产率。因此，采用简易自动化使局部费时、耗力的工步、工序实现自动化，是单件小批量生产自动化的有效途径。

具体方法如下：

（1）采用机械化、自动化装置，来实现零件的装卸、定位、夹紧机械化和自动化；

（2）实现工作地点的小型机械化和自动化，如采用自动滚道、运输机械、电动及气动工具等装置来缩短辅助时间，同时可降低劳动强度；

（3）改装或设计通用的自动机床，实现操作自动化，来完成零件加工的个别单元的动作或整个加工循环的自动化，以便提高劳动生产率和改善劳动条件。

对改装或设计的通用自动化机床，必须满足使用经济、调整方便省时、改装方便迅速及自动化装置能保持机床万能性能等基本要求。

2．中等批量生产的自动化途径

对于中等批量生产，批量虽然比较大，但产品品种并不单一。随着社会对品种更新的需求，要求中等批量生产的自动化系统具备一定的柔性，以适应产品和工艺的变换。从各国发展情况看，主要通过以下几种途径实现中等批量生产的自动化。

（1）建立可变自动化生产线，在成组技术基础上实现"成批流水作业生产"。应用 PLC 或计算机控制的数控机床和可控主轴箱、可换刀库的组合机床，建立可变的自动化生产线。在这种可变的自动生产线上，可以加工和装夹几种零件，既保持了自动化生产线的高生产率特点，又扩大了其工艺适应性。对可变自动化生产线的要求如下。

① 所加工的同批零件具有结构上的相似性。

② 设置"随行夹具"，解决同一机床上能装夹不同结构工件的自动化问题。这时，每一

夹具的定位、夹紧是根据工件设计的。而各种夹具在机床上的连接则有相同的统一基面和固定方法。加工时，夹具连同工件一块移动，直到加工完毕，再退回原位。

③ 自动线上各台机床具有相应的自动换刀库，可以使加工中的换刀和调整实现自动化。

④ 对于生产批量大的自动化生产线，要求所设计的高生产率自动化设备对同类型零件具有一定的工艺适应性，以便在产品变更时能够迅速调整。

（2）采用具有一定通用性的标准化的数控设备。对于单个的加工工序，力求设计时采用机床及刀具能迅速重调整的数控机床及加工中心。

（3）设计制造各种可以组合的模块化典型部件，采用可调的组合机床及可调的环形自动线。

对于箱体类零件的平面及孔加工工序，可设计或采用具有自动换刀的数控机床或可自动更换主轴箱并带自动换刀库、自动夹具库和工件库的数控机床。这些机床都能够迅速改变加工工序内容，既可单独使用，又便于组成自动线。在设计、制造和使用各种自动的多能机床时，应该在机床上装设各种可调的自动装料、自动卸料装置、机械手和存储、传输系统，并应逐步采用计算机来控制，以便实现机床的调整"快速化"和自动化，尽量缩短重调整时间。

3. 大批量生产的自动化途径

目前，实现大批量生产的自动化已经比较成熟，主要有以下几种途径。

（1）广泛地建立适用于大批量生产的自动化生产线（简称自动线）。国内外的自动化生产线的生产经验表明：自动化生产线具有很高的生产率和良好的技术经济效果。目前，大量生产的工厂已普遍采用了组合机床自动线和专用机床自动线。

（2）建立自动化工厂或自动化车间。大批量生产的产品品种单一、结构稳定、产量很大、具有连续流水作业和综合机械化的良好条件。因此，自动化批量生产目前正向着集成化的机械制造自动化系统的方向发展。整个系统建立在系统工程学的基础上，应用电子计算机、机器人及综合自动化生产线所建成的大型自动化制造系统，能够实现从原材料投入经过热加工、机械加工、装配、检验到包装的物流自动化，而且实现了生产的经营管理、技术管理等信息流的自动化和能量流的自动化。因此，常把这种大型的自动化制造系统称为全盘自动化系统。但是全盘自动化系统还需进一步解决许多复杂的工艺问题、管理问题和自动化的技术问题。除在理论上需要继续加以研究外，还需要建立典型的自动化车间、自动化工厂来深入进行试验，从中探索全盘自动化生产和规律，使之不断完善。

（3）建立"可变的短自动线"及"复合加工"单元。采用可调的短自动线——只包含2～4个工序的一小串加工机床建立的自动线，短小灵活，有利于解决大批量生产的自动化生产线应具有一定的可变性的问题。

（4）改装和更新现有老式设备，提高它们的自动化程度。把大批量生产中现有的老式设备改装或更新成专用的高效自动机，最低限度也应该是半自动化机床。进行改装的方法是：安装各种机械的、电气的、液压的或气动的自动循环刀架，如程序控制刀架、转塔刀架和多刀刀架；安装各种机械化、自动化的工作台，如各种各样的机械式、气动、液压或电动的自动工作台模块；安装各种自动送料、自动夹紧、自动换刀的刀库，自动检验、自动调节加工参数的装置，自动输送装置和工业机器人等自动化的装置，来提高大批量生产中各种旧有设备的自动化程度。沿着这样的途径也能有效地提高生产率，为工艺过程自动化创造条件。

5.2.4　机械制造自动化的类型与特征

随着科学技术的发展，加工过程自动化水平不断提高，使得生产率得到了很大的提高，先后开发了适应不同生产率水平要求的自动化制造系统。不同的自动化制造系统有着不同的性能特点和不同的应用范围，因此应根据需要选择不同的自动化制造系统。根据系统的自动化水平和规模，可以将自动化制造系统分成如下类型。

1．刚性半自动化单机

除上下料外，机床可以自动地完成单个工艺过程的加工循环，这样的机床称为刚性半自动化单机。这种机床采用的是机械或电液复合控制，例如，单台组合机床，通用多刀半自动化车床、转塔车床等。从复杂程度讲，刚性半自动化单机实现的是加工自动化的最低层次，但是投资少、见效快，适用于产品品种变化范围和生产批量都较大的制造系统。缺点是调整工作量大，加工质量较差，工人的劳动强度也大。

2．刚性自动化单机

刚性自动化单机是在刚性半自动化单机的基础上增加自动上下料装置而形成的自动化机床，因此这种机床实现的也是单个工艺过程的全部加工循环。这种机床往往需要定做或改装，常用于品种变化很小但生产批量特别大的场合。主要特点是投资少、见效快，但通用性差，是大批量生产最常见的加工装备之一。

3．刚性自动化生产线

刚性自动化生产线是用工件输送系统将各种自动化加工设备和辅助设备按一定的顺序连接起来，在控制系统的作用下完成单个零件加工的复杂大系统。在刚性自动化生产线上，被加工零件以一定的生产节拍、顺序通过各个工作位置，自动完成零件预定的全部加工过程和部分检测过程。因此，刚性自动化生产线具有很高的自动化程度，具有统一的控制系统和严格的生产节奏。与自动化单机相比，它的结构复杂，完成的加工工序多，所以生产率也很高，是少品种、大量生产必不可少的加工装备。除此之外，刚性自动化生产线还具有可以有效缩短生产周期、取消半成品的中间库存、缩短物料流程、减小生产面积、改善劳动条件、便于管理等优点。它的主要缺点是投资大、系统调整周期长、更换产品不方便。为了消除这些缺点，人们发展了组合机床自动线，可以大幅度缩短建线周期，更换产品后只需更换机床的某些部件即可（例如可换主轴箱），大大缩短了系统的调整时间，降低了生产成本，并能收到较好的使用效果和经济效果。组合机床自动线主要用于箱体类零件和其他类型非回转件的钻、扩、铰，如攻螺纹和铣削等工序的加工。

4．刚性综合自动化系统

一般情况下，刚性自动化生产线只能完成单个零件的所有相同工序（如切削加工工序），对于其他自动化制造内容（如热处理、锻压、焊接、装配、检验、喷漆甚至包装）却不可能全部包括在内。包括上述内容的复杂大系统称为刚性综合自动化系统，它常用于产品比较单一但工序内容多、加工批量特别大的零部件的自动化制造。刚性综合自动化系统结构复杂，投资强度大，建线周期长，更换产品困难，但生产效率极高，加工质量稳定，工人劳动强度低。

5．一般数控机床

一般数控机床（NC）用来完成零件一个工序的自动化循环加工。早期的数控机床的控制系统都采用硬联结电路，即控制逻辑是通过硬件电路实现的，故称为"硬件数控"。这种数控机床虽然可以通过改变控制程序实现不同形状零件的加工，但具有很多缺点，如：零件编程工作量大、容易出错，不能够实现自适应控制，加工过程中频繁启动纸带阅读机，容易出现输入故障，控制功能由硬件电路决定，系统缺乏灵活性等。为了克服硬件数控的缺点，后来人们采用通用数字计算机代替硬连接电路，实现了软件数控，即统称的计算机数控（CNC），计算机数控的出现为更高级别的自动化制造系统的实现开辟了广阔的前景。

6．加工中心

加工中心是在一般数控机床的基础上增加刀库和自动换刀装置而形成的一类更复杂但用途更广、效率更高的数控机床。由于具有刀库和自动换刀装置，因此可以在一台机床上完成车、铣、钻、铰、攻螺纹、轮廓加工等多个工序的加工。所以，加工中心机床具有工序集中、可以有效缩短调整时间和搬运时间，减小在制品库存，加工质量高等优点。加工中心常用于零件比较复杂、需要多工序加工且生产批量中等的生产场合。根据所处理的对象不同，加工中心又可分为铣削加工中心和车削加工中心。

7．柔性制造单元

柔性制造单元（FMC）是一种小型化柔性制造系统（FMS）。通常认为，柔性制造单元是由1～3台计算机数控机床或加工中心所组成的，如图 5-12 所示。单元中配备有某种形式的托盘交换装置或工业机器人，由单元计算机进行程序编制和分配、负荷平衡和作业计划控制。与柔性制造系统相比，柔性制造单元的主要优点是：占地面积较小，系统结构不很复杂，成本较低，投资较小，可靠性较高，使用及维护均较简单。因此，柔性制造单元是柔性制造系统的主要发展方向之一，深受各类企业的欢迎。就其应用范围而言，柔性制造单元常用于品种变化不是很大、生产批量中等的生产规模。

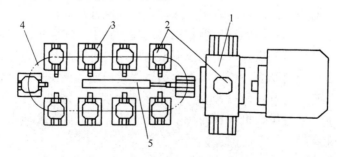

图 5-12　柔性制造单元
1—加工中心机床；2—托盘；3—托盘站；4—环形工作台；5—工件交换台

8．柔性制造系统

柔性制造系统（Flexible Manufacturing System，FMS）是由统一的信息控制系统、物料储运系统和数台数控机床（或加工中心）组成的，能适应加工对象变换的智能自动化机电制造系统，图 5-13 所示为一种典型的柔性制造系统。其中，数控机床提供灵活的加工工艺，物料储运系统将数控机床互相联系起来，计算机控制信息系统则不断对设备的动作进行监控、检测，同时提供控制指令并进行工程记录，还可通过仿真来预示系统各部件的行为。到目前为止，柔性制造系统是最复杂、自动化程序最高的单一性质的制造系统之一。柔性制造系统内部一般包括两类不同性质的运动，一类是系统的信息流，另一类是系统的物料流，物料流受信息流的控制。

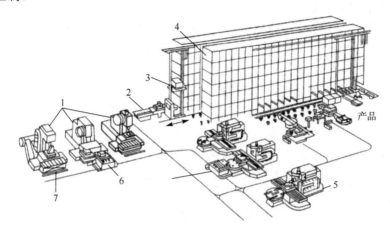

图 5-13　典型的柔性制造系统

1、5—加工中心；2—仓库进出站；3—堆垛机；4—自动化仓库；6—自动导向小车；7—托盘交换站

柔性制造系统的主要优点是：①可以减少机床操作人员；②由于配有质量检测和反馈控制装置，因此零件的加工质量很高；③工序集中，可以有效减小生产面积；④与立体仓库相配合，可以实现 24h 连续工作；⑤由于集中作业，因此可以缩短加工时间；⑥易于和管理信息系统（MIS）、工艺信息系统（TIS）及质量信息系统（QIS）结合形成更高级的制造自动化系统。

柔性制造系统的主要缺点是：①系统投资大，投资回收期长；②系统结构复杂，对操作人员的要求很高；③结构复杂使得系统的可靠性较差。一般情况下，柔性制造系统适用于品种变化不大、批量在 200～2500 件的中等批量生产。

9. 计算机集成制造系统

计算机集成制造系统（Computer Integrated Manufacturing System，CIMS）是随着计算机辅助设计与制造的发展而产生的。它是在信息技术、自动化技术与制造的基础上，通过计算机技术把分散在产品设计制造过程中各种孤立的自动化子系统有机地集成起来，形成适用于多品种、小批量生产，实现整体效益的集成化和智能化制造系统。一般认为计算机集成制造系统是由经营管理信息系统、工程设计自动化系统、制造自动化系统和质量保证信息系统 4个功能分系统，以及计算机网络和数据库管理两个支撑分系统这 6 部分有机地集成起来的。计算机集成制造系统是目前最高级别的制造自动化系统之一，但这并不意味着 CIMS 是完全自动化的制造系统。事实上，目前意义上 CIMS 的自动化程度甚至比柔性制造系统还要低。CIMS 强调的主要是信息集成，而不是制造过程物流的自动化。CIMS 的主要特点是系统十分庞大，包括的内容很多，要在一个企业完全实现难度很大，但可以采取部分集成的方式，逐步实现整个企业的信息及功能集成。

复习思考题

1．什么是机电一体化？机电一体化的主要内容是什么？
2．简述机电一体化系统技术体系中的关键技术。
3．简述机电一体化系统的组成要素和组成原则。
4．机电一体化对我国机械工业的发展有何意义？
5．什么是数控技术、机器人技术？简要介绍各自的定义及特点。
6．实现加工设备自动化的意义是什么？自动化加工设备主要有哪几类？
7．加工中心和数控机床的主要区别是什么？
8．什么是机械化和自动化？
9．柔性制造系统的基本组成部分有哪些？各部分具有什么作用？
10．机械制造自动化的主要内容有哪些？机械制造自动化的作用是什么？
11．机械制造自动化系统由哪几部分组成？
12．机械制造自动化的类型有哪些？各类型有什么特点？
13．试述机械制造自动化的主要发展趋势。

参 考 文 献

[1]　刘龙江. 机电一体化技术[M]. 3 版. 北京：北京理工大学出版社，2019.

[2]　李勇峰，陈芳. 机械工程导论——基于智能制造[M]. 北京：电子工业出版社，2018.

[3]　张文洁，于晓光，王更柱. 机械电子工程导论[M]. 北京：北京理工大学出版社，2015.

[4]　向中凡，肖继学. 机电一体化基础[M]. 重庆：重庆大学出版社，2013.

[5]　徐航，徐九南，熊威. 机电一体化技术基础[M]. 北京：北京理工大学出版社，2010.

[6]　汪铮. 机电一体化技术[M]. 长沙：国防科技大学出版社，2009.

[7]　袁中凡. 机电一体化技术[M]. 北京：电子工业出版社，2006.

[8]　全国高等教育自学考试指导委员会. 机电一体化系统设计[M]. 北京：机械工业出版社，2007.

[9]　李梦群，庞学慧，王凡. 先进制造技术导论[M]. 北京：国防工业出版社，2005.

[10]　计时鸣. 机电一体化控制技术与系统[M]. 西安：西安电子科技大学出版社，2009.

[11]　周骥平，林岗. 机械制造自动化技术[M]. 2 版. 北京：机械工业出版社，2007.

[12]　全燕鸣. 机械制造自动化[M]. 广州：华南理工大学出版社，2008.

[13]　刘治华，李志农. 机械制造自动化技术[M]. 北京：机械工业出版社，2009.

[14]　吴天林，段正澄. 机械加工系统自动化[M]. 北京：机械工业出版社，1992.

[15]　倪晓丹，杨继荣，熊运昌. 机械制造技术基础[M]. 2 版. 北京：清华大学出版社，2014.

[16]　雷子山，曹伟，刘晓超. 机械制造与自动化应用研究[M]. 北京：九州出版社，2018.

[17]　谢燕琴，黎震. 先进制造技术[M]. 4 版. 北京：北京理工大学出版社，2021.

[18]　马利杰. 先进制造技术导论[M]. 北京：北京师范大学出版社，2020.

[19]　王庆明. 先进制造技术导论[M]. 上海：华东理工大学出版社，2007.

[20]　张根保. 自动化制造系统[M]. 4 版. 北京：机械工业出版社，2017.

第6章　智能制造与智能装备技术

6.1　智能制造的产生

6.1.1　智能制造的历史与起源

　　智能制造的概念随信息技术（Information Technology）与人工智能（Artificial Intelligence）的发展而不断演进。20 世纪 80 年代，随着人工智能技术在制造领域的初步应用，Wright 和 Bourne 在《Manufacturing Intelligence》书中首次提出智能制造（Intelligent Manufacturing）的概念，并将其定义为通过集成知识工程、制造软件系统、机器视觉和机器人控制，针对专家知识与工人技能进行建模，进而使智能机器可以在无人干预状态下完成小批量生产。

　　人工智能与制造业融合发展，针对制造领域中的市场分析、产品设计、生产管控、设备维护等环节，各种专家系统和智能辅助系统相继开发。但这些系统彼此独立，导致了智能化"孤岛"的形成，因此，如何实现这些"孤岛"信息的互联互通成为研究人员关注的焦点。得益于信息技术的进步，一种通过集成制造自动化、人工智能等技术的新型制造系统——智能制造系统（Intelligent Manufacturing System）脱颖而出。针对该目标，日本于 1991 年发起"智能制造系统国际合作研究计划"，并指出智能制造系统是一种将贯穿全制造流程各个环节的智能活动以柔性方式集成，并将这种智能活动与智能机器有机融合的先进生产系统。

　　21 世纪以来，云计算（Cloud Computing）、物联网（Internet of Thing）、大数据（Big Data）、移动互联（Mobile Internet）等信息技术的出现，促进了制造业向新一代智能制造的转型升级。通过全制造流程与全生命周期数据的互联互通，实现分布、异构制造资源与制造服务的动态协同联动及决策优化，已成为制造业发展的趋势。因此，世界各制造大国纷纷提出了不同的战略规划来抢占未来制造业的制高点，如美国倡导的工业互联网、德国提出的工业 4.0（Industry 4.0）和我国正在大力推进的中国制造 2025 等。

6.1.2　智能制造的定义与特征

　　目前，智能制造尚无公认的定义，一种认可度较高的是美国国家标准与技术研究院将智能制造定义为：完全集成和协作的制造系统，能够实时响应工厂、供应链网络、客户不断变化的需求和条件。换句话说，它意味着制造技术和系统能够实时响应制造领域复杂多变的情况。因此，智能制造的特征体现在以下 5 个方面。

1. 全面互联

　　智能源于数据，数据来自互联感知。互联感知是智能制造的第一步，其目的是打破制造流程中物质流、信息流和能量流的壁垒，全面获取产品全生命周期所有活动中产生的各种数据。

2．数据驱动

产品全生命周期的各种活动都需要数据支持并且产生大量数据，而在科学决策的支持下通过对大数据进行处理分析，提升了产品的研发闭环创新、生产过程实时优化、运维服务动态预测等性能。

3．物理信息空间融合

物理信息空间融合是指将采集到的各类数据同步到信息空间中，在信息空间中进行分析和仿真制造，并做出智能决策，将决策结果再反馈到物理空间，并对制造资源、服务进行优化控制，实现制造系统的优化运行。

4．智能自主

通过将专家知识与制造过程集成，进而实现制造资源智能化和制造服务智能化，使得制造系统具有更好的判断能力，能够进行自主决策，从而更好地适应生产状况的变化，提高产品质量和生产效率。

5．开放共享

分散经营的社会化制造方式正在逐步取代集中经营的传统制造方式，制造服务打破了企业边界，实现了制造的资源社会化开放共享。企业能够以按需使用的方式充分利用外部优质资源进行协同生产，以满足客户的个性化需求。

6.1.3　智能制造典型案例分析

虽然关于新一代智能制造技术的理论研究尚处于起步阶段，但国内外已经有许多企业对这些制造模式进行了初步应用。将智能制造的理论和方法应用于生产实践中，不仅可以为制造企业提供额外的服务增值和资源配置优化，而且以客户为主导的个性化服务也能使客户成为制造过程的决策者和参与者，从而拉近企业与客户的距离，最终提高企业核心竞争力并推动其可持续发展，图 6-1 所示为无人智能制造生产线。

芜湖格力通过生产过程执行系统和物料需求计划系统采集的系统数据，连接 Yonghong Z-Suite（永洪一站式大数据分析平台）进行实时的多维分析，替代以往物料短缺的人工查询与核实，检查结果在分析平台实时展现，指标体系可以根据情况灵活调整，大幅提高了人员的工作效率。红领集团通过应用物联网技术，实现订单下达、产品设计、定制数据传输等全流程的一体化与数字化，多个生产单元和上下游企业通过信息系统实时传递并共享数据，实现全业务的协同联动及决策的动态优化。海尔在产品设计阶段，借助大数据分析平台对产品的市场竞争情况进行全面的分析，通过对市场份额、增减情况、主要竞争对手的深入分析，进行自我定位、密切监控市场变动、时刻掌控竞争对手的市场动态，进而占据市场先机。芯片制造商需要在生产线对每个芯片进行上万次测试，英特尔通过大数据分析减少了生产环节中的测试次数并将重点放在了某些特定测试上，与没有大数据应用的生产线相比节省了几万美元的成本。

图 6-1 无人化智能制造生产线

6.2 智能制造的发展

6.2.1 国外发展

1988 年，美国纽约大学的 P. K. Wright 教授和卡内基梅隆大学的 D. A. Bourne 教授出版了《Manufacturing Intelligence》一书，书中开始使用了智能制造这个词，他们认为所谓的智能制造就是要将知识工程、机器视觉、制造软件系统及机器人控制等先进的技术集成在一起，经过生产技术人员的编程控制，让机器设备能够智能生产，减少人工干涉，提高劳动生产率。在 20 世纪 80 年代末，D. A. Bournne 通过大量的科学研究，组织了许多科技人才，共同设计了第一台智能加工工作站，可以说是开辟了智能制造发展史上的一片新天地。

自从提出智能制造以来，许多国家都非常关注智能制造的发展，并花费大量的人力、物力去研究智能制造技术，以求在智能制造方面取得先机。例如，美国在 1991 年提出 Advanced Manufacturing Technology（AMT，先进制造技术）发展战略，在 1993 年提出 AMTP（先进制造技术计划），在 1995 年更进一步提出 Technologies Enabling Agile Manufacturing Strategic Plan（TEAMSP，敏捷制造使能技术战略发展计划）。在欧洲，德国提出了"制造 2000"发展计划，欧洲共同体则分别提出了"ESPRIT"发展计划和"BRITE-EURAM"发展计划。亚洲许多国家也提出了相应的计划，例如，韩国在 1991 年提出了高级先进技术国家发展计划；日本在 1991 年，与美国、韩国、欧盟等国家或国际组织一起提出了智能制造系统国际合作计划，通过巨大的投资，以及各个国家的科学工作者和科技工人的相互学习合作，争取把日本的专业制造技术、美国的系统制造技术与欧洲的精密制造技术整合到一起，期望能够解决柔性制造和集成制造系统的现有问题和局限，使智能制造有更大的发展，能够开发出更加智能的自动化生产设备，加快制造业的发展，并且期望能够让智能制造更加国际化和标准化。这个组织发展得很快，对智能制造的发展产生了很大的影响，也开启了国际上合作发展智能制造的先例。

经过长时间的发展，智能制造已经成为各个国家发展的重点关注对象。美国、日本和欧盟都在增大智能制造的研发资金投入，对智能制造的行业提供巨大的政策优惠，以期能够在智能制造行业领先。21世纪，制造业仍然是一个国家发展的基石，智能制造技术的发展也决定着制造业发展的好坏，决定着国家发展的命脉，同时包含着巨大的利益。美国在2011年，通过对先进制造发展的总结和概括，又提出"先进制造业伙伴计划"（Advanced Manufacturing Partnership，AMP），紧接着在2012年发布了"先进制造业国家战略计划"（A National Strategic Plan for Advanced Manufacturing）。

根据国际市场研究机构发布的数据显示，相较于2020年，预计到2025年全球智能制造市场规模将增大到3848亿美元，其间年复合增长率大约为12.4%。从市场区域发展情况分析，预测亚太地区的智能制造市场的增长率最高，中国智能制造装备的需求不断增加，并且经济快速发展及各类技术发展的鼓励将会促进智能制造的发展。在全球范围内来看，预测美国和德国及日本的前沿企业将会成为领先的智能制造解决方案提供商。美国是智能制造概念的发源地之一，其政府也高度重视制造装备的研发，认为智能制造能够助力技术的领先。一直以来，美国不断加大智能制造装备的研究，并且推进很多项目，比如智能设计项目及智能物流传输项目。对过去的一个世纪进行分析，美国曾积极推动"智能处理系统"的研究，涉及动态优化设备生产系统和数控系统研发等，在极大程度上促进了美国智能技术的研发。美国的3D Systems和思科及通用电气等，都是智能制造领域的领军企业。日本的横河电机和三菱公司等，在国际市场也占据着重要地位。2019年，美国制订了未来工业发展规划，将人工智能技术和先进制造业技术列入推动美国繁荣和保护国家安全的四项关键技术中。日本目前已经形成了以汽车及零配件、机床、机器人、电子电器为支撑的支柱产业。从智能制造的发展实际分析，集成利用物联网技术和传感器及机器视觉等，并且围绕产品提供延伸的解决方案。以川崎重工为例，其研发的协作机器人能够在一个空间内和人协作，具有灵活性优势；再如，牧野机床采用IoT技术研发的ProNETConneX系统，能够为客户最优化停机时间，达到延长设备寿命的效果。在很多方面，日本的智能制造装备都表现出优异的性能，为其制造业的发展提供支持。德国也是制造业强国，2013年首次提出工业4.0战略，2019年发布了《国家工业战略2030》。根据麦肯锡2018年调研的报告显示，全球的800家企业中超过70%的企业开始陷入了数字化转型试点的困境，也就是简单的小规模试点后难以实现全面转型。对于此难题，业内达成了共识，开始走规模化道路，以创造更多的价值。在全球制造的领先16强中，德资企业占5家，美资企业占3家。美国和德国凭借自身的工业资源优势与高质量生产能力，实现了快速转型发展。

6.2.2　国内发展

从20世纪80年代开始，我国也开始了对智能化的研究。20世纪80年代末，"智能模拟"成为国家科技发展规划的重要研究方向，已经在机器模式识别、语言机器人等方面取得了成绩；1993年以来，国家自然科学基金委员会开始加大对智能制造技术的资金投入；1995年，国家实施"九五"计划，计划中把先进制造技术列为重点发展的科学技术；2009年，我国出台了《装备制造业调整和振兴规划》，继续加大对智能制造技术的资金投入；2012 年，我国出台了《智能制造科技发展"十二五"专项规划》，对智能制造做了全面的解释和介绍，确定了智能制造技术在未来科技发展中的重要性，以及肯定了发展智能制造的重要意义，这个规划要求必须加快智能制造技术的研究，完成一些共性核心技术和前沿共性关键技术，制造出高智能化设备仪器并形成产业化，促进国家的发展。

我国制造业在经历机械化、自动化、数字化等发展阶段后，已经建立起较为完整的制造业体系，在全球制造产业链中占据重要地位。但我国智能制造的数字化基础较为薄弱，制造业整体上还处于机械自动化向数字自动化过渡阶段，与工业发达国家相比，我国的制造业在关键技术、工艺装备、标准体系等方面还存在较大差距。如果以德国工业 4.0 作为参考，我国总体上还处于 2.0 时代，部分企业向 3.0 时代迈进。《2021—2025 年中国工业自动化行业全景调研与发展战略咨询报告》显示，未来我国将进入工业 3.0 与工业 4.0 的混合发展时代。

6.2.3　应用进展

虽然我国目前已经成为制造业大国，但是大而不强依然是我国制造业发展的主要问题。在高端装备领域，80%的集成电路芯片制造装备、40%的大型石化装备、70%的汽车制造关键设备及先进集约化农业装备仍然依靠进口。智能制造中的核心技术包括实时化定位技术、识别技术、信息物理化融合技术、系统协同化技术、网络安全信息技术等。依据装备制造行业的特点与要求，装备制造行业的核心制造技术基本上可以划分为三类，即数字线索科学技术、信息物理系统技术、人工智能增强技术，如图 6-2 所示。

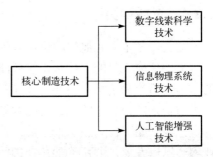

图 6-2　智能装备核心制造技术分类

（1）数字线索科学技术

数字线索旨在通过先进的建模与仿真工具建立一种技术流程，提供访问、综合并分析系统生命周期各阶段数据的能力，使军方和工业部门能够基于高逼真度的系统模型，充分利用各类技术数据、信息和工程知识的无缝交互与集成分析，完成对项目成本、进度、性能和风险的实时分析与动态评估。数字线索的特点是"全部元素建模定义、全部数据采集分析、全部决策仿真评估"，能够量化并减小系统生命周期中的各种不确定性，实现需求的自动跟踪、设计的快速迭代、生产的稳定控制和维护的实时管理。系统工程将在基于模型的基础上进一步经历数字线索变革。

（2）信息物理系统技术

信息物理系统技术属于集物理实体、网络、计算等于一体的复杂性系统，通过有效融合通信、计算机、控制技术及深度化协作，配合人机交互接口来实现与物理进程之间的交互，确保网络电磁空间能够基于智能化、协作、安全、实时化、可靠、远程化方式操控物理实体。信息物理系统技术基本架构包含认知层、连接层、配置层、网络层、转换层。在能力架构方面，主要包含资源集成、数据增值、智能化分析、资源调配等能力。应用框架主要包含装备数字化与自监测、工厂自配置与自决策、工厂网络化等。能力架构与应用架构两者存在着相互作用关系。

（3）人工智能增强技术

在装备制造业中应用人工智能技术，能够对复杂和枯燥等工作环境下难以实现的制造目标进行调整，通过运用综合性技术来提高操作水平与效率。人工智能增强技术主要以虚拟现实科技为基础，通过增强现实技术与虚拟现实技术的应用，作用于感知、数据、信息分析，以及综合对比和决策执行，为装备制造业核心目标的实现提供有效保障。人工智能增强技术的功能主要是将人工和智能两个领域的技术综合融入与连接，强化数据与信息分析能力，帮助制造业更好地决策与执行。这一技术在创新与应用中被赋予较高的权利，并且在实际运行中崭露头角，发挥出较高的功能与作用，被制造业支持和认可。

在我国经济发展的新形势下，工业企业不断进行产业结构升级换代，从而使数控技术在智能制造业中的需求不断上升，智能自动化工业市场异常繁荣。由此，提高数控技术已经迫在眉睫。目前，数控技术无论是在数控机床加工方面，还是在智能机器人方面，自身已相对成熟，应用范围逐步扩大，遍及多个领域。另外，我国还坚持生产属于自己的智能控制核心技术，不再依赖于国外技术，由此提升我国数控技术的发展水平。从我国当前的工业生产来看，发展的大趋势就是智能制造，这样使工业生产实现智能化管理，提高加工生产的质量和效率。数控技术作为智能制造的一个关键因素，应用水平在很大程度上影响着智能制造的质量，所以，必须对数控技术进行合理应用，发挥功能优势，确保推动智能制造朝着更好的方向发展，力求提高智能制造的整体质量，同时为企业创造经济效益。

6.2.4　发展趋势

智能化是未来发展的趋势，人工智能技术的发展将会攻克许多难关，克服关键领域的瓶颈，最终形成完整的、体系化的智能生产装备行业。如今，各种智能产品层出不穷，给人们的日常生活带来了极大便利。智能穿戴设备可以用于检测患者的身体状态，从而避免抢救不及时所带来的伤亡。智能家居的发展为家庭生活带来了更高的舒适度。智能工厂、智能汽车等也已经开始普及。在未来，集信息技术、电子技术、物理技术等于一体的智能制造装备产业将会迅速发展，并引导传统制造业朝节能和高效的方向发展，提高劳动生产率和经济收益。

（1）美国工业互联网装备

美国智能制造设备的发展促进了工业互联网装备制造系统的研究和建立。2013 年，美国发布了有关智能制造装备开发的文件，阐明了工业互联网的概念。工业化发展涉及机器、互联网和装备问题，工业互联网将这三个因素结合在一起，可以促进绿色、节能、高效的工业生产。随着工业革命的发展，世界的制造工艺水平发展迅速，互联网又加速了信息的传播，促进了世界融合。工业互联网融合了工业革命和网络技术的优势，使工业制造业继续朝着数字化和智能化的方向发展。

（2）德国工业 4.0 计划

德国工业 4.0 计划主要使用信息物理系统，将德国智能制造装备行业从集中式生产转变为分散式生产。工业 4.0 计划最终要建立一个数字化和智能化制造模型，进一步促进德国传统制造业向现代智能产业转变。工业 4.0 计划的关键是信息物理系统，信息物理系统将通信、计算机、物理整合为一体，可以有效提高制造业的生产效率，也可以保证系统的安全性。确定工业 4.0 计划的发展路线，对促进德国智能制造业的发展起到了积极的推动作用。

（3）中国智能制造

我国已意识到与其他国家先进智能制造之间的差距及制造业的重要性，近年来在智能制造行业的投资不断增大。随着我国智能制造产业研究的不断深入，以及对德国和美国发展经验的总结，结合基本国情，我国确定了未来智能制造产业发展的五个目标，即集成化、定制化、信息化、数字化、绿色化。集成化指在制造过程中建立制造模型，并提高制造效率。定制化指向个性化和扁平化方向发展智能制造。信息化和数字化指在实际开发中采用网络技术、传感器技术等先进技术。绿色化指减少制造过程中产生的污染，实现资源的可持续发展。

6.3　智能制造的意义

物联网技术、人工智能技术、云技术、大数据、工业互联网等的高速发展，为我国带来了制造业形势的转变，也为制造带来了一种新的方式，即智能制造。数字化技术已经广泛应用于经济的各个环节，新的消费时代已经到来。个性化、定制化的消费观越来越普遍，也重新定义了生产者和消费者之间的关系，同时对供给端的生产效率、产品质量等都提出了更高的要求，制造业的智能升级迫在眉睫。

发展智能制造不仅符合我国制造业发展的内在要求，也能够重塑我国制造业的新优势，世界上的工业发达国家正在大力推广和应用智能制造技术，这已经成为世界制造业发展的客观趋势。

制造业在宏观经济中占有极其重要的作用，智能制造也可以被视为以"智能+"为代表的新经济的基石。智能制造不仅仅是一次工具革命，也是一次决策革命，从需求到生产的各个环节，智能制造都发挥了积极的作用，智能制造的优点有以下几个方面。

（1）智能化可以提高决策的精确性和科学性，缩短生产周期，并且可以降低由决策的不确定性所带来的试错成本。

（2）降低生产成本。通过对生产现场、生产工艺等的各种数据进行对比分析，企业可以精准地实现供应链管理和财务管理，减少物料浪费，减小仓储压力，降低运营成本。

（3）提升生产效率。通过对生产制造过程中的各个环节的数据进行采集分析，企业可以分析出生产瓶颈与产品缺陷的问题，提高生产效率与产品质量。

（4）重塑生产方式，提高生产的灵活性。运用数控机床、数字化机器人等生产设备，企业不仅可以实现大规模的生产，还可以实现多品种、小批量的生产方式，推动个性化的定制生产。

（5）创造新价值。随着智能制造的发展，解决方案和系统层面得到了着重发展，企业实现了"以产品为中心"向"以集成服务为中心"的转变，使服务在产品的整个服务周期中创造出了新的价值。

智能制造的意义主要体现在以下几个方面。

（1）智能制造促进系统创新，增强融合发展新动能

当前虽然我国智能制造技术已取得了很大进步，但产业化水平依然较低，高端智能制造装备及核心零部件仍然依赖进口，关键核心技术仍掌握在国外企业主中。我国的当务之急：一是攻克4类关键核心技术，分别是基础技术、先进工艺技术、共性技术及人工智能等在工业领域的适用性技术；二是构建相关数据字典和信息模型及突破系统集成技术；三是建设创

新中心、产业化促进机构、试验验证平台等，形成全面支撑行业、区域、企业智能化发展的创新网络。

（2）智能制造深化推广应用，开拓转型升级新路径

我国生产企业的自动化效率低，大部分工序、产品质量检测仍由人工来做，造成制造业产品成本过高，于是智能工厂概念应运而生。智能制造是先进制造业和新一代信息技术深度融合的产物，智能工厂则是智能制造新技术应用的重要载体。智能制造引领高质量发展，数字技术与实体经济深度融合，成为我国乃至全球产业不断开辟增长点、塑造发展新动能的主要领域。

①建设智能工厂，开展场景、车间、工厂、供应链等多层级的应用示范，培育推广智能化设计、网络协同制造、大规模个性化定制、共享制造、智能运维服务等新模式。②推进中小企业数字化转型，实施中小企业数字化促进工程，加快专精特新"小巨人"企业智能制造发展。③拓展智能制造行业应用，针对细分行业特点和痛点，制定实施路线图，建设行业转型促进机构，组织开展经验交流和供需对接等活动，引导各行业加快数字化转型、智能化升级。④促进区域智能制造发展，鼓励探索各具特色的区域发展路径，加快智能制造进集群、进园区，支持建设一批智能制造先行区。

（3）智能制造加强自主供给，壮大产业体系新优势

推进我国智能制造技术的发展，首先要大力发展智能制造装备，主要包括4类：基础零部件和装置、通用智能制造装备、专用智能制造装备及融合了数字孪生、人工智能等新技术的新型智能制造装备。其次要集中精力研发工业软件产品，引导软件、装备、用户等企业及研究院所等联合开发研发设计、生产制造、经营管理、控制执行等工业软件。最后着重打造系统解决方案，包括面向典型场景和细分行业的专业化解决方案，以及面向中小企业的轻量化、易维护、低成本解决方案。

（4）加强国内智能制造信息安全保障

我国智能制造行业的信息防护较为单一，信息化系统主要依靠防火墙软件，计算机病毒等问题时有发生，随着我国信息化和工业化的不断融合，工业控制系统作为智能制造装备和重要基础设施的核心，其安全可靠性问题得不到保障，如果这些问题得不到解决，势必会影响我国信息化、智能化和现代化的进程。首先要完善信息基础设施，主要包括网络、算力、工业互联网平台3类基础设施。并且要加强安全保障，推动密码技术应用、网络安全和工业数据分级分类管理，加大网络安全产业供给，培育安全服务机构，引导企业完善技术防护体系和安全管理制度。

（5）智能制造产业备受全球各国广泛关注

现在全球的主要制造业发达国家对于智能制造业发展愈发重视，纷纷加快推动技术创新，促进制造业转型升级，智能制造战略由此不断升温。因此，智能化、绿色化已成为制造业发展的主流方向，智能制造也将成为世界各国竞争的焦点。

6.4　智能制造系统架构

6.4.1　智能制造总体架构的基本含义

智能制造（Intelligent Manufacturing）通过综合和智能地利用信息空间、物理空间的过程

与资源，贯穿于设计、生产、物流、销售、服务等活动的各个环节，具有自感知、自决策、自执行、自学习、自优化等功能，创造交付产品和服务的新型制造。

在智能制造中，制造系统是承载生产过程的实体和各类软件的集合，而产品是最后的交付物。在产品生命周期方面，需要考虑从一张设计图纸开始，到消费者的使用和售后服务的整个过程。制造系统和产品既是传统制造业的重要组成要素，也是智能制造的重要组成部分。为了体现传统制造业和智能制造之间的主要区别，创新性地引入了智能功能这一维度，即让产品和制造过程更有效、更智能的相关技术。比如，与制造系统融于一体的人类成员、智能电网和传感器等资源要素，工业物联网、大数据、云计算等新一代信息技术，以及个性化定制等新的商业模式和新兴业态。

总体来讲，生命周期维度从一张设计图纸开始，经过生产、物流和销售，最后被消费者使用。系统层级维度包含制造企业中是如何实施智能制造的。而智能功能维度则给产品和制造企业插上了智能的翅膀。图 6-3 所示为智能系统架构，下面对三个维度的具体环节进行详细介绍。

1. 生命周期维度

首先是产品的生命周期。根据雷蒙德·费农的产品生命周期理论，产品的生命周期是指产品从进入市场开始，直到最终退出市场为止所经历的市场生命循环过程，并将产品生命周期分为介绍期（引入期）、成长期、成熟期、衰退期 4 个阶段，是产品的市场寿命周期。而 PLM（Product Lifecycle Management，产品生命周期管理）是从制造企业角度理解一个具体产品的寿命，此

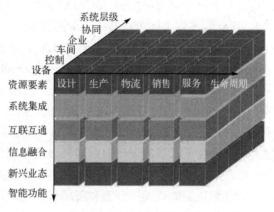

图 6-3　智能系统架构

时，产品的生命周期是指一个产品从客户需求、概念设计、工程设计、制造到使用和报废的时间过程。

生命周期是指由设计、生产、物流、销售、服务等一系列相互联系的价值创造活动组成的链式集合。生命周期中的各项活动相互关联、相互影响，不同行业的生命周期构成不尽相同。在产品生命周期的早期阶段，通过对市场和客户需求进行调查分析，确定产品发展战略，形成产品概念设计；通过讨论确定产品定义及详细设计，进行产品工程设计，完成产品的设计定型；接下来，采购生产产品所需的原材料、设备等，并根据产品设计规格进行生产制造；在生产过程中需要对产品进行全程质量控制，保证产品的质量，以提高产品的客户满意度；在工厂内还需要通过高效率的办法对相关的原材料和商品进行运输或保存；进行市场推广，将产品销售给客户并提供优质的售后服务，对客户意见进行收集并反馈给市场需求分析人员，有助于新产品的概念设计。通过管理产品生命周期，使企业能够有效地控制所有与产品有关的活动。

2. 系统层级维度

系统层级维度自下而上共 5 层，分别为设备层级、控制层级、车间层级、企业层级和协

同层级。智能制造的系统层级体现了装备的智能化和互联网协议（IP）化，以及网络的扁平化趋势。

（1）设备层级是制造的物质技术基础，它包括传感器、仪器仪表、条码、射频识别、机械、机器、装置等。

（2）在控制层级中，各种类型的控制系统被囊括在一起，它包括可编程逻辑控制器（Programmable Logic Controller，PLC）、监视控制与数据采集系统（Supervisory Control And Data Acquisition，SCADA）、分布式控制系统（Distributed Control System，DCS）和现场总线控制系统（Fieldbus Control System，FCS）等。

PLC 是一种可编程的存储器，用于其内部存储程序，执行逻辑运算、顺序控制、定时、计数与算术操作等面向用户的指令，并通过数字或模拟式输入/输出控制各种类型的机械或生产过程的控制设备。从实质上来看，PLC 是一种专用于工业控制的计算机，其硬件结构与微型计算机基本相同。SCADA 是以计算机为基础的生产过程控制与调度自动化系统，它可以对现场的运行设备进行监视和控制。SCADA 系统涉及组态软件、数据传输链路（如数传电台、GPRS 等）、工业隔离安全网关，其中工业隔离安全网关用于保证工业信息网络的安全，防止病毒入侵，以保证工业数据、信息的安全。DCS 是由过程控制级和过程监控级组成的以通信网络为纽带的多级计算机系统，综合了计算机（Computer）、通信（Communication）、显示（CRT）和控制（Control）等 4C 技术，其基本设计思路是分散控制、集中操作、分级管理、配置灵活、组态方便。DCS 主要由现场控制站（I/O 站）、数据通信系统、人机接口单元、操作员站、工程师站、机柜、电源等组成，系统具备开放的体系结构，可以提供多层开放数据接口。现场总线是将自动化最低层的现场控制器和现场智能仪表设备互联的实时控制通信网络，遵循 ISO 的 OSI 开放系统互联参考模型的全部或部分通信协议。FCS 则是用开放的现场总线控制通信网络将自动化最低层的现场控制器和现场智能仪表设备互联的实时网络控制系统。

（3）第三层的车间层级体现了面向工厂和车间的生产管理，它包括制造执行系统（MES）等。MES 又进一步包括工厂信息管理系统（PIMS）、先进控制系统（APC）、历史数据库、计划排产、仓储管理等。美国先进制造研究机构（AMR）对 MES 的定义为：位于上层的计划管理系统与底层的工业控制之间的面向车间层的管理信息系统，它为操作人员/管理人员提供计划的执行、跟踪及所有资源（人、设备、物料、客户需求等）的当前状态。MES 将车间作业现场控制的各种工具与手段（包括 PLC、数据采集器、条形码、各种计量及检测仪器、机械手臂等）联系起来，提供与工作订单、商品接收、运输、质量控制、维护、排程和其他相关任务的一个或多个接口的控制系统，旨在加强制造资源计划的执行功能。

（4）第四层的企业层级是面向企业的经营管理，包括企业资源计划系统（ERP）、产品生命周期管理（PLM）、供应链管理系统（SCM）和客户关系管理系统（CRM）等。其中，ERP 是指建立在信息技术的基础上，以系统化的管理思想为企业决策层及员工提供决策运行手段的管理平台。

（5）协同层级是智能制造相对传统制造的一个新的特点，它体现了企业之间的协作过程，它由产业链上不同企业通过互联网络共享信息，实现协同研发、智能生产、精准物流和智能服务等。协同层级超出了传统企业的范畴，包括产业链上下游，以及大型企业的不同子公司等，通过互联网进行全方位的协同和信息分享。

同国际上其他相关的系统层级维度（例如 IEC 62264 中提出的传统制造业过程的五层架

构，以及德国工业 4.0 标准化路线图中提出的 RAMI4.0 模型）相比，我国提出的系统层级架构体现了当今智能制造发展的趋势，即装备智能化、IP 化、网络扁平化及系统的云端化。

3．智能功能维度

智能功能维度自上而下包括资源要素、系统集成、互联互通、信息融合、新兴业态。特别地，以互联互通为目标的工业互联网作为一个重要的基础支撑，实现了物理世界和信息世界的融合，与业界广泛讨论信息物理系统（Cyber-Physical System，CPS）不谋而合。

（1）资源要素包括设计施工图纸、原材料、制造设备、生产车间和工厂等物理实体，也包括电力、燃气等能源。此外，人员也可视为资源的一个组成部分。这里值得注意的是，人员是智能制造的资源要素中非常重要的一部分。随着制造业的转型升级，对高素质人才的需求将会进一步凸显。当前，我国智能装备制造行业的高端人才和复合型人才的需求缺口还很大，无法满足企业全生命周期智能化的需求。不同程度的人才数量不均衡，比如掌握特殊技能的高级技工较少，而从事初级工作的技术工人较多；满足传统制造业要求的工人较多，而符合当下智能制造要求的技术工人较少等。另外，智能制造是一个综合性的系统工程，还需要经验丰富、有战略眼光的领军人物，既懂得高水平的技术开发，又了解新型的商业模式。

（2）系统集成是指通过二维码、射频识别、软件等信息技术集成原材料、零部件、能源、设备等各种制造资源在智能制造的实际生产过程中，实现产品、设备、能源和人的集成离不开有效的产品身份标识技术。我国在射频识别标准制定方面已经取得了初步成果，开展了射频识别标准体系研究、关键技术标准制定和若干应用标准制定，为制造资源在设计、生产、销售等整个生命周期中的集成打下了良好的基础。

（3）互联互通是指通过有线、无线等通信技术，实现机器之间、机器与控制系统之间、企业之间的互联互通。目前，制造业正逐渐进入物联网时代，大量具备嵌入式技术的设备可被管理、无缝互联，通过网络安全地进行互动。工业物联网实现了机器与机器之间的通信，以及机器与其他实体、环境和基础设施之间的互动和通信。通信过程中产生的大量数据，还可以进一步通过处理和分析后，为企业的管理和控制提供即时决策的依据。

（4）信息融合是指在系统集成和通信的基础上，利用云计算、大数据等新一代信息技术，在保障信息安全的前提下实现信息协同共享。随着工业化与信息化的深度融合，信息技术逐渐深入企业的各个环节，特别是二维码、RFID、传感器、工业物联网等技术在制造企业中的广泛使用导致产生了大量数据，为大数据在工业领域的应用提供了数据来源。目前，我国正在开展工业大数据在工业产品、研发设计、生产过程、生产性服务等方面相关标准的研制。

（5）新兴业态包括个性化定制、远程运维和工业云等服务型制造模式。个性化定制作为智能制造新兴业态的重要领域和生产服务模式，亟需相关管理和服务类的标准。其中，管理类标准主要对个性化定制的管理和服务交付提出要求，而服务类标准包括个性化定制服务的通用要求和具体的个性化定制设计、交互规范。远程运维，顾名思义，就是相关工作人员不在现场，通过远程登录的方式来管理设备。远程运维工具可以实时监控网络设备的运行情况，完整记录网络运行事件及关联的故障信息；主动对设备进行软件缺陷和健康度检查，从而发现潜在问题等。目前，远程运维在远程监控、远程控制、远程管理等方面存在标准化需求，具体可细分为平台接口规范、通用要求、安全规范、监控规范和应急管理规范五部分。工业云是通过云计算为工业企业提供服务，使工业企业的社会资源实现共享的一种信息化创新服务模式。目前，暂时还没有工业云领域的相关标准可供参考，但不可否认的是，企业对工业云标准的需求是迫切的。总体来说，工业云的标准可以分为资源共享和服务能力两部分。

6.4.2　智能制造系统架构概述

有了这样的智能制造系统架构，就可以让全社会、各行各业对智能制造产业、技术逐渐形成共同的认识，当然这个系统架构本身也是仁者见仁、智者见智。下面用几个例子来说明智能制造系统架构与标准化工作之间的关系。

首先，以 CAD 设计软件为例，如图 6-4 所示。它处于生命周期维度的设计环节，在系统架构维度属于企业层级，在智能功能维度实现信息融合，即通过信息融合帮助企业在虚拟世界完成模拟设计、仿真。通过梳理现有标准，CAD 设计软件的相关标准主要包括数据质量保证方法、数据工程 CAD 制图规则等。同时，还要检查在智能制造背景下，是否存在新的标准化需求。通过调研，可发现 CAD 设计软件正逐渐从传统的桌面软件向云平台服务过渡。下一步，随着 CAD 云端化及基于模型的设计（Model Based Design，MBD）等技术的发展，还会有新的 CAD 标准不断推出。

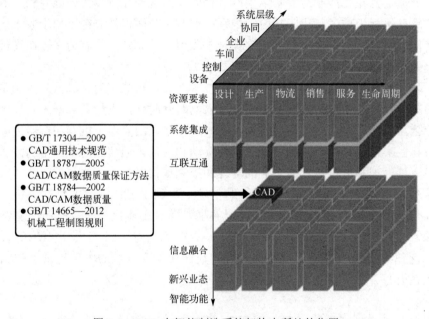

图 6-4　CAD 在智能制造系统架构中所处的位置

另一个是关于 PLC 的例子，如图 6-5 所示。PLC 作为一个核心工业自动化控制设备，处于生命周期维度的生产环节、系统层级的控制层级，以及智能功能的系统集成环节。PLC 的相关标准主要包括性能要求、测试方法、编程语言、通信、功能安全、信息安全等。

未来，智能制造标准化的发展之路还很长，但是有了智能制造系统架构这张“地图”，就有了攀登智能制造高峰的向导。根据产业界的实际经验和反馈，不断完善系统架构，使其更全面、更完整地展现智能制造的内涵和外延。

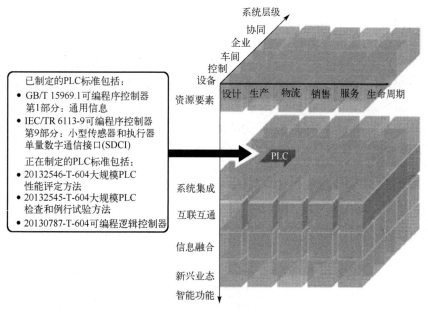

图 6-5　PLC 在智能制造系统架构中所处的位置

6.5　机器人技术

机器人技术集中了机械工程、电子技术、计算机技术、自动控制理论及人工智能等多学科的研究成果，代表了机电一体化的最终研究成果，是当代科学技术发展最活跃的领域之一。自 20 世纪 60 年代初机器人问世以来，已取得了较多实质性的成果。在工业发达国家，工业机器人经历近半个世纪的快速发展，其技术日趋成熟，在汽车行业、机械加工行业、电子电气行业、物流、制造业等工业领域得到广泛的应用。工业机器人作为先进制造业中不可替代的重要装备和手段，已成为衡量一个国家制造业水平和科技水平的重要标志。《国务院关于加快培育和发展战略性新兴产业的决定》明确指出："发展战略性新兴产业已成为世界主要国家抢占新一轮经济和科技发展制高点的重大战略"，该决定将"高端装备制造产业"列为 7 大战略性新型产业之一。工业机器人行业作为高端装备制造产业的重要组成部分，未来有着巨大的发展空间。

6.5.1　机器人的定义

到目前为止，国际国内还没有对机器人形成一个统一、严格、准确的定义。主要原因之一是机器人仍处在一个不断发展的过程中，新的机型不断出现，且其功能也不断增多。

现在国际社会主流方面对机器人的定义主要有以下几种。

（1）国际标准化组织（ISO）：可编程的装置，具备移动能力，可完成各类作业指令。

（2）日本工业机器人协会（JIRA）：机器人是一种可以替代人类劳动的通用机器，它装备着末端执行装置及记忆装置，可以自动完成移动及转动等动作。

（3）美国国家标准与技术研究院（NIST）：可编程并且自动完成一些动作和行进功能的机械装置。

（4）牛津简明英文字典：类似于人的装置，它服从于人类，可以拥有一些智力但不会具有人格。

（5）美国机器人工业协会（RIA）：机器人是一种用于移动各种材料、零件、工具或专用装置，通过可编程序动作来执行各种任务并具有编程能力的多功能机械手。

（6）我国科学家对机器人的定义：机器人是一种自动化的机器，所不同的是这种机器具有一些与人或生物相似的智能能力，如感知能力、规划能力、动作能力和协同能力，是一种具有高度灵活性的自动化机器。

6.5.2　工业机器人分类

对于机器人的分类，国际上并没有统一的标准。从不同的角度，机器人有不同的分类方法。国际机器人联合会（IFR）将机器人分为工业机器人和服务机器人两大类，细化分类如图 6-6 所示。

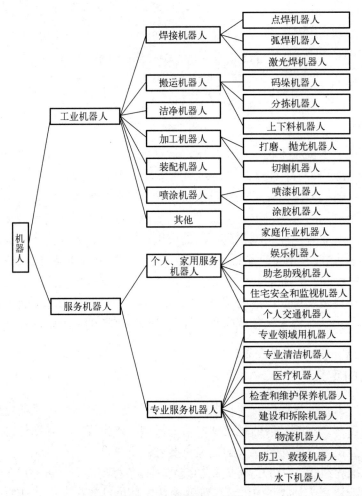

图 6-6　工业机器人分类

本节主要对工业机器人进行介绍。按从低级到高级的发展程度，工业机器人可分为以下几类。

（1）第一代机器人指只有操作器（手）的机器人，以可编程序或示教再现方式工作，不具有对外界信息的反馈能力。

（2）第二代机器人指装备各种传感器（如力觉、触觉、视觉传感器）的机器人，在一定程度上能感知客观环境的变化及动作的结果，即具有对外部信息的反馈能力，能适应客观环境的变化。

（3）第三代机器人指智能机器人。智能机器人装有丰富的传感器，并将人工智能技术与机器人相结合，使机器人不仅能够感知环境，而且能够建立并适时修正环境模型，然后根据确定的任务，以实时模型为基础进行问题求解，做出决策及制订规划，并且具有一定的学习功能，它具有高度的自适应性及自治功能。

（4）第四代机器人指情感型机器人，它具有人类式的情感，是机器人发展的最高层次。

从传统实践来看，工业机器人的分类主要依据关键技术的发展和承载力的高低。从关键技术特点方面来划分，通常将工业机器人划分为 3 类：示教再现机器人、离线编程机器人和智能机器人。

① 示教再现机器人

由人操纵机器人执行任务，并记录这些动作，机器人进行作业时按照记录的信息重复执行同样的动作。示教再现机器人的出现标志着工业机器人广泛应用的开始，示教再现方式目前仍然是工业机器人控制的主流方法。

② 离线编程机器人

部分或完全脱离机器人，借助计算机来提前编制机器人程序，它还可以具有一定的机器视觉功能，称为第二代机器人。

③ 智能机器人

智能机器人具有触觉、力觉或简单的视觉及能感知和理解外部环境信息的能力，或更进一步增加自适应、自学习功能，即使其工作环境发生变化，也能够成功地完成作业任务。它能按照人给的"宏指令"自选或自编程序去适应环境，并自动完成更为复杂的工作。

6.5.3　工业机器人的系统组成

工业机器人系统是由机器人、作业对象和作业平台共同构成的，通常包括工业机器人机械本体、控制系统、驱动执行系统、感知系统。工业机器人系统的基本组成如图 6-7 所示。

（1）工业机器人机械本体

工业机器人机械本体由机器人底座、腰部、臂部、腕部、末端执行器等部分组成，除机器人底座外，每个部分都有一个或多个自由度，从而构成了多自由度工业机器人。工业机器人在作业过程中通常是由各个关节转动或者移动一定角度或距离使末端执行器到达预定的位置或运动路线进行作业的。工业机器人末端连接器可根据不同的作业任务安装不同的夹具，从而大大提高了工业机器人的适用性。

（2）控制系统

控制系统包括工业机器人控制算法选择、系统硬件平台搭建和控制程序的编写。目前工业机器人常用的控制算法有鲁棒控制、基于模型的控制方法、PID［比例（Proportion）-积分（Integral）-微分（derivative）］控制、自适应控制、神经网络和模糊控制、变结构控制、反演控制和迭代学习控制等。

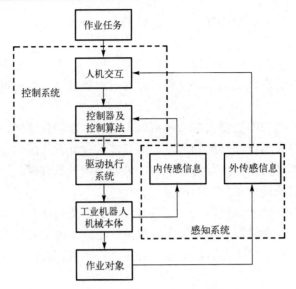

图 6-7　工业机器人系统的基本组成

（3）驱动执行系统

工业机器人的驱动执行系统是工业机器人能够运动的基础。要使工业机器人按照预定的作业要求完成工作，需要给工业机器人的每个自由度都安装驱动装置。通常情况下工业机器人的驱动方式有三种，即电气驱动、液压驱动、气压驱动。

（4）感知系统

工业机器人的感知系统由内部传感器与外部传感器构成。其中内部传感器主要获取工业机器人工作过程中各关节运动的位置、速度、加速度等数据，为工业机器人的伺服控制提供可靠依据。外部传感器主要用来获取工业机器人工作时与周围环境之间的一些数据，如相对位置、接触情况等，为工业机器人对其所处的环境快速做出反应提供依据。

6.5.4　工业机器人的特点

工业机器人有以下显著的特点，如图 6-8 所示。

（1）支持重复编程

生产自动化的下一阶段发展是柔性自动化。工业机器人可随其工作环境的改变和需要而再编程，所以它在小批量多品种的柔性制造过程中能较好地发挥功用，是柔性制造系统的一个重要组成部分。

（2）拟人化

工业机器人在机械结构上有类似人的行为动作，在控制上有计算机。此外，智能机器人还有许多类似人类的"生物传感器"，如接触型传感器、负载传感器、视觉传感器等。传感器提高了工业机器人对周围环境的自适应能力。

（3）通用性

除针对某一工作任务的专用工业机器人外，一般的工

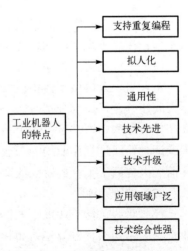

图 6-8　工业机器人的特点

业机器人在执行不同的作业任务时都具有较好的通用性。例如，更换工业机器人手部末端执行机构（手爪、工具等）或者内部程序，便可执行不同的工作任务。

（4）技术先进

工业机器人集合了精密化、柔性化、智能化、网络化等先进制造技术于一体，通过对工作过程实施检测、控制、优化、调度、管理和决策，以实现增加产量、提高质量、降低成本、减少资源消耗和环境污染，是工业自动化水平的最高体现之一。

（5）技术升级

工业机器人与自动化成套装备具有精细制造、精细加工及柔性生产等技术特点，是全面延伸人的体力和智力的新一代生产工具，是实现生产数字化、自动化、网络化及智能化的重要工具。

（6）应用领域广泛

工业机器人与自动化成套装备是生产过程的关键设备，可用于制造、安装、检测、物流等重要生产环节，并可被广泛应用于工程机械、轨道交通、低压电器、电力、军工、烟草、冶金等行业，应用领域非常广泛。

（7）技术综合性强

工业机器人与自动化成套技术融合了众多学科知识，涉及多项技术领域，包括微电子技术、计算机技术、机电一体化技术、工业机器人控制技术、机器人动力学及仿真、机器人构件有限元分析、激光加工技术、模块化程序设计、智能测量、建模加工一体化、工厂自动化及精细物流等。

6.5.5　工业机器人的关键核心技术

工业机器人的关键核心技术如图 6-9 所示。

（1）自主导航技术

工业机器人在制造行业生产过程中同样起到搬运设备的重要作用，因此自主导航技术同样是工业机器人核心技术之中的重要组成部分，而如何实现在装配线之中的精准搬运与自动配置依然是当下我国工业机器人研究领域之中的棘手难题。优化升级工业机器人自主导航技术，可以显著推动工业制造生产增效，尤其是在建筑领域中，基于自主导航技术的工业运输能够有效减小风险发生概率，应对紧急情况实现自主启停和运输。

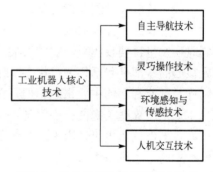

图 6-9　工业机器人的关键核心技术

（2）灵巧操作技术

工业机器人被广泛应用于我国的制造业，其在生产过程中主要通过模仿人体手臂动作来实现人体工学的设计，从而进行灵巧操作。因此，在工业机器人的核心技术之中，高精度感知是其核心的关键要点，基于独立关节部分的模仿设计及精密传感器的创新研究，构建独立的机械装置及驱动机构，使得工业机器人的手臂近乎达到人手的灵巧程度，从而实现"人工作业"的替代操作，用于代替工人完成一些重复性较高或危险程度较高的生产制造工作。而相关操作所需材料的研发也是核心技术的重要组成部分，尤其是关于驱动机的结构材料选择更加应当注重安全性及荷载量等方面的综合评估，从而实现更高的工作效率。

（3）环境感知与传感技术

环境感知与传感技术是实现自动化操作的前提，工业机器人要投入生产，应用必须要基于相应的环境参数设定及自动控制与启停阈值设置，而在机器人工作过程中必须要感知环境设备的实时状态及生产进展，才能实现精确安全的自主控制。目前在我国工业机器人技术研究领域之中，最大的难题是非结构性的生物传感器研发，以突破 3D 环境感知技术的研究瓶颈，提升工业机器人的复杂环境适应性。

（4）人机交互技术

进入智能制造时代之后，智能化工作成为工业机器人的主要发展趋势，因此实现高效的人机交互是推动智能化应用的前提。人机交互主要是指在保证人机安全的前提下，依托多物理效应人机交互装置实现人与工业机器人的良性操作互动。而安全问题是人机交互工作的重中之重，此方面涉及作业环境动态及控制处理等多方面的内容，因此基于工作生产的实际需求制定工业机器人的具体执行方案是人机交互技术的核心。

6.5.6　工业机器人技术应用现状及发展趋势

1. 目前应用

主要有以下几点。

（1）工业机器人相关产业区域和应用领域过于集中，且市场使用率低

工业机器人产业的发展对地区的工业基础和科研实力有较高要求，导致我国工业机器人产业主要集中于长三角、珠三角、环渤海湾及成渝地区。经调研发现，工业机器人的应用相对集中于汽车、船舶、电子等大型企业，且本土产品的使用率低，几乎被国外工业机器人所垄断。

（2）核心技术创新能力不足，创新人才缺乏

目前我国工业机器人相关的产业体系（如公共服务平台、人才、标准等）尚未完善健全，同时研发平台建设相对产业的发展严重滞后，关键核心技术的创新能力严重不足。工业机器人核心的零部件包括伺服电机、控制器、减速器等，占据了工业机器人整体成本的 72% 左右，同样是行业利润的主要来源。但是在国内本土企业中，仅有少数的工业机器人企业能够完全自主地生产这些关键的核心零部件，绝大部分工业机器人相关企业仍然严重依赖进口。例如，核心零部件伺服电机，国内近 80% 的市场份额都被国外品牌占据，严重影响了本土工业机器人产业的市场竞争力。

（3）产业链不完整，协同创新机制尚未形成

当前，高校和央企是我国工业机器人研发力量的主体，然而基于这样的研究主体必然会造成研究形式过于独立和封闭，研究内容过于分散，其造成的结果是研究力量难以形成合力，产学研与行业实际需求脱节，其成果也难以大规模在行业上下游企业推广和应用。由于我国工业机器人相关产业区域和应用领域过于集中，相关产业配套不健全，尚未形成一条完整的工业机器人产业链，因此很多工业机器人上游的生产企业不得不自己生产一些相关的零部件，造成了工业机器人成品的价格竞争力差。另外，工业机器人下游集成商企业更多地往实用技术和相关产品倾向，几乎没有原始的核心技术积累及相关的人才培养，因此企业难以做强做大。工业机器人产业的上下游企业缺乏统筹协调机制，造成的结果是整个产业链脱节，资源

无法形成共享、上下游企业间难以相互促进，且无法有效地协同推进、协同创新发展良好的新格局。

2．发展方向

让工业机器人为工业智能化、自动化提供更优异且高效的服务，这正是未来工业机器人发展的主要方向，主要有以下几点，如图 6-10 所示。

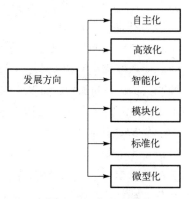

图 6-10　发展方向

（1）自主化

更加注重人机协作，逐步从远距离作业向人机交互且协同作业的方向发展。同时适当降低编程的难度，向自主化方向发展，使其可以根据周边环境情况自动设计并且优化路径，找到最佳线路，工作效率大大提升。

（2）高效化

高效化不仅是指单个工业机器人的工作高效，而且要提高工业机器人管理系统乃至整个生产线的效率。不断改进工业机器人的结构，及时更新优化管理系统，才能从根本上提高生产效率

（3）智能化

智能化是工业机器人的一个重要发展方向。一是利用模糊控制、神经元网络控制等智能控制策略，二是工业机器人具有与人类类似的逻辑推理和问题求解能力，这是更高层次的智能化。智能技术领域的研究热点包括虚拟现实、智能材料、人工神经网络、专家系统、多传感器集成和信息融合技术等。

（4）模块化

工业机器人的模块化就是在工业机器人结构分解的基础上，通过建立标准机械结构的模块库，自动装配模块。能够让工业机器人最大限度地满足模块对机器人的要求，又可以让设备的设计和制造更方便，能够降低成本、缩短生产周期。

（5）标准化

工业机器人的标准化有利于制造业的发展，但目前不同厂家的机器人很难进行通信和零件部位的互换。工业机器人的标准化问题不是技术层面的问题，主要是不同企业之间的认同和利益问题。

（6）微型化

微型机器人是 21 世纪的尖端技术之一。目前已经开发出手指大小的微型移动机器人，预计将生产出毫米级尺寸的微型移动机器人和直径为几百微米甚至更小的医疗与军事机器人。

3．工业机器人研发技术趋势

工业机器人研发技术趋势如图 6-11 所示。

（1）智能系统

随着工业机器人相关传感器技术的不断低成本、高精度化发展，工业机器人将在未来发展中以高度智能化的系统研发趋势不断进步，其能够以更为高效的故障处

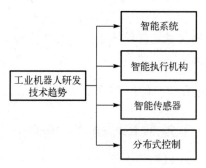

图 6-11　工业机器人研发技术趋势

理效率实现漏洞及时补救及调整工作状态。同时机器人之间也可以通过通信基站形成联合协作工作机制，通过清单程序共享来最大程度减小误差程度，在工作执行过程中针对程序之中的漏洞问题进行自动修复，而相关软件部分的模型调试仿真也会更加精确。

（2）智能执行机构

在制造业不断推进智能自动化生产的过程中，工业机器人执行机构也会逐步向智能化发展，由此实现高度集成的智能化电子设备封装。智能执行器不仅含有基础位置编码器，还集成了机器人控制结构、制动结构、伺服控制机构等多功能的电子设备，而在后续研发中上述结构元件将以更微小的尺寸、更科学的布线、更低的成本集成到执行器中，实现高可靠性的工业作业。

（3）智能传感器

对于工业机器人而言，能够有序生产及及时反应在很大程度上依赖于传感器的高精度信息搜集与数据信息的快速处理。而在工业机器人的未来技术研发过程中，传感器同样会呈现高度智能化的特征，其中将集成环境信息搜集与数据传输的功能，同时将通过微加工技术实现低成本产出，从而以微机械传感器的形态适用于更多制造工业领域。目前，如何在有限技术空间内实现高度的电子集成是当下工业机器人领域内技术研发人员亟待突破的重要问题。

（4）分布式控制

目前我国工业机器人的整体控制运行基本都基于机器人控制柜，其中装配有负责不同功能的处理器，如数据处理、智能操控等。而在基于前面所述的智能传感器、智能执行机构的基础上，今后工业机器人将以分布式控制为发展趋势，通过互联网络的搭建联合其他智能设备，由此依托于网络、传感器、执行器、处理器的分布式控制处理，提升工业机器人的工作效能，从而适应更复杂多变的工业制造场地环境，专业处理技术也相对更加自动化，工业机器人的智能化生产、控制水平将大大提升。

6.6　智能检测技术

智能检测就是带有智能判断和处理的检测装置，一般包含检测装置、判断装置、执行装置等多种内容。智能检测技术是一种尽量减少所需人工的检测技术，是依赖仪器仪表，涉及物理学、电子学等多种学科的综合性技术，可以减少人们对检测结果有意或无意的干扰，减轻人员的工作压力，从而保证了被检测对象的可靠性。智能检测是以多种先进的传感器技术为基础的，且易于同计算机系统结合，在合适的软件支持下，自动地完成数据采集、处理、特征提取和识别，以及多种分析与计算，从而达到对系统性能的测试和故障诊断的目的；是检测设备模仿人类智能的结果，是将计算机技术、信息技术和人工智能等相结合而发展的检测技术。智能检测系统被广泛应用于各类产品的设计、生产、使用、维护等各个阶段，对提高产品性能及生产率、降低生产成本及整个生产周期成本起着重要作用。

6.6.1　智能检测系统的组成及分类

1. 智能检测系统的组成

（1）传感器

传感器是一种设备、模块或子系统，常被用于自动控制和测量系统中，能够将某一被测物理量转换成便于传输和处理的另一物理量，即将被测量转换成可用的信号输出，这种输出量通常是电信号。

（2）信号调节

信号调节是指把来自传感器的信号进一步地进行电信号间的转换，比如利用放大器进行幅值放大，利用 A/D 转换器将时间连续、幅值也连续的模拟信号转换为时间离散、幅值也离散的数字信号等。

（3）信号调理

信号调理是对经信号调节以后的信号进行各种运算、滤波和分析。

（4）信号显示与记录

信号显示与记录环节是将来自信号调理环节以后的信号以便于人们观察的形式进行显示或存储。

（5）反馈与控制

反馈与控制环节主要应用于闭环控制系统中，能对信号、数据进行实时的反馈。

2．智能检测系统的分类

（1）按被检测对象分类，可分为在线实时智能检测系统和离线智能检测系统。

（2）按采用的标准接口总线分类，因为串行标准接口有 HP-IL、CAN、CAMAC 等，所以根据标准接口总线系统的不同，智能检测系统可以分为计算机通用总线系统、HP-IL 系统、CAN 系统、CAMAC 系统等，随着技术的更新换代，必将有新的智能检测系统出现。

6.6.2　智能检测的发展

1．应用发展

随着检测技术的快速发展，其在高新领域得到了广泛的应用，具有现代特点的智能检测技术逐步形成。智能检测技术主要有两项职责：①能够直接检测出被测对象的数值，对得到的数据进行分析就可以观测出其变化的趋势，进行结果预测；②可以将运用智能检测技术测得的被检测对象的信息纳入考虑的范围，从而有助于相关决策的制定。现阶段，需要认真分析智能仪器及测试技术在智能制造中的地位，深入思考智能仪器新功能的需求及测试技术新的发展阶段，在新的发展阶段，随着智能检测技术在高新领域的不断增长，网络化、集成化、智能化将成为智能检测技术的发展方向。

半导体、计算机、人工智能等技术的发展，促使新型或具有特殊功能的传感器出现，智能检测装置也趋于小型化、智能化，检测系统的测量精度、量程范围、可靠性都得到了相应的提高，使用寿命也得到了延长；应用新技术和新的物理效应与之进行结合，检测领域也随之扩大；传感器的发展逐步集成化、功能化；可以把检测技术融入计算机技术、人工智能技术，实现三者的有机结合，衍生出新的价值，促进智能检测技术的长远发展；发展网络化传感器及检测系统，实现从传统检测向"互联网+"与"智能化"的跨越。

国家大力支持智能检测产业发展，在《中国制造 2025》战略布局下，智能检测系统行业迎来了良好发展时期。我国是全球第一制造大国，检测行业规模逐步增大，近年来，在制造业智能化升级潮流下，智能检测系统逐渐在环保、航空航天、医疗、电子、通信、军工等领域得到广泛应用。随着智能检测系统的应用领域扩大、市场需求升级，集成化、网络化、品牌化成为智能检测系统行业的发展方向。

2021 年，全球智能制造市场规模突破 3000 亿美元。现阶段，欧美日等发达国家和地区均已形成较为完善的智能检测市场，相比之下，我国智能检测市场化程度仍较低，但我国是制造大国，智能检测需求位居全球第一，智能检测系统的市场发展空间广阔。

智能检测行业的发展趋势如下。

（1）智能化是中国制造转型升级中的必然需求

国务院发布的《中国制造 2025》作为我国实施制造强国战略第一个十年的行动纲领，提出"到 2025 年，制造业重点领域全面实现智能化"的发展目标。智能检测技术是智能制造的创新发展内容，也是国家重点关注的内容，实现了自动化检测设备与人工智能技术的高度融合，具有感知、控制、决策、执行等能力，不但可以取代人工检测且降低成本，还可以提升生产效率和产品质量。

（2）我国人口结构变化也推动智能检测行业高速发展

在过去的几十年，我国的经济及制造业水平能够腾飞在很大程度上得益于庞大人口基数产生的人口红利，而如今这种人口红利在逐步消退，劳动年龄人口逐渐减少造成的是劳动力缺少，企业劳动力成本上升，以人口红利为基础的传统制造业原有优势逐渐消失。而以智能制造检测为主的高端装备制造则迎来发展机遇，以机器人代替人工作为主要劳动力的趋势已逐渐显现。

（3）智能检测行业整体技术水平不断提升，国产厂商市场的竞争力增强

制造业数字化、网络化与智能化程度不断提高，制造过程控制与制造执行系统在全行业内普及，核心工艺流程数控化率显著提高。行业内部分企业已经能够独立研发高端智能检测装备，甚至可以提供智能检测整体解决方案，检测行业整体水平在逐步增强。

（4）检测设备智能化成为整线智能化解决方案中不可缺失的一环

随着电子产品不断向高精密度、高品质、个性化定制的方向发展，依靠人工难以满足生产商对电子产品加工精度、产品品质的要求，且我国社会存在用工成本快速上升的现状，制造业企业纷纷开启"机器换人"计划，着眼于长期降低单位人工成本，智能化检测设备和生产线需求快速提升。"无人工厂""智能工厂"等概念相继被提出并逐渐在由概念向实体转化。

2．应用需求

智能检测是目前的热门技术之一，其优势是具有高度灵活性、强大适应性等特点，从产品的设计到生产、使用，再到后期的维护等各个阶段都适用智能检测，近年来，随着工业、制造业智能化转换升级，智能检测技术应用的领域愈发广泛，智能检测系统市场需求随之增加。

随着国家政策的大力支持，智能检测装备行业整体面临重大发展机遇。制造业是国民经济的主体，目前我国制造业仍存在大而不强、自主创新能力弱、关键核心技术与高端装备对外依存度高等问题。为改变这种局面，我国发布了《中国制造 2025》，明确了以智能制造作为中国制造业转型升级的主攻方向。为了加快我国制造业转型升级，促进制造业向智能方向发展，持续推进智能制造产业健康高速发展，国家陆续发布多个指导性文件，各级政府也围绕智能制造各方面陆续出台多项鼓励政策，在这种大环境下，智能检测属于智能制造行业的一部分，也因此迎来了良好的发展。

新兴技术赋能智能制造，加速检测装备行业智能化转型。全球都面临着以"工业 4.0"为代表的产业变革，智能制造检测技术结合以 5G、大数据、云计算、人工智能、机器学习为代表的新兴技术，推进智能制造产业的升级。以 5G 为例，我国成为国际上率先发布 5G 系统在中频段内频率使用规划的国家。相较于 4G 技术，5G 技术的优点是：有效缓解目前拥挤的带宽波段，大幅提升传输速率和传输质量等，帮助制造业企业将分布广泛的人、部件和设备连接起来，实现万物互联、万物感知、实时监控。新兴技术在制造业的运用，也为智能检测技术带来了良好机遇。

随着下游行业市场需求的持续增长，智能检测技术被广泛应用于消费电子、医疗及工业电子等领域。就电子产品来说，工业发展、人民生活水平的提高，促进电子产品的市场需求快速增长，企业的产能扩充和产品更新需求旺盛，智能检测技术可提高企业的生产效率、保证产品的生产质量，结合智能检测技术，企业也能够提升自动化解决方案的能力，因此未来消费电子行业仍然有较大的增长空间，智能检测的市场也呈现上升趋势。

智能检测行业的发展时间较短、发展空间大。智能检测行业具有明显的技术密集型特征，以往我国整体工业水平较低，检测设备以实现自动化为主，有些产品还需要人来检测，智能化的水平并不高，国家政策的改革及 AI 智能、视觉技术等科学技术快速发展，促进了检测设备的智能化发展，提供智能检测装备的企业逐渐增多，检测需求也增多。

随着国家政策大力支持、新兴技术赋能智能制造、下游行业市场需求持续增长、智能检测行业发展时间较短、企业发展空间大等发展机遇，在实际的智能制造体系中，对智能检测技术的市场需求越来越大。

6.6.3　智能检测系统结构与工作原理

1. 智能检测系统的结构

智能检测系统的典型结构如图 6-12 所示，其主要由传感器、信号采集调理系统、计算机、输入/输出系统、交互通信系统、反馈调节系统等组成。

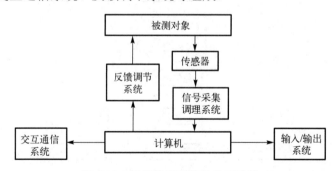

图 6-12　智能检测系统的典型结构

传感器是一种检测装置，也是一种获取信息的工具，抽象来说是一种传递感觉的机器。传感器可以作为一种设备、模块或子系统，在智能检测中则是智能检测系统的信息来源，能够感知被测量，是将被测量的数据按照一定的方式转换成可用信号的装置。

信号采集调理系统接收来自传感器的各种信号，并对信号进行采集和处理，经过计算、分析和判断，输出相应信号给计算机。其中，输入信号可以分为模拟量输入和数字量输入，模拟量输入是指被测信号经过传感器感应后转换成电信号，经过信号采集调理系统对模拟量输入信号进行放大、滤波、非线性补偿阻抗匹配等功能性调节后送入计算机；数字量输入则通过通道测量、采集各种状态信息，将这些信息转换为字节或字的形式后送入计算机。信号采集调理系统的硬件主要包括前置放大器、抗混叠低通滤波器和多路模拟开关、A/D 转换器等。

计算机是智能检测系统的核心，相当于人的大脑，对整个智能检测系统起监督、管理、反馈、控制作用，对复杂的信号进行处理、做出控制命令决策从而控制整个检测过程，还可以将信号转换成特殊的检测信号以满足控制需求。计算机具有强大的信息处理能力及高速的运算能力，有多种功能：可实现命令识别、逻辑判断、非线性误差修正、系统动态特性的自校正及系统自学习、自适应、自诊断、自组织等。智能检测系统通过机器学习与人工智能技术相融合，能够达到高级别的智能化水平。

输入/输出系统方便用户提高设备的利用率，可以实现人机对话、输入或修改系统参数、改变系统工作状态、输出测试结果、动态显示测控过程及以多种形式输出、显示、记录、报警等功能，为用户提供便捷的操作，保证整个系统可以有条不紊地进行工作，当出现错误时也能够及时地修正。

交互通信系统能够根据不同的用户需求构造出适合不同规模与用途的智能检测系统，比如分布式的智能检测系统、集散型的智能检测系统等，交互通信系统用于实现与其他仪器仪表系统的通信，通信接口的结构及设计方法与采用的总线技术及规范有关。

反馈调节系统将计算机的输出结果反馈给初始位置，实现对被测对象、被测试组件、测试信号发生器，甚至对系统本身和测试操作过程的自动控制。根据实际需要，大量接口以各种形式存在于系统中，接口的作用是完成与它所连接的设备之间的信号转换和交换、信号传输、信号拾取及对信号进行必要的缓冲或锁存，以增强智能检测系统的功能。

智能检测系统由硬件、软件两部分组成。

（1）智能检测系统硬件结构

智能检测系统的硬件结构如图 6-13 所示。

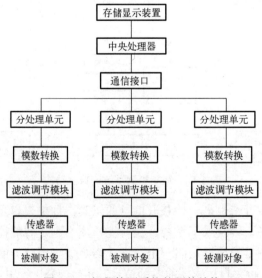

图 6-13　智能检测系统的硬件结构

传感器是一种检测装置，能感受到被测量的信息，并能将感受到的信息按一定规律转换成电信号或其他所需形式的信息输出，以满足信息的传输、处理、存储、显示、记录和控制等要求，它是实现自动检测和自动控制的首要环节。传感器的存在和发展让物体有了触觉、味觉和嗅觉等感官，让物体的物理量被量化记录。通常根据其基本感知功能分为热敏元件、光敏元件、气敏元件、力敏元件、磁敏元件、湿敏元件、声敏元件、放射线敏感元件、色敏元件和味敏元件这十大类。

滤波调节模块对传感器采集的信息进行处理、过滤干扰信息、放大、调节信号。

模数转换是指将模拟量信号转换为数字量信号，模拟量信号只有通过 A/D 转换为数字量信号后才能用软件进行处理。要把模拟量信号转换为数字量信号一般要经过 4 个步骤，分别称为采样、保持、量化、编码。

智能检测系统由中央处理器（包括计算机、工控机）、分处理单元（以单片机为核心）组成。分机根据主机命令，实现传感器测量采样、初级数据处理及数据传输。主机负责系统的工作协调，输出对分机的命令，对分机传输的测量数据进行分析处理，输出智能检测系统的控制和故障检测结果，供显示、打印、绘图和通信。

（2）智能检测系统软件结构

智能检测系统中的软件主要有：数据采集、数据处理、数据管理、系统控制、系统管理、网络通信、应用程序、系统显示等，如图 6-14 所示。

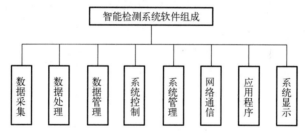

图 6-14　智能检测系统的软件结构

数据采集软件接收传感器信号、采集数据，将所需的数据传输至检测系统中。

数据处理软件将数据进行实时分析、信号处理、识别分类，包括对数据进行数字滤波、去噪、回归分析、统计分析、特征提取、智能识别、几何建模与仿真等功能模块。

数据管理软件包括对采集数据进行显示、存储、查询、浏览、修改、删除等功能的模块。

系统控制软件可根据预定的控制策略通过控制参数设置进而实现控制整个系统。控制软件的复杂程度取决于系统的控制任务。计算机控制任务按设定值性质可分为恒值调节、伺服控制和程序控制三类。常见的控制策略有程序控制、PID 控制、前馈控制、最优控制与自适应控制等。

系统管理软件包括系统配置、系统功能测试诊断、传感器标定校准功能模块等。其中系统配置软件对配置的实际硬件环境进行一致性检查，建立逻辑通道与物理通道的映射关系，生成系统硬件配置表。

网络通信软件完成检测系统的内外部通信。管理系统内外各模块完成通信或服务所遵循的规则和约定，使其能协同工作从而实现信息交换和资源共享，管理它们之间交流什么、怎样交流及何时交流。

应用程序与被测对象直接有关，贯穿整个测试过程，由智能检测系统研究人员根据系统的功能和技术要求编写，它包括测试程序、控制程序数据处理程序、系统界面生成程序等，是实现、完善和提高智能检测系统功能的程序。

系统显示软件用于显示智能检测系统的数据、信息，把检测结果可视化展现出来。

2. 智能检测系统工作原理

智能检测系统有两个信息流，一个是被测信息流，一个是内部控制信息流。智能检测系统工作原理如图 6-15 所示。

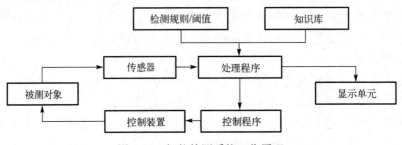

图 6-15　智能检测系统工作原理

传感器采集被测对象信息后经过信号处理，传输至处理程序，处理程序根据智能检测系统的检测规则、阈值等要求调用知识库相关信息进行运算、识别、判断输出检测结果。

输出结果传输至控制程序，控制程序做出相应的动作指令驱动控制装置进行处理。

6.6.4　智能检测的主要理论

图 6-16 所示为智能检测的主要理论。

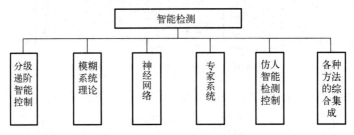

图 6-16　智能检测的主要理论

1. 分级递阶智能控制

分级递阶智能控制是在自适应控制和自组织控制的基础上，由美国普渡大学的 Saridis 提出的智能控制理论。分级递阶智能控制系统由三个控制级组成，按智能控制的高低分为组织级、协调级、执行级，遵循"智能递降精度递增"的原则，如图 6-17 所示。

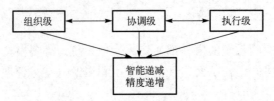

图 6-17　分级递阶智能控制

执行级处于底层，特点是控制精度很高，采用常规自动控制；协调级处于中间级，起组织级和执行级的连接作用，涉及决策方式，是采用人工智能及运筹学进行控制的；组织级起核心主导作用，涉及知识的表示和处理，主要应用在人工智能方面。

2. 模糊系统理论

模糊系统理论是在美国加州大学的 LA.Zadeh 教授于 1965 年创立的模糊集合理论的数学基础上发展起来的，主要包括模糊集合理论、模糊逻辑、模糊推理和模糊控制等方面的内容。

人类最初对事物的认识向来就不是精确的，大部分是模糊的和非精确的，在 20 世纪早期，就有学者开始思考和研究如何描述客观世界中普遍存在的模糊现象。但是，在一个特定的环境中，用这些概念来描述某个具体对象又能让人心领神会，很少引起误解和歧义，将这一定义引入智能检测控制具有现实的意义。

模糊系统理论以模糊集合的形式来表示系统所包含的模糊性，并且能够处理这些模糊性，包括模糊控制、模糊信号处理、通信可能可能性的度量等，图 6-18 所示为模糊系统流程图，将这一理论运用到智能检测控制系统中，作用于被测对象，可以提高检测的精度。

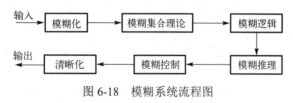

图 6-18　模糊系统流程图

3. 神经网络

神经网络的基本原理：每个神经元把最初的输入值乘以一定的权重，并加上其他输入到这个神经元里的值（并结合其他信息值），最后算出一个总和，再经过神经元的偏差调整，最后用激励函数把输出值标准化。

人工神经网络（Artificial Neural Networks，ANNs）也简称为神经网络（NNs）或称作连接模型（Connection Model），模仿动物神经网络行为是它的特征，进行分布式并行信息处理的算法数学模型如图 6-19 所示，也就是说，人工神经网络采用仿生学的观点与方法来研究人脑和智能系统中的高级信息处理，也能够将其运用到智能检测的系统当中，为智能检测提供了多种方法。

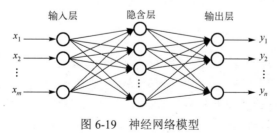

图 6-19　神经网络模型

4. 专家系统

专家系统是一个智能计算机程序系统，其内部含有大量的某个领域专家水平的知识与经验，它通过使用知识与推理过程，求解那些需要专家的知识才能求解的高难度问题。它能够应用人工智能技术和计算机技术，模拟人类专家的决策过程，以便解决那些需要人类专家处理的复杂问题，总体来说，专家系统是一种模拟人类专家解决领域问题的计算机程序系统。

专家系统与智能检测控制系统相结合即专家检测控制，其具有模糊专家智能的功能，采用专家系统技术与控制理论进行融合的方法设计检测系统，可以保证智能检测系统的实时性和有效性，将专家系统与智能技术相结合是一种有效的方式，取长补短，可以弥补专家系统本身的缺陷，图 6-20 所示为专家系统的结构图。

5．仿人智能检测控制

智能控制，从根本上是模仿人的智能行为进行决策和控制，计算机进行必要的训练之后，就可以实现控制方法接近最优。仿人智能检测控制不需要了解对象的结构、参数，即不依赖于对象的数学模型，而根据积累的经验和知识进行在线的推理确定和变换控制策略。仿人智能检测控制就是把仿人智能控制运用到检测当中，在检测和控制的过程中，利用计算机来模拟人的行为功能，最大限度地识别和利用控制系统动态过程提供的特征信息，进行启发和直觉推理，从而实现对缺乏精确模型的对象进行有效的控制。其基本原理是模仿人的启发式直觉推理逻辑，即通过特征识别判断系统当前所处的特征状态，以此来确定控制的策略方案，进行多模态控制，图 6-21 所示为仿人智能检测控制的基本结构。

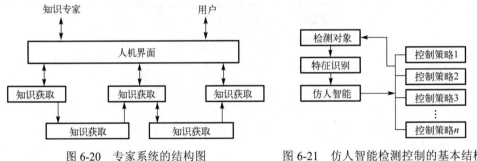

图 6-20   专家系统的结构图   图 6-21   仿人智能检测控制的基本结构

6．各种方法的综合集成

检测测试技术在高新领域的广泛应用，形成了具有现代特点的智能检测技术。将模糊神经网络检测控制技术、模糊专家检测控制技术、模糊PID 检测控制技术、多信息融合技术等进行配合使用，可探究出最适合的方法，提供多种思维方式。

6.6.5   智能检测技术的应用

在智能科技革命浪潮中，人们对智能检测技术的认识在不断更新。其中，融合大数据、云计算、智能硬件技术等数字技术手段，智能检测在智能检测监控、工业领域的检测、建筑裂缝检查、交通监管及环保检测等领域深入应用，并不断发挥其积极作用，使得各个行业智慧转型。

1．智能检测监控

智能检测监控是在传统检测控制的基础上引入了人工智能的方法，实现智能检测控制，提高传统检测控制系统的性能，同时，利用人工智能的思想，构成了新型的检测控制系统，其中的视频监控已经成为最终主流的周边安防技术。视频监控现在已经成为一种相当主流的周界安防技术，毫无疑问，视频监控越来越多地用于周界安全，尤其是远程监控技术愈来愈完善，带来了对视频核验的更大需求，降低了响应误报的相关成本。其传感器技术也越来越成熟，在检测是否有外来人员或者物品非法入侵方面的灵敏度也较高，监控视频可以进行远程查看，管理员可以清晰地看到非法入侵的实时画面，能够迅速地做出响应和处理。图 6-22 所示为监管人员远程监控视频。以小区的周边安全防控为例，EasyCVR（视频融合云平台）可以和小区的周界报警系统进行联动监控，对于入侵、攀高、翻墙等行为进行检测，实时地进行报警联动，可以对小区周边安全进行有效的防范。

智能视频监控（Intelligent Video Surveillance，IVS）技术基于计算机视觉技术对监控场景的视频图像进行处理分析，提取关键的有效信息，产生高级的语言理解，并形成相应的警告。智能视频分析可以理解为人的大脑，摄像机可以当作人的眼睛。智能视频监控技术往往借助于处理器芯片的强大计算功能，融合了图像处理、模式识别、人工智能及计算机科学等多领域的技术，可以对视频画面的海量数据进行高速的分析，过滤用户不关心的信息，为监控者提供有用的关键信息。与传统的视频监控系统相比，智能视频监控系统能从原有视频中分析和挖掘有价值的信息，进而分析和解决问题，变人工检测为主动识别，变事后取证为事中分析，并对出现的问题进行报警。

图 6-22 视频监控

2. 工业领域的应用

为了提高工业领域的水平，各国先后制定了一系列措施及加大工业领域的布局，如德国的"工业 4.0 战略"、美国的"国家制造创新网络计划"、日本的"工业价值链计划"，以及我国的"中国制造 2025"等措施。大力发展工业过程状态监控，对过程监控产生的数据利用大数据进行技术分析，避免在工业过程中发生事故，实现工业过程的零隐患、零故障，从而使得生产过程高效运行，降低成本，实现利润最大化，这就是各国加大力度与措施的背后原因。

智能检测模式将逐渐地代替人工检验，通过对计算机及工控网络的操作，可以自动地完成产品的指标测量，能够分拣出合格的产品及不合格的产品，对产品进行实时的监控及验收，图 6-23 所示为生产线上的产品检测。

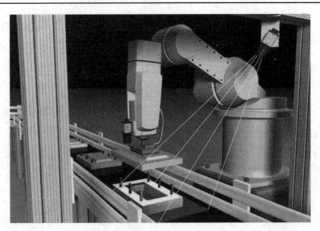

图 6-23   生产线上的产品检测

3．建筑检测方面的应用

近年来，我国建设了很多世界级的伟大工程，如三峡大坝、青藏铁路、港珠澳大桥等，代表着我国工程建筑建设能力达到世界先进水平，完成这些规模巨大、难度超高的工程项目需要付出各方面艰辛的努力，前期需要沟通、协调及做设计方案等，还要对建筑进行检查，裂缝检查尤其重要，小裂纹的存在慢慢也能造成巨大的灾难，因此要确保工程的质量。

传统的工程建筑检测以人工检测为主，耗时耗力，现如今随着智能检测技术的发展，其在建筑裂纹检测过程中发挥着巨大的作用。与传统的人工检测进行对比，智能检测技术的检测精度很高，可以检测到 2mm 裂缝的长度和形状，污垢和焊缝也不会被误判为裂缝，建筑物裂缝细节识别准确度高达 99.5%，耗费的时间成本是人工检测的 1/8。还可以多角度合成照片并自动去除各种障碍物，能够通过将结构图和拍摄图进行叠加，进而准确评估裂纹。

4．交通监管方面的应用

交通运输是兴国之器、强国之基。在国家综合立体交通网的背景下，智慧交通依托智能检测技术，正发挥愈来愈重要的作用。《国家综合立体交通网规划纲要》明确将创新和智慧作为一个重大的板块予以体现，提出推进交通基础设施数字化、网络化，提升交通运输智慧发展水平。

目前，全国许多地方积极推动智慧交通建设，启用交通智能监管系统。有些地方的"智慧交通管理系统"已经正式上线。该系统可覆盖砂石运输的源头、运输途中和事后监管三个环节，并对部分关键点位安装视频监控，实现 24h 全时段监管，需要对其数据进行实时的记录分析，对车辆状态评估与分析提供基础信息，可以检测出货车超限超载问题，车辆发生故障可以及时地发现，并且可以对故障发生的情况进行详细的数据记录，还可以排查故障原因，进而减少交通隐患，如图 6-24 所示，利于应用计算机网络、云服务等技术构造智慧交通。

5．环保检测

现如今，互联网与智慧环保的深度结合已形成了"互联网+"智慧环保体系，这对全面提高生态环境保护综合决策、监管和公共服务水平，加快环境管理方式和工作方式转变具有十分重要的意义。当然，如若将智能设备与环保检测工作相结合，也将大大提高采样、检测的效率。

图 6-24　智慧交通

环境检测也称环保检测，指的是环境检测机构对环境质量状况进行检查、监控的活动，确定环境污染状况和环境质量高低是通过环境检测来实现的，环境检测的主要内容有物理指标的检测、化学指标的检测及生态指标的检测，图 6-25 所示为智能环保检测系统的结构流程图。环保检测的应用很多，比如环境检测微站、激光雷达、尾气遥测等智能检测设备规模化投入市场进行应用，检测精度得到了大幅提高；"水质自动采样环境应急监测无人船"可以迅速采集污染水样并进行数据分析，快速地提供水质的检测报告，分析出污染范围及程度、检测水底暗管，全面掌握水环境及其相关的信息，增强对污染事件的响应能力，更好地为社会提供更加优质的生态环境产品。对多种指标进行检测时，相应的智能环保检测设备就被生产出来，这些环保设备可以对指标进行在线检测预警，满足客户的使用要求。

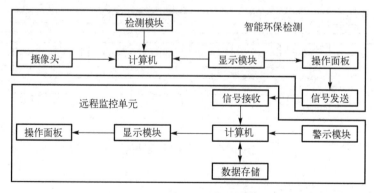

图 6-25　智能环保检测系统

6.7　物联网技术

物联网（Internet of Things）是指通过信息感知设备，按照约定的协议，将物、人、系统和信息资源进行连接，实现对物理和虚拟世界的信息联通，并做出反应的智能系统。就是把传感器装备到电网、铁路、隧道、公路、建筑、供水系统、大坝等各种物体中，然后将"物联网"与现有的互联网整合起来。

6.7.1　物联网技术框架

物联网从架构上看，可分为感知层、网络层、平台层和应用层，系统架构如图 6-26 所示。感知层通过信息传感设备及感应器件组成的网络采集环境信息，再通过 RFID（射频识别）、条码、工业现场总线等短距离传输技术传输数据。传感技术是物联网的技术核心。网络层主要实现物联网数据信息的传输、路由和控制，所采集的信息可通过移动通信网、局域网、互联网、广电网和卫星网等传输。平台层是数据及信息等集中处理和计算的环节，具有设备管理、边缘计算配置和数据存储等功能。应用层对物联网形成的数据进行分析并反馈到感知层执行特定控制功能，包括控制物与物之间的协同、物与环境的自适应、人与物的协作，可与各行业场景相结合，为行业发展提供精细的智能化信息管理解决方案。

6.7.2　物联网特点

物联网不仅可以依靠传感器使物体与网络相连接，进行数据信息交互，而且由于物联网的结构特点，物联网本身可以智能地处理和控制物体。传感器可以收集和获取大量的数据，物联网可以利用这些数据进行智能分析和处理。此外，依靠物联网的能力与性质，并结合传感器和智能处理，可以使云计算、模式识别等智能技术应用于物联网，以满足各行各业用户的需求。

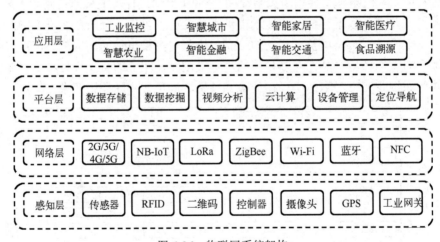

图 6-26　物联网系统架构

6.7.3　物联网发展中存在的问题

物联网发展中存在的问题如图 6-27 所示。

（1）密钥管理存在安全问题

首先，互联网密钥分发中心作为一种新型的集中管理模式，涵盖了物联网的所有密钥管理。当传感器网络连接到 Internet 时，密钥分发中心和传感器网络将交互管理网络节点。其次，在以网络为中心的管理模式下，对聚合点的要求非常高。虽然簇头可以形成不同层次的网络结构，但由于簇头选择算法会消耗能量，簇头与聚集节点之间需要完成密钥协商，因此传感器网络的密钥管理逐渐成为需要解决的关键问题。

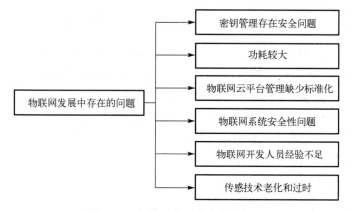

图 6-27 物联网发展中存在的问题

（2）功耗较大

随着科技的高速发展，人类社会已步入数字化时代，互联网技术的兴起将人们之间编织出一个巨大的网络，实现了人与人的交互，随着需求的提高，人与物交互的物联网技术也因此应运而生。而物联网在实现其应用价值时，对功耗的需求极大。物联网依赖于大量的联网电子设备，如传感器、控制器、采集设备和开关等，这些设备是由电力或其他能源驱动的，尤其是在工业设备中。因此，在物联网应用过程中，其存在的功耗问题不容忽视。在运作过程中，它们须消耗大量能源，因此会提高企业能源方面的生产运营成本。

（3）物联网云平台管理缺少标准化

在物联网技术的应用过程中将会采集大量的数据，这些数据很有可能通过同一个网关直接进入云平台。云平台是对采集的数据进行统计、分析的环节，云平台也是体现物联网价值的关键技术。然而，随着科学技术出现了多元化、层次化的发展趋势，国内涌现出大量水平不一的云平台供应商，以及衍生的云计算相关服务种类，致使出现云平台供应商的混乱环境，对于云平台的设计又缺乏一个统一标准，在企业应用中难以选择其适合的供应商，因此对云平台行业的标准化整顿是物联网发展中仍待解决的大问题。

（4）物联网系统安全性问题

在物联网技术应用中，系统安全性一直是该领域关注的焦点，而其安全性也直接影响着物联网后续的应用、推广和发展趋势。随着科学技术的飞速发展，各个领域和行业的专业设备不断完善和更新，体现了智能化的大趋势。然而，智能化的开发也面临着许多安全问题，其中存在着许多安全隐患。解决硬件安全问题是科学技术发展的关键，这就要求开发人员投入更多的资源，在安全性和稳定性上做到最好，并将先进的安全产品集成到物联网产品中，及时解决问题和漏洞，从而解决物联网的安全缺陷，促进物联网的长远发展。

（5）物联网开发人员经验不足

虽然物联网技术的诞生引发了世界科学技术发展的第三次浪潮，但物联网技术的应用仍然存在不足，其中物联网开发人员经验不足是其主要原因，导致目前物联网技术只能在具有科学技术行业背景的企业广泛使用。物联网的发展越来越被各国视为提高国家竞争力和综合国力的关键，国家与各地方企业应当予以高度重视。针对开发人员存在经验不足的问题，应制定相关的激励政策，鼓励物联网开发人员与各企业技术人员共同参与，为物联网的发展提供丰富的人力与知识资源。

（6）传感技术老化和过时

从每个物联网技术应用实例中都可以发现，传感器是其中不可或缺的组成部分。在整个物联网运行系统中，传感器通常起着信息采集、信息传输的作用，在节点与云之间发送数据。然而，目前较多的传感器设备仍然存在较多缺点，例如，一些设备为达到其低能耗的要求，降低了数据传感的准确性或功能性，可能会存在数据传输错误的风险，导致使用者无法及时有效地获取准确信息。因此，为了保证和提高物联网服务的效率，需要加大对传感器设备创新的重视度，通过迭代引进越来越完善的传感器设备，及时淘汰老化和过时的传感器设备，确保物联网在发展过程中的应用效果。

6.7.4　物联网关键技术

（1）射频识别技术分析

RFID（Radio Frequency IDentification）即射频识别技术，又被称为电子标签，在识别目标对象的过程中，能够利用射频信号实现自动识别，完成信息的标志、登记、存储和管理。RFID 技术标准主要是由 ISO 和 IEC 制定的，目前可供射频卡使用的射频技术标准有 ISO/IEC 10536、ISO/IEC 14443、ISO/IEC 15693 和 ISO/IEC 18000，应用最多的是 ISO/IEC 14443、ISO/IEC 15693。这两个标准都由物理特性、射频功率和信号接口、初始化和反碰撞及传输协议 4 部分组成。RFID 主要由电子标签、读写器和天线组成。其中芯片和标签天线共同组成电子标签，在与读写器通信的过程中是通过电感耦合原理或者电磁反射原理实现的。对于标签信息的读取，则由读写器来完成。天线既可以内置于读写器，也可以与其天线接口相连。在读写器发送信息的过程中，首先要经过编码，之后加载至高频载波信号，经由天线发送。电子标签能够实现信号的接收，信号的倍压整流、调制、解码和解密则由芯片电路来完成。当命令为读命令时，存储器中的相关信息则由控制逻辑电路读取，在发送至阅读器之前还要进行相应的加密、编码和调制工作，信息系统在处理信息之前，要经过阅读器的解调、解密和解码；当命令为写命令时，电子标签内部的电荷泵的工作电压提高，提供电压擦写 E^2PROM。表 6-1 所示为 RFID 主要频段标准和特性。

表 6-1　RFID 主要频段标准和特性

	低　　频	高　　频		超 高 频	微　　波
工作频率	125～134kHz	13.56MHz	JM　13.56MHz	868～915MHz	2.45～5.8GHz
市场占有率	74%	17%	—	6%	3%
速度	慢	中等	很快	快	很快
潮湿环境	无影响	无影响	无影响	影响较大	影响较大
全球适用频率	是	是	是	欧盟、美国	非欧盟国家
读取距离	1.2m	1.2m	1.2m	4m	15m
现有 ISO 标准	11784/85，14223	18000-3.4/14443	1800-3/2　15693，A，B 和 C	EPC C0，C1，C2，C3	18000-4

（2）传感器技术分析

传感器在应用的过程中主要利用了两项技术：智能处理技术和无线传感网络技术。一般而言，传感器的工作环境比较恶劣，这是因为物联网与周围环境的联系非常紧密，传感器技术的设计非常严谨，并且随着时代的进步，该项技术还需要进一步提升和完善。传感器技术的主要作用就是进行信息收集，当计算机将收集来的数据进行整理处理时，传感器技术将周围环境的信息变为传递信息的媒介，利用感应技术对周围环境的信息进行分析和处理，然后回传到计算机当中。目前该项技术在生活中的应用比较普遍，但是其在应用的过程中依然存在着不足，因此需要得到进一步的完善和提高。

（3）云计算技术分析

云计算是物联网中一项关键的技术，其存在为人们在计算数据时提供了很大的方便。云计算必须要在网络连接的情况下才能进行，其主要是将计算的形式安插到连接的计算机当中，并对计算机内部的信息进行整合处理，计算机的操作人员可以对计算机内部的信息数据进行随意的切换，计算过程变得更加方便，计算结果变得更加精确。目前，该项技术的应用范围非常广泛，无论是科学研究还是日常工作，都会使用到该项技术。

（4）安全路由协议

物联网路由会涉及多种网络类型，如网络路由协议、传感网络算法和移动通信网算法等。对于目前，常用的多种无线传感器网络路由协议，其主要的设计目标往往是将计算、通信、存储过程进行简化，以便于快速完成数据传输。但其设计过程中往往缺乏对相关安全问题的考虑，因此，在物联网的实际应用中，无线传感器的计算能力、节点及存储容量相对有限，且大多布置在外部环境中，使用安全极易遭受威胁。

（5）网络和通信技术

为了充分利用物联网，需要使用短距离通信技术和远距离通信技术。短距离通信技术包括射频识别技术、蓝牙技术等，远距离通信技术包括互联网技术、网关技术等。为了提供信息传输和服务支持的基本通道，物联网需要增强现有网络通信技术的专业性和互联功能，以满足低移动性和低数据速率的物联网业务需求，使信息能够安全可靠地传输给信息的接收者。

6.7.5　物联网在制造行业的应用

1. 物联网技术分析

为了确保在制造行业中有效应用物联网技术，应该全面分析物联网技术的特点，形成正确的认知。首先，对于物联网而言，物联网是建立在互联网的基础上的，互联网把计算机连接起来形成大的网络系统，而物联网将互联网的用户延伸到物品，即通过在物品中装置一些智能芯片等，根据约定的协议连接互联网，把所有的事物连接起来形成非常庞大的网络，实现物品间信息的自行交换，同时管理人员也可以通过智能设备（如计算机、手机等）识别物品，并对物品进行实时监测和管理。从根本上来讲，物联网主要就是对物与物之间进行网络连接，其中涉及多种技术形式，最重要的就是传感器技术、通信技术、智能运算技术、RFID技术、互联网技术等，此类技术在应用的过程中可以使得物联网平台具有一定的信息感知能力、可靠性传输能力、智能化信息处理能力，采用物联网技术可以形成物理世界的良好感知能力，无论是世界的认知，还是处理各种问题，都可以确保各方面操作的便利性与有效性。

2．物联网在制造行业中应用的重要意义

（1）有助于提升信息化水平

近年来在网络信息技术快速发展的过程中，制造行业在生产经营期间已经开始应用信息化技术，并取得了良好的工作成效。但是和其他行业相较，其信息化程度较低，对制造行业的良好发展会造成不利影响，甚至还会出现信息孤岛的现象，信息化水平较低，不能确保各方面工作的有效性与可靠性。而在采用物联网技术的过程中，可以结合制造行业的发展需求，整合先进的技术元素，创建较为完善的工作系统，解决信息孤岛的问题，提升制造行业的信息化程度。

（2）有助于提升生产制造自动化水平

制造行业中采用物联网技术，能够有效提升生产制造的自动化水平，转变传统的工作模式，不断增强生产制造工作的有效性。在传统的制造行业生产制造工作中，人员管理、机械设备管理与产品生产管理存在难点，无法实时化、跟踪性开展管理工作，对制造行业的发展造成不利影响。而在采用物联网技术的过程中，可以通过物与物之间的联系，借助网络信息技术与传感技术，在生产环节中识别人员、机械设备与产品生产的状况，利用物联网与其他机械设备之间的衔接，开展远程监控与操作工作，有助于提升生产制造工作的自动化水平，具有非常重要的意义。

（3）有助于提升智能化水平

一般情况下，物联网中的射频自动识别技术属于较为重要的部分，也是促使制造行业智能化发展的关键技术，利用射频自动识别与互联网、通信技术的有机整合，可使得物品之间直接进行信息的交流，在物联网中共享各种信息，自动化识别物品的数据信息，可有效协调处理物流信息、销售信息、环保信息、物品防伪信息等，可将物联网技术与制造行业的技术有机整合，提升制造行业各种工作的智能化水平。在使用射频自动识别技术的过程中，可通过电子标签、记录操作的形式，开展智能化相关的生产工作，还可以利用读写器等智能化设备、组织生产管理智能化设备等，提升各方面工作的智能化水平。

3．物联网在制造行业中的应用措施

在制造行业实际发展的过程中采用物联网技术具有重要意义，可提升生产制造、销售与日常管理工作的自动化和智能化水平，能够提升制造行业的各方面工作效果。因此，制造行业在实际发展的过程中应该重视物联网技术的应用，在各个工作环节中有效使用物联网技术，提升自身的工作质量。具体措施如下。

（1）生产制造工作中的应用措施

我国制造行业在日常的生产制造工作中，应该积极采用先进的物联网技术，提升各方面工作的自动化水平。首先，在生产工作中采用物联网技术，可以提升产品开发设计、零部件生产、零部件装配工作的自动化与智能化水平，提高生产工作效率，降低人力资源的投入数量，节约制造行业的生产成本。其次，在实际工作中应该重视射频识别技术的应用，为零部件的生产设置专用的条形码，在各个阶段设置子系统与子模块，便于在零部件生产的过程中，自动识别位置、生产状态等，有效开展相关的管理工作。最后，在使用物联网技术的过程中，还可以在制造行业的内部生产系统设置自动识别跟踪模式，实时化将数据信息反馈到生产系

统中，准确开展生产制造工作，提升各方面工作效果，不再受到传统工作的影响，确保可以满足制造行业的生产制造自动化发展需求。

（2）销售管理过程中的应用措施

在制造行业的销售管理工作中，应该积极采用先进的物联网技术，转变传统的销售方式，利用物联网创建信息交流的平台，预防出现销售方与购买方之间信息封闭的问题，提升交易信息的透明化程度，不仅可以吸引更多消费者，还能有效降低交易方面的成本，确保各方面工作的有效实施。在制造行业的销售环节中采用物联网技术，可以将人与产品之间相互连接，使得制造行业自身和产品、产品和消费者、制造行业与消费者之间相互联系，共享产品数据信息，为消费者提供高质量的服务。通常情况下，在制造行业采用物联网技术的过程中，可以降低交易过程中的成本，提升自身的销售工作质量，制造行业应该按照自身的销售环节实际情况，合理采用物联网技术，从根本上提升销售工作质量。

（3）产品开发设计过程中的应用制造

在行业产品开发设计的工作中，应该积极采用物联网技术，确保产品开发设计的自动化、智能化程度，改善制造行业中的产品开发设计工作现状，不断提升制造行业的产品开发设计工作水平。因此，在具体的工作中应该重视物联网技术的应用，借助物联网平台开发设计产品，智能化显示产品的设计模型、可行性、应用效果等，可远程备份数据信息、遥控产品开发设计的工作，一旦发现产品开发设计中存在问题，就会自动整理并发送报告，便于开发设计人员按照报告内容整改设计信息。与此同时，在产品的开发设计工作中采用物联网技术，还可以自动整合市场中消费者的数据信息，按照消费者对制造行业中产品的需求，有效开展产品设计开发工作，确保各种产品的设计开发有效性。

（4）其他方面的合理应用

制造行业其他方面也可以应用物联网技术，提升其他环节工作的有效性，满足制造行业的自动化、智能化发展需求。首先，在使用物联网技术过程中，可以开展现场的监测工作，明确现场是否存在安全生产隐患，利用无人值守的方式代替有人值守的现场管理措施，在降低人员投入量的情况下，提升现场监测管理的自动化水平。其次，在制造行业为客户提供服务的过程中，可以使用先进的物联网技术措施，例如，大型机械设备中安装传感器，设置后台系统，制造企业可以全面了解客户应用机械设备的实际情况，提供设备状态监测服务与故障检查服务，这样不仅可以为客户提供高质量服务，还能确保各方面工作的有效实施。最后，制造行业还可以使用物联网技术，创建专业化、自动化的生产管理机制，创新管理工作机制与模式，提升营销与服务工作质量，这样不仅可以体现物联网技术的优势和积极作用，还能提升制造企业的市场竞争能力。

4．物联网技术在生产制造环节的应用

目前，物联网技术在国内制造业尚未大规模地开展应用，其典型应用主要在自动化程度高、产品生产批量较大的制造行业，如汽车制造行业，通过在汽车零件的制造环节、汽车涂装工艺环节及装配环节的应用，实现汽车零件的快速生产制造及柔性自动化生产、正确装配，从而提高汽车制造生产的自动化水平、生产能力和生产效率，减少人力的投入，为企业节约更多的成本。典型案例如下：在汽车零件制造环节，上海某汽车公司为实现在同一条生产线上生产 4 种不同平台的车型，利用射频识别技术，给每个零件都配置不同的条形码，并给不同阶段形成的子系统、子模块也配置了不同的条形码，从而使这些零件处于什么位置、生产进行到哪个环节，通过生产内部 AVI（Automatic Vehicle Identification，车体自动识别跟踪）系统可以自动识别跟踪，将其信息反馈至工厂信息系统，同时 AVI 系统从工厂信息系统请求生产数据，规划下一阶段的生产任务，保证生产过程的准确性，并提高生产效率。

（1）物联网技术在机械制造行业销售环节的应用

在物联网大背景下，传统机械制造行业应摒弃闭门造车的传统，利用物联网可以为制造业企业建立交流的平台，打破买方和卖方之间的封闭，使买卖双方的交易透明化，同时有利于降低交易成本。同时，物联网将人和机械产品有机地连接起来，使制造商与机械产品、机械产品与客户、制造商与客户之间形成联系，有效地共享机械产品的数据、信息及解决方案，我国有偌大的制造业生产能力和消费市场，为我国制造业的产业升级创造绝好的平台和机遇。由于电子商务可以较大程度地降低交易成本、提升经营效率，因此电子商务近年来获得长足的发展，近期更是得到政策面的全方位支持。在电子商务平台行业迎来新产业政策春风之际，机械制造业产业升级离不开物联网的发展。一方面物联网和机械制造行业相融合，推动制造业逐渐走向数字化、网络化、智能化。另一方面，物联网打开了电子商务的大门，企业销售产品和服务的门路越变越宽。

（2）物联网技术在制造行业产品应用环节的应用

目前，我国某些大型机械设备出厂后，由于其应用环境及距离等原因，造成售后服务跟不上，如何获取产品生产运营过程中的数据显得极为重要，这就必须依赖物联网技术。以我国某重型机械厂为例，所有出厂的产品上均安装 RFID 芯片，该芯片与机械产品的控制系统相连接，两者之间可以互通，RFID 芯片可以定位机器、自我检查当前的机械工作状况，如温度、转速、油表等，利用 RFID 芯片搜集到的产品信息，技术人员只需坐在办公室便可实时监控售出的每台机械的运作状况、健康状况等，在设备发生故障之前就能进行事先监控，甚至能很清楚地知道是哪个零部件发生了损坏，并且可以第一时间以短信形式通知用户，最终提高了用户满意度。售后维修时，该技术也带来了很大的便利，例如，在某些参数的技术问题上，不再需要企业派出专门的技术人员亲临现场进行维修指导，只要在相连接的计算机上进行操作，就可轻松解决，节省了售后维修成本。

（3）物联网技术在机械制造行业的其他应用

物联网技术的快速发展为更多的机械行业更大范围的应用提供了可能。例如，物联网技术可应用到环保执法当中，将排污现场的监测仪表、控制柜、智能显示、集散控制系统、数据库远程备份和遥控都标准化与模块化，形成一个整体的控制系统，当现场监测设备监测到环保排放指标超标时，可通过远程控制，切断办公电源以示警告，如果还没有改善排污状况，则切断生产电源，制止生产企业排污，保护环境。物联网技术可应用于煤矿产品的自动化控制中，把井上、井下的各种矿用设备通过智能分站和智能交换机连接起来，来监测和控制现场，进行数据分析和优化，保证安全生产，达到无人值守、少人维护的目的。另外，应用物联网技术，机械制造商还能为客户提供更多的服务，体现其价值。通过以上物联网技术的应用可以看出，物联网的发展对机械制造行业来说，是机遇，也是挑战。变则通，通则强，传统机械制造企业唯有顺应物联网技术发展的大趋势，不断创新企业的生产模式、营销模式和服务模式，才能在激烈的市场竞争中立于不败之地。

6.8 云计算技术

互联网上的应用服务一直被称为软件即服务（Software as a Service，SaaS），而数据中心的软硬件设施就是云（Cloud）。云是一个综合性的称呼，具体是将广域网或者某些局域网内的硬件、软件、网络信息等一系列资源统一到一起，云技术又可以分为云计算、云存储、云安全等。工业云是在云计算的模式下为工业类的企业提供软件服务，使工业企业的社会资源进行共享。工业云的出现大大降低了我国制造业信息建设的门槛，所以工业云有望成为我国中小型工业企业进行信息化建设的助推器。

PC 时代以前，计算机用户主要通过终端分享主机（可以理解为服务器）的计算和存储，获得有限的服务。如今，云计算无处不在，如电子日历、地图导航、钉钉等。云计算的含义有两个方面：它一方面描述了一种方便的基础设施，用来构造应用程序，其地位相当于 PC 上的操作系统；另一方面，描述了建立在这种基础设施之上的云计算应用。

云计算是目前行业内的热点概念，其以互联网为中心，是一种基于互联网的计算方式，以开放的标准和服务为基础，提供安全、快速、便捷的数据存储和网络计算服务，让互联网运用在"云"上并与各种计算机共同组成庞大的数据中心、计算中心。图 6-28 所示为典型的云计算平台机构，通过云计算的方式，共享的软硬件资源和信息就可以按照用户的需求提供给其他计算机与设备。云计算的供应商通常提供的是网络业务的应用，用户可以通过浏览器等软件或者其他网络服务来进行访问，软件和数据存储在数据中心。

图 6-28 典型的云计算平台结构

6.8.1 云计算的发展背景

云计算思想是怎样产生的呢？在传统的模式中，一个企业接客户的项目，需要建立和开发一套新的设备系统，不仅需要购买服务器、网络设备等硬件设备，在软件方面还需要购买专业的商业软件，再自行进行软件开发，并且还得雇佣专门的人员对设备系统进行维护和更新，成本比较高。那么怎么样能够降低成本呢？如果企业不再需要购买硬件或软件，而是以租赁的方式获取所需要的服务，而服务供应商拥有大量的计算、网络和软件等资源，可以将这些资源打包成服务以低廉的价格出售给用户。这时用户不再购买产品而变成购买服务，不需要再对复杂软硬件进行学习，也不用雇佣专门人员对系统进行维护和更新，大大降低了成本，由服务供应商提供数据的存储和计算，即使再复杂的系统功能，也能够满足用户的需求。

1959 年，克里斯托弗·斯特雷奇首次提出了虚拟化的概念，随后虚拟化技术得到不断发展，它是现在云计算底层基础设备的技术支撑。

20 世纪 60 年代，斯坦福大学的 John McCarthy 教授就指出"计算机可能变成一种公共资源"，随后加拿大科学家 Douglas Parkhill 在其著作《The Challenge of the Computer Utility》中提出了私有资源、公有资源、社区资源等概念。

在 1999 年，Marc Andreessen 创建了第一个商业化 IaaS 平台——Loud Cloud。

2001 年，Salesforce 发布在线客户关系管理（Customer Relationship Management，CRM）系统，包括联系人管理、订单管理等，这是云计算 SaaS 模式的第一个成功案例。

2006 年 8 月，Amazon 推出弹性计算云（Elastic Compute Cloud，EC2）服务，用户可以租用云端计算机运行所需要的系统。同年，Google CEO 埃里克在搜索引擎大会首次提出"云计算"的概念。

云计算最早起源于工业界，工业界为了产业发展和在未来的竞争中占据有利地位，对云计算的研究都是基于产业化和提高效益来开展的。随后，云计算也相继成为学术界、IT 界等行业的重点研究对象，也成为国家政府的发展重点。

2007 年 11 月，IBM 推出的蓝云（Blue Cloud）计算平台，为客户带来即买即用的云计算平台；同年，微软大力发展了 Window Live 在线服务和数据讯处及网络软件"Live Mesh"。

2008 年，雅虎、惠普、英特尔联合宣布将建立全球性的开源云计算研究测试床，称之为 Open Cirrus，这些都算是早期云计算发展的见证。

在十几年的时间里，Amazon、微软、Google、IBM、阿里巴巴、京东、百度、腾讯、华为等纷纷成立云计算研究开发小组，并且有意与高校研究机构进行合作，推出自己的云计算解决方案。

云计算的快速兴起引起了各个国家、企业的重视，全球企业都开始广泛使用云计算，我国也不例外，也积极加大云计算产业的投入，推进云计算产业的发展。

2010 年，国务院发布《国务院关于加快培育和发展战略性新兴产业的决定》，将云计算的研发和示范应用列为发展战略性新兴产业工作的重点之一。

2012 年，科技部印发《中国云科技发展"十二五"专项规划》，提出要在"十二五"末期突破一批云计算关键技术，包括重大设备、核心软件、支撑平台等。

2017 年，结合《中国制造 2025》和"十三五"系列规划部署，继续推进云计算的发展。

经过十九年发展，云计算已经从最初的一个概念变成了一个庞大的产业体系，现在，云计算服务是企业里最先进的技术之一，市场还在加速变化，云计算服务供应商之间的竞争也会继续升温。

6.8.2　云计算技术概述

1. 云计算的特点

云计算后端具有非常庞大、可靠的云计算中心，对于云计算用户来说，在付出少量成本的情况下就可获得较高的用户体验。云计算具有以下几大特征。

（1）互联网访问

云计算平台运营商以互联网为中心，将运算能力和存储能力分布在网络连接的各个节点中，从而客户端的计算能力就会被弱化。互联网的计算机架构就会从"服务器+客户端"向"云服务平台+客户端"演进，云计算平台通过网络为客户提供多种功能，制定出标准机制，使多样化的用户方便从平台后获取信息，这也是互联网的重大变革。

（2）快速灵活性

用户可以快速地以低廉的价格利用信息基础设施资源，云服务的实现机制是对云用户公开透明的，用户无须了解云计算的具体机制，并且可以单方面地按需自动获取相应部分的计算能力。比如服务器时间和网络存储，从而免去了与每个服务供应商都进行交互沟通的过程，还能够获得需要的服务。由于能够使用网络浏览器实时地获取信息，因此用户可以在任何位置利用现有正在使用的设备，比如计算机、电话，通过互联网获取用户所需的信息，并且提供相应的服务。如此快速灵活地提供各种功能，还可以实现扩展功能，能够快速释放资源来实现收缩。对于消费者来说，可选用的功能应有尽有，可以在任何时间、任何地点进行任何数量的购买。

（3）持续扩展性

由于计算机及其相关的基础设施、硬件、软件是主要的消费能源，服务供应商则出于各方面的考虑，首先考虑提高资源的利用率并且实现可持续性，建设更有效率的系统，降低整体的能耗。大部分的硬件和软件对于虚拟化的技术也有一定的支持，各种 IT 资源、软件、硬件都可以放在虚拟化的云计算平台中进行统一的管理，并且可以对虚拟化的资源进行动态的扩展以实现资源的扩展升级。

（4）经济可靠性

云计算系统由大量的商用计算机组成机群向用户提供数据处理服务，利用多种硬件和软件的冗余机制，适用于业务连续性和灾难性数据恢复，云计算的安全由云计算平台的数据中心进行管理，服务供应商能够根据云计算平台集成的数据资源进行数据安全审计和提出问题解决方案，数据信息安全可靠。但是一般用户的能力和资金有限，云计算的基础设施是所提供的第三方，这就使得用户不需要一次性地购买昂贵的设备，资本的开支转换为业务支出，以计量为计费标准，既减少了客户对设备的知识要求，又大大降低了成本。

（5）资源共享

服务供应商将云计算平台的数据整合以后汇集到资源池中，消费者根据自己的需求对不同的物理资源和虚拟资源进行实时动态的分配，这些资源类型包括存储、处理、内存、带宽和虚拟机等，还可以通过多租户的模式共享给多个消费者。这些资源所在地是严格保密的，消费者是没有权利对数据资源进行分配的，消费者通常也不知道资源的确切位置，但是可以指定自己所需要的概要位置。

2. 云计算的主要服务模式

云计算的主要服务模式通常可以分为 3 层：基础设施即服务层（Infrastructure as a Service，IaaS）、平台即服务层（Platform as a Service，PaaS）、软件即服务层（Software as a Service，SaaS），如图 6-29 所示。

图6-29　云计算的主要服务模式

（1）基础设施即服务层

IaaS 提供硬件基础设施服务，使用者可以根据自己的需求为用户提供实体资源，例如，提供服务器、网络、磁盘存储和数据中心等计算资源；也可以为用户提供虚拟的计算、存储和网络等资源，比如，AWS、MicrosoftAzure、阿里云，可以购买云存储。IaaS 是最常见的云计算服务模型之一，为了优化硬件资源的分配，IaaS 层引入了虚拟化技术，它提供了虚拟服务器、网络、操作系统和数据存储驱动器的基础架构，借助于 Xen、KVM、VMware 等虚拟化工具，可以提供可靠性高、可定制性强、规模可扩展的 IaaS 层服务。由于数据中心是 IaaS 层的基础，因此数据中心的管理和优化问题已经成为近年来的研究热点，其不仅实现了许多企业对云服务的灵活性、可靠性和可扩展性的使用需求，而且消除了办公室对硬件的使用需求，在公共、私有或混合基础设施的使用中发挥着极大的优势。在使用 IaaS 层服务的过程中，用户需要向 IaaS 层服务供应商提供相关的用户数据，比如基础设施的配置信息、运行于基础设施的程序代码等，使得供应商能够高效地做出解决方案，这种模式是业务增长的中小型组织的理想选择。

（2）平台即服务层

PaaS 是云计算应用程序运行环境，提供应用程序部署与管理服务，是云计算供应商部署基础设施和软件框架的地方，企业也可以开发和运行自己的应用程序。通过 PaaS 层的软件工具和开发语言，可以快速轻松地创建 Web 应用程序，应用程序开发者只需上传程序代码和数据即可使用服务，而不必关注底层的网络、存储、操作系统的管理问题。PaaS 服务也足够灵活和强大来支持它们。PaaS 解决方案具有可扩展性，非常适合多个开发人员在单个项目上工作的业务环境。

（3）软件即服务层

SaaS 是基于云计算基础平台所开发的应用程序。基于云的应用，有权限的企业或个人可以通过网络访问，这种云计算解决方案涉及通过互联网向通过订阅或按使用付费模式付费的各种企业部署软件。企业可以通过租用 SaaS 层服务解决企业信息化问题，SaaS 是从一个数据中心进行管理的，是短期项目的理想选择，对于 CRM（客户需求管理）和需要大量 Web 或移动访问的应用程序来说，它是一个有价值的工具。

用一个例子来说明 IaaS、PaaS、SaaS 三者之间的区别（如图6-30所示），如要建造一所房子，IaaS：给你盖房子的地方，你自己做材料，找人盖。PaaS：给你盖房子的地方，砖瓦水泥沙也齐全，你自己找人盖。SaaS：房子租给你，你可以直接搬进去。每种云服务模式都是一定程度的资源抽象，并以服务的形式提供给企业、组织或个人，云服务模式在不同程度上简化了开发工作，使企业、组织和个人更加关注自己的业务和业务发展。

3. 云计算关键技术

云计算以数据为中心进行密集的计算，融合了多种技术组件，而云计算的关键技术就是这些技术组件之间的相互配合。云计算平台的主要技术特点是资源的分散化、虚拟化及管理的集中化，因此与云计算对应的技术，应包括以下几种。

图 6-30　云计算三种服务模式的区别

（1）海量数据集中管理技术

要实现云计算系统对大量数据集集中的操作、处理和分析，形成数据中心，数据中心是一种特殊的 IT 基础设施，集中放置 IT 资源，方便对数据进行集中的管理，数据中心通常包括服务器、数据库、网络与通信设备及软件系统，数据中心常见的组成技术部件有硬件和架构的模块化、标准化，对配置、更新和监控等任务可以实现远程操作与处理、虚拟化等。数据集中管理的优点是：提高 IT 人员的工作效率，很多数据资源进行共享可提高使用率，共享水平得到提高，同时也方便云服务供应商对数据资源进行统一的管理和维护，进而向云服务用户提供更好的服务，云计算的数据集中管理技术必须能够既高效又快速地处理大量的数据信息。

（2）分布式海量数据存储

在分布式系统中，已经形成多种通用的物理和逻辑资源。工作人员可以通过计算机网络将这些分散在各处的物理和逻辑资源进行信息的交换与处理，信息实时可靠，方便动态地分配任务。这些特点是传统的信息架构不可比拟的，对于用户而言，大数据时代产生的数据是海量的，用户并不会意识到多个处理器和存储设备的存在，其所感受到的就是一个服务过程。云计算的一个巨大优势就是信息处理的高效率性和快速性，这种技术具备高吞吐率和高传输率等优势，可以满足不同用户的需求。

（3）虚拟化技术

虚拟化技术是云计算技术的核心，可以为云计算提供系统虚拟层面的技术支持。虚拟化技术属于计算机系统结构技术，其使用的计算机相关模块并不是真实独立的物理硬件，而是在虚拟的基础上进行操作的。这些操作可靠性高，比如，可通过虚拟机软件实现，在一个实际物理 PC 上抽象地虚拟出可以各自独立运行的操作系统。对大多数 IT 资源进行虚拟化有助于资源的共享，实现多用户的不同需求，用户之间也可以进行资源交流。虚拟化也可以实现资源定制，根据不同客户的需求，定制出合适的服务器、CPU 数目、内存容量、磁盘空间等，所以要实现服务器虚拟化、存储虚拟化及网络虚拟化。

（4）编程方式

云用户和云服务供应商通常利用宽带网络进行通信，云服务的质量通常会受到云用户和云服务供应商之间的网络连接服务水平的影响。网络带宽和延迟也是影响云服务的主要因素，云用户和云服务提供商之间的网络连接可能包含多个不同的网络服务供应商，但是多个网络服务供应商之间的服务水平管理是有难度的，需要双方的云运营进行沟通协调，要确保端到端的服务水平能够满足云服务的业务要求。

云计算采用 MapReduce 编程模式，将任务自动分成多个子任务，通过 Map 和 Reduce 两步实现任务在大规模计算节点中的调度与分配，把强大的服务器计算资源方便地发到终端用户的手中，同时保证高效、敏捷、快速的用户体验。

（5）云计算平台管理

云计算平台管理使得多个云用户能够在逻辑上同时访问同一应用的多租户技术，实现和建立云环境的服务技术，确保云服务的保密性、完整性、真实性、可用性。可调配大量的服务器资源，使其能够更好地协同工作，能够方便地进行部署和开通新业务，通过自动化、智能化实现可靠的运营。

6.8.3　云计算技术在智能制造中的应用与发展趋势

1. 云计算在智能制造中的应用

当前，制造业正面临着全球科技变革和产业变革，我国也亟需在制造业的重点领域实现智能化，需要用新技术、新理念、新模式对制造业进行转型升级。对于一些重点企业，其工艺流程比较复杂，对于生产过程中产生的数据进行收集、分析并不容易，实现工业信息化并非易事。传统的主机系统，数据信息都是存储在硬盘上的，数据易丢失、成本较高并且效率低下，而云计算平台以庞大的数据进行传输、分析及处理，帮助企业优化生产结构、提出解决方案，还可以促进工业信息化的程度。

我国制造业正面临着从低端到高端、从制造大国到制造强国、从中国制造到中国创造转变的关键时期。制造业信息化就是实现工业化与信息化的深度融合，实现我国从制造业大国到制造业强国的伟大转变的核心就是制造业信息化与创新驱动。我国的一些重点企业建设了云平台，云平台包括三层结构，即移动终端层、网络传输层与应用层。实践证明，使用云计算技术，可以很好地对企业进行管理，为企业提供更大的商业价值，也同时向社会提供相应的云服务，云计算技术的运用正在推动智能制造的发展。

发达国家在工业领域云计算平台和服务也加快了布局。在当前信息技术与工业加速融合的大背景下，全球领先企业都在抢占未来先进制造业信息网络服务和数据资源的高地，加紧布局工业云，这已经成为国际巨头投资的重点领域。美国在传统的信息技术领域领先于世界，但工业领域的信息服务发展到了群雄逐鹿的时代，世界各国要想在智能制造时代登顶先进制造业的制高点，掌控工业数据的先机，就得实现全球的工业云服务覆盖。

2. 云计算的发展趋势

根据权威的商业软件联盟（BSA）的分析，在未来的一段时间内，国内将有可能进行云计算试点，云计算市场也要进行对外开放，因为自由贸易是我国的主要短板，必须加强建设。这一举措会刺激云计算供应商在技术层面、产品开发等方面加大投资力度，会促使云计算用户拥有更大更好的市场选择机会，从而国内的自由贸易将会得到良好的发展。

对全球及我国云计算市场规模进行分析可知，全球云计算市场规模处于稳定增长的趋势，而我国公有云市场呈现高速增长态势，私有云市场中的软件和服务占比也处于稳步增长的状态，说明我国云市场拥有广大的提升空间。其中，阿里云、天翼云、腾讯云占 IaaS 市场份额前三；阿里云、腾讯云、百度云占公有云 PaaS 市场份额前三。随着云计算的发展，衍生出来的云计算服务正在逐渐变成新型的信息基础设施。近年来，世界各国也纷纷制定国家战略和加大云计算市场的布局政策，国际云计算政策从一开始的"云优先"逐步向"云效能"进行转变。在注重云资源使用的同时，我们的关注点可能会是运用云计算是否能够满足我们信息化决策的需求，所以，"云效能"将会是未来发展的重点内容。

在未来，随着云计算的发展，用户的很多习惯可能会发生变化：比如在使用计算机时，以前以桌面为核心将会转变成以浏览器为核心，计算机可以不用下载和安装各种软件或者工作时对数据进行存储，所以在未来，个人数据空间管理、企业重要机密数据、隐私安全问题将会成为重点发展对象。

复习思考题

1. 什么是智能制造？智能制造在各国的发展现状是什么？
2. 智能制造的发展历程及核心技术是什么？
3. 智能制造的系统架构是什么？
4. 智能制造的特征是什么？智能制造的发展趋势是什么？
5. 我国智能制造的现状和基本架构是什么？
6. 智能制造的基本范式是什么？
7. 什么是机器人？机器人如何分类？工业机器人的系统组成如何？工业机器人的特点是什么？
8. 工业机器人的关键核心技术是什么？发展现状和趋势是什么？
9. 增材制造是什么？增材制造的分类和应用都有哪些？
10. 简述你对智能检测技术的理解。
11. 智能检测系统的结构包括什么？具体由哪些组成？
12. 智能检测技术的主要理论包括哪些？
13. 物联网技术的定义及结构是什么？目前主要存在什么问题？关键技术有哪些？
14. 在海量数据中，采用什么技术可以快速匹配到用户所关心的信息？
15. 在"企业上云"过程中，如何实现企业的"云制造"？
16. 云计算的关键技术是什么？

参 考 文 献

[1] 张映锋，张党，任彬. 智能制造及其关键技术研究现状与趋势综述[J]. 机械科学与技术 2019，（3）：329-338.
[2] 韦莎. 智能制造系统架构研究[J]. 标准化研究，2016，（04）：50-54.

[3] 卢秉恒，侯颖，张建勋. 增材制造国家标准体系建设与发展规划[J]. 金属加工（冷加工），2022，（04）：1-3.

[4] 夏丹. 增材制造技术的发展与挑战[J]. 现代农机，2022，（05）：122-124.

[5] 工业和信息化部. "十四五"智能制造发展规划[R/OL]. [2022-07-06]. https://www.miit.gov.cn/jgsj/ghs/zlygh/art/2022/art_c20/cad037444d5c94921a53614332fq.html.

[6] 王立平. 智能制造装备及系统[M]. 北京：清华大学出版社，2020.

[7] 郑力，莫莉. 智能制造：技术前沿与探索应用[M]. 北京：清华大学出版社，2021.

[8] 李晓雪. 智能制造导论[M]. 北京：机械工业出版社，2019.

[9] 朱洪前. 工业机器人技术[M]. 北京：机械工业出版社，2022.

[10] 徐颖秦，熊伟丽. 物联网技术及应用[M]. 2版. 北京：机械工业出版社，2020.

[11] 林康平，王磊. 云计算技术[M]. 北京：人民邮电出版社，2021.

反侵权盗版声明

电子工业出版社依法对本作品享有专有出版权。任何未经权利人书面许可，复制、销售或通过信息网络传播本作品的行为；歪曲、篡改、剽窃本作品的行为，均违反《中华人民共和国著作权法》，其行为人应承担相应的民事责任和行政责任，构成犯罪的，将被依法追究刑事责任。

为了维护市场秩序，保护权利人的合法权益，我社将依法查处和打击侵权盗版的单位和个人。欢迎社会各界人士积极举报侵权盗版行为，本社将奖励举报有功人员，并保证举报人的信息不被泄露。

举报电话：（010）88254396；（010）88258888
传　　真：（010）88254397
E-mail：　dbqq@phei.com.cn
通信地址：北京市海淀区万寿路 173 信箱
　　　　　电子工业出版社总编办公室
邮　　编：100036